新一代开放式控制平台
——PLCnext 开发与应用

冯毅萍　张　龙　等编著

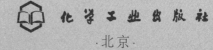

化学工业出版社

·北京·

内容简介

本书围绕 PLCnext 新一代开放式控制平台的诸多技术优势展开介绍，基于实时开放的 Linux 系统，可简单快速集成开源代码和 APP 开发自动化项目。用户可选择 IEC 61131-3 标准 PLC 编程语言和高级语言（如 C++、C#）或模型语言（如 MATLAB Simulink）进行混合开发。在应用案例设置上紧密贴合工业 4.0 智能控制需求，助力解决行业创新应用。本书软硬结合，理论与创新实践应用相结合，由浅入深，可以帮助读者建立全新的开放式智能 PLC 控制理念。

本书参编团队由高校教师和行业专家组成，拥有多年的 PLC 工程经验和实践教学经验，面向工业应用场景选取了 6 个真实案例。本书在编写时力求做到通俗易懂，图文并茂，内容安排上深入浅出，突出实践能力培养。本书配有案例视频和高清图片，读者可扫描正文中相应位置二维码或封底二维码查看。另外，与本书配套的 PLCnext 相关产品技术资料、电子教案、培训手册等资源，读者可关注微信公众号"菲尼克斯自动化"获取。

本书可供广大从事智能 PLC 应用系统开发的工程技术人员参考，同时也可作为普通高等院校自动化、电气工程及其自动化、机械制造及其自动化、智能制造等工科专业教材，也可以作为指导学生参加课外实践训练、自动化类竞赛的技术参考书。

图书在版编目（CIP）数据

新一代开放式控制平台：PLCnext 开发与应用 / 冯毅萍等编著. -- 北京：化学工业出版社，2025. 3. ISBN 978-7-122-46925-0

Ⅰ. TP273；TM571.61

中国国家版本馆 CIP 数据核字第 2024X5H185 号

责任编辑：郝英华　　　　　　　文字编辑：孙月蓉
责任校对：李　爽　　　　　　　装帧设计：张　辉

出版发行：化学工业出版社
　　　　　（北京市东城区青年湖南街 13 号　邮政编码 100011）
印　　装：河北鑫兆源印刷有限公司
787mm×1092mm　1/16　印张 21½　字数 559 千字
2025 年 3 月北京第 1 版第 1 次印刷

购书咨询：010-64518888　　　　　售后服务：010-64518899
网　　址：http://www.cip.com.cn

凡购买本书，如有缺损质量问题，本社销售中心负责调换。

定　　价：89.00 元　　　　　　　版权所有　违者必究

序言 FOREWORD

在当今数字化、智能化浪潮席卷全球的时代，自动化技术正以前所未有的速度演进和范式迁移，深刻地改变着制造业乃至整个工业领域的生产方式与运营模式。菲尼克斯电气作为自动化领域的创新引领者，深刻的洞察到开放式控制平台在推动工业数智化转型中所起的关键作用。本书的问世，恰逢其时，它不仅是菲尼克斯电气技术实力的结晶，更是为广大工业领域从业者提供的一份宝贵技术指南。

工业自动化的发展历程是一段不断创新与突破的历史，亦是一场不断重塑人类与物理世界关系的深刻变革。从早期的继电器控制，到可编程逻辑控制器（PLC）的广泛应用，再到如今融合了物联网、大数据、人工智能等先进技术的智能自动化系统，每一次技术的飞跃都极大地提升了生产效率、优化了产品质量、改善了人与自然的关系，并拓展了工业生产的可能性边界，让人类在追求发展的道路上，与自然更加和谐地共存。

然而，在这一过程中，传统 PLC 系统的局限性也逐渐显现：封闭的架构限制了其与外部系统的互联互通，编程语言的单一性难以满足日益复杂多变的应用需求，对新技术的集成能力不足也阻碍了工业自动化向更高层次的智能化迈进。正是在这样的背景下，菲尼克斯电气凭借其在工业自动化领域的深厚积累与敏锐洞察，推出了 PLCnext Technology 这一划时代的开放式控制平台，为工业自动化领域带来了全新的变革力量。

PLCnext Technology 的核心优势在于其开放性与灵活性。它基于实时开放的 Linux 系统，不仅支持传统的 IEC 61131-3 标准 PLC 编程语言，还能够无缝集成 C++、C#、Python 等高级语言以及 MATLAB Simulink 等模型语言，真正实现了多语言混合开发。这种开放的架构使得工程师们能够根据具体的应用场景和项目需求，灵活选择最适合的编程语言和开发工具，极大地提高了开发效率与系统的可扩展性。同时，PLCnext Technology 还提供了强大的通信能力，支持多种工业通信协议，能够轻松实现与各类工业设备和上层管理系统的互联互通，为构建智能化的工业网络奠定了坚实基础。

本书的编写团队由高校教师和行业专家组成，他们不仅拥有深厚的理论基础，还具备丰富的工程实践经验。这种产学结合的模式，使得本书内容既具有高度的专业性与权威性，又通俗易懂、易于上手。全书系统全面地介绍了 PLCnext Technology 的技术原理、系统架构、软硬件组成以及开发应用的各个方面。书中不仅深入浅出地阐述了 PLCnext 技术的诞生背景与发展历程，还详细介绍了其在硬件平台、软件开发、通信技术、系统集成等关键领域的创新成果与实践应用。通过丰富的案例分析，读者可以直观地了解到 PLCnext Technology 在不同行业中的应用潜力与实际效果，可更好地将这一前沿技术融入行业实践与教育教学之中。

本书图文并茂，案例丰富，配有高清图片和视频资料，能够帮助读者更好地理解和掌握 PLCnext Technology 的精髓。此外，微信公众号"菲尼克斯自动化"还提供了与本书配套的丰富资源，如 PLCnext 相关产品技术资料、电子教案、培训手册等，为读者的学习与应用提供了全方位的支持。

PLCnext Technology，作为新一代的开放式控制平台，凭借其独特的优势与卓越的功能，已然成为推动工业智能化进程、助力企业数智化转型的关键力量。期望本书能够成为广大读者深入探索工业数智化转型的有力工具，帮助读者深刻理解并精准应用 PLCnext 技术，在各自的专业领域中充分激发创新潜能，引领工业自动化迈向更高的发展层次。在此，愿与诸位行业同仁携手并肩，以科技为舟，以创新为楫，共赴数智化转型之浩渺长河，同绘工业未来之华彩篇章，让智慧的光芒照亮前行的道路，为工业文明的传承与发展续写辉煌。

李阳
菲尼克斯电气数字工业解决方案副总裁

前言
PREFACE

当今快速演进的工业 4.0 时代，物联网、大数据、人工智能等技术与各行业深度融合。自动控制技术正以前所未有的速度为制造业乃至更广泛的领域带来革命性的变化。传统的可编程逻辑控制器（PLC）已难以满足日益增长的智能化、集成化需求。面向新形势下工业 4.0 以及工业物联网的应用场景，用户期待更自由灵活、符合个性化需求的编程交互方式。菲尼克斯电气全新推出的 PLCnext Technology 开放式控制平台，相较于传统的控制器架构具有颠覆性优势。它不仅保留了 PLC 的可靠性与实时性，还打破了传统控制系统的封闭性，支持多种编程语言、开源软件和算法集成、云连接等先进特性。由于其兼具开放性、灵活性和高效性等特点，成为了推动智能化、数字化转型的重要力量。

本书介绍了新一代开放式控制平台——PLCnext 的技术原理、系统架构、软硬件组成以及系统开发的基本情况，并从工程实践出发，涵盖了多个典型的行业应用案例。本书作者团队由高校教师和行业资深专家组成，拥有多年的 PLC 工程实践经验和创新教学经验。内容不仅涵盖了新一代开放式平台智能 PLC 创新理论，还包含了工业 4.0 和工业物联网创新应用场景案例的介绍。

本书可面向广大工程技术人员作为智能 PLC 系统应用的参考书目，也可用于相关专业本科生开展智能 PLC 课程和课内外创新实践的教材。全书涵盖以下核心内容。

（1）PLCnext 技术概述：深入浅出地介绍 PLCnext 技术的诞生背景、技术特点及其在现代工业自动化中的应用前景。

（2）硬件平台与系统架构：详细介绍 PLCnext Control 硬件的构成、系统配置以及开放平台的架构原理，为读者打下坚实的硬件基础。

（3）编程基础与高级应用：从基础的 IEC 61131-3 标准 PLC 编程语言到 C/C++、Python 等现代编程语言的应用，展现 PLCnext 灵活多样的编程环境。

（4）系统集成与通信技术：讲解如何利用 MODBUS、SNMP 等通信协议实现设备互联，以及如何利用 OPC UA、MQTT、MySQL 等实现与 ERP、MES 等上层管理系统的集成。

（5）应用开发与案例分析：通过实际案例，展示如何在不同行业应用场景中设计、实施基于 PLCnext 的智能控制解决方案。结合工程案例展示了 PLCnext 在边缘计算、预测性维护、人工智能融合等前沿领域的应用潜能，激发读者的创新思维。

本书具有以下特色：

（1）内容新颖，体现全新开放式智能PLC控制理念。本书在内容安排上紧密围绕PLCnext新一代开放式控制平台的诸多技术优势展开介绍，基于实时开放的Linux系统，可简单快速集成开源代码和APP开发自动化项目。用户可选择IEC 61131-3标准PLC编程语言和高级语言（如C++、C#）或模型语言（如MATLAB Simulink）进行混合开发。理论与应用结合，由浅入深，帮助读者建立全新的开放式智能PLC控制理念。

（2）深入浅出，便于初学者参考。重点聚焦新兴智能PLC技术的基础理论与原理。以通俗易懂的语言、由浅入深的项目设计和贴近工厂的实践案例，介绍了智能制造背景下的相关前沿技术，易学易教。为便于读者学习，设置了多个阶段性的案例DEMO。基础性内容包括PLC发展历史、硬件平台、软件平台、PLC基础编程等。高阶内容包括PLCnext高级语言开发、工业物联网、工业操作系统等。各章节内容之间既有系统性，又有相对独立性，方便不同层次的读者找到合适的切入内容开展阅读。

（3）案例丰富，行业特色鲜明。在案例设置上紧密贴合工业4.0智能控制需求，助力解决行业创新应用。案例内容丰富，融合工业应用，属于目前智能制造、工业智能应用中的经典场景。选用的软硬件模块参考行业标准及工业应用需求，且图片资料丰富。对于读者全面深入地了解智能制造基础理论、从事智能PLC相关领域工作具有较强的指导意义。

（4）编排新颖，强化工程教育。章节编排遵循工程项目设计开发流程，从需求分析、总体方案设计、软硬件平台搭建、各功能模块软件代码开发，再到系统集成、测试等多个标准流程进行。读者通过本书的学习，不仅可以快速了解新一代开放式控制平台的基本理论知识，而且可通过PLCnext实例熟悉掌握这些过程中的具体操作方法。同时，全书章节安排上还包括工业物联网、工业APP、工业信息安全等前沿内容。通过本书的学习，可以强化读者的工程思维，拓展对于工程问题的多方面认识，从而提升解决复杂工程问题的能力。

我们期待通过本书的学习，读者不仅能掌握智能PLC——PLCnext的精髓，还能具备在复杂工业环境中设计高效、灵活、智能的控制系统的能力。本书高度契合工程师、技术经理、系统集成商等专业人士提升技能、探索创新的需求，也适合工业自动化、电气工程、信息技术等专业的在校学生作为教材使用。

本书由冯毅萍、张龙、曹峥、李慧敏、向宇、杨露、李继先、刁丽芳编著，冯毅萍、张龙负责统稿。在本书的编写和出版过程中，我们荣幸地获得了来自多方的大力支持与无私帮助。感谢浙江大学控制科学与工程学院的张光新教授、邵之江教授、侯迪波教授、赵久强老师，以及哈尔滨工程大学王显峰老师的宝贵建议，他们的专业视角为本书增添了丰富的教育内涵；感谢菲尼克斯电气中国公司总裁顾建党和菲尼克斯产教融合团队张冠伟、易书波、吴永兰的积极推动和组织，感谢化学工业出版社编辑对出版工作的鼎力相助。最后，我们向所有为本书编写和出版付出努力的同仁们表示最诚挚的感谢，是你们的支持与帮助共同促成了这本书的诞生，让它得以成为广大读者学习、研究和参考的宝贵资源。

由于编著者水平有限，不足之处在所难免，敬请读者批评指正。

申明：本书所有实例、图样、程序和视频，未经授权，不得非法使用，违者必究。

编著者
2024年10月

目录 Contents

第 1 章　开放式控制平台发展历程　001
　1.1　PLC 的基本概念及系统组成　001
　　1.1.1　PLC 的构成　002
　　1.1.2　PLC 的基本工作原理　003
　　1.1.3　IEC 61131-3 标准　004
　　1.1.4　PLC 的通信联网　005
　1.2　自动化技术的变革　006
　　1.2.1　开放自动化系统的形成　006
　　1.2.2　菲尼克斯自动化系统的发展　007
　1.3　工业 4.0 和智能制造对 PLC 系统的新要求　013
　1.4　PLCnext 技术介绍　014
　　1.4.1　PLCnext 成为开放控制平台的样板　014
　　1.4.2　PLCnext 技术生态　016
　　1.4.3　PLCnext 系统架构　019
　　1.4.4　PLCnext 的技术特点总结　023

第 2 章　PLCnext 硬件配置　025
　2.1　模块化控制器及其左侧扩展模块　025
　　2.1.1　模块化控制器　026
　　2.1.2　左侧扩展模块　027
　2.2　I/O 模块　028
　　2.2.1　Axioline F 系列 I/O 模块和耦合器　029
　　2.2.2　Axioline Smart Element 系列 I/O 模块　031
　　2.2.3　Axioline E 系列 I/O 模块　033
　　2.2.4　I/O-Link 模块　034
　2.3　安全控制器　035
　2.4　冗余控制器　038
　2.5　面向边缘应用的控制器　041

第 3 章　PLCnext Engineer 软件平台　044
　3.1　PLCnext Engineer 软件介绍　044
　　3.1.1　软件安装系统要求　045
　　3.1.2　用户界面　045
　3.2　硬件组态与管理　049
　　3.2.1　设备硬件组态　049
　　3.2.2　PROFINET 设备 GSDML 文件管理　053
　3.3　变量用法与管理　055
　　3.3.1　变量声明　055
　　3.3.2　自定义数据类型　059
　3.4　程序与 PLC 资源管理　066
　　3.4.1　程序组织单元（POU）　067
　　3.4.2　配置、资源、任务　078
　　3.4.3　常规编程语言　082
　　3.4.4　库文件　085
　　3.4.5　其他导入功能　087
　3.5　eHMI　088
　3.6　运行与调试　093
　　3.6.1　程序开发步骤　093
　　3.6.2　在线调试　094

3.6.3	仿真调试	095
3.6.4	WBM 中的诊断	097

第 4 章　软件应用实例　100

4.1	工程实例介绍	100
4.2	工程实例创建	101
4.2.1	新建工程与硬件组态	101
4.2.2	功能块与程序设计	107
4.2.3	程序下载与调试	109
4.2.4	eHMI 画面设计与运行	112
4.3	基于 Web 的网页管理	115
4.3.1	WBM 登录	115
4.3.2	Overview 页面	115
4.3.3	Diagnostics 页面	116
4.3.4	Configuration 页面	119
4.3.5	Security 页面	127
4.3.6	Administration 页面	132
4.4	调试工具	135
4.4.1	NetNames+	135
4.4.2	Putty	136
4.4.3	WinSCP	137

第 5 章　高级语言编程　139

5.1	概述	139
5.2	C/C++集成介绍	140
5.2.1	C/C++特点	140
5.2.2	C/C++集成	141
5.2.3	C++应用案例	146
5.3	MATLAB 集成介绍	149
5.3.1	MATLAB 特点	149
5.3.2	MATLAB 集成	150
5.3.3	MATLAB 应用案例	156
5.4	C#集成介绍	158
5.4.1	C#特点	158
5.4.2	C#集成	159
5.4.3	C#应用案例	165

第 6 章　通信协议集成　168

6.1	工业通信网络	168
6.2	MODBUS 通信	169
6.2.1	MODBUS RTU 通信	169
6.2.2	MODBUS TCP 通信	174
6.3	SOCKET 通信	181
6.3.1	SOCKET 概述	181
6.3.2	SOCKET 应用示例	181
6.4	OPC UA 通信	185
6.4.1	OPC UA 概述	185
6.4.2	OPC UA 的特点	186
6.4.3	OPC UA 通信模型	186
6.4.4	PLCnext 控制器作为 OPC UA 服务端的使用	187
6.4.5	PLCnext 控制器作为 OPC UA 客户端的使用	189
6.5	SNMP 通信	197
6.5.1	SNMP 概述	197
6.5.2	PLCnext Engineer 中 SNMP 功能库应用	198
6.6	MQTT 通信	199
6.6.1	MQTT 概述	199
6.6.2	MQTT 特点	200
6.6.3	MQTT 原理	200
6.6.4	PLCnext & MQTT 应用示例	202
6.7	MySQL 通信	208
6.7.1	MySQL 概述	208
6.7.2	PLCnext 控制器结合 MySQL 使用示例	210

第 7 章　PLCnext APP　212

7.1	APP 概述	212
7.1.1	APP 的发展历史	212
7.1.2	工业 APP 的基本特点和类型	213
7.1.3	PLCnext Store APP 软件商店	214
7.2	行业解决方案类 APP	217
7.2.1	行业解决方案类 APP	

		特点	217
	7.2.2	行业解决方案类 APP 在 PLCnext 中的应用	217
7.3	库文件类 APP		220
	7.3.1	库文件类 APP 特点	221
	7.3.2	库文件类 APP 在 PLCnext 中的应用	221
7.4	功能扩展类 APP		223
	7.4.1	功能扩展类 APP 特点	224
	7.4.2	内部通信方式	224
	7.4.3	容器化部署方式 Podman	228
	7.4.4	MLnext 使用示例	230
	7.4.5	ROS 使用示例	234
	7.4.6	Node-RED 使用示例	238
7.5	工程项目类 APP		242
	7.5.1	工程项目类 APP 特点	242
	7.5.2	工程项目类 APP 在 PLCnext 中的应用	242
7.6	APP 开发与发布		243
	7.6.1	APP 开发	243
	7.6.2	APP 发布	245

第 8 章 工业信息安全 246

8.1	工业信息安全概述		246
	8.1.1	网络安全与信息安全	246
	8.1.2	IT 与 OT/ICS 的对比	247
8.2	工业信息安全标准 IEC 62443 概述		248
	8.2.1	工业控制信息安全理念	250
	8.2.2	工业信息安全措施的相关技术与架构	250
8.3	PLCnext 工业信息安全功能		251
	8.3.1	PLCnext 的信息安全基于纵深防御	251
	8.3.2	PLCnext 信息安全设计	253
	8.3.3	PLCnext 定期安全维护	254
8.4	PLCnext 信息安全操作		255
	8.4.1	PLCnext 相关设备信息查询与安全配置	255
	8.4.2	用户身份验证与角色权限	256
	8.4.3	PLCnext 安全传输与签名的相关配置	257
8.5	PLCnext 中防火墙设置		258
	8.5.1	系统消息与规则执行	259
	8.5.2	防火墙规则添加与属性	260
	8.5.3	通过 nftables 设置附加的防火墙规则	261
8.6	PLCnext 中 VPN 远程通信		262
	8.6.1	IPSec 简介	262
	8.6.2	PLCnext IPSec 测试平台构建	263
	8.6.3	在 PLCnext 中配置 IPSec 相关文件并启用服务	263

第 9 章 工业物联网 265

9.1	工业物联网概述		265
	9.1.1	背景及概念	265
	9.1.2	PLCnext 在 IIoT 中的使用	268
9.2	PROFICLOUD		270
	9.2.1	PROFICLOUD 概述	270
	9.2.2	基于 PLCnext 的 PROFICLOUD 应用	270
	9.2.3	可视化工具服务 TSD/Dashboard	274
	9.2.4	Dashboard 中 Panel 说明	277
	9.2.5	组织管理服务	281

9.3 PLCnext 控制器连接阿里云 281
 9.3.1 阿里云物联网平台介绍 281
 9.3.2 PLCnext 控制器接入 282
9.4 PLCnext 控制器连接 AWS 285
 9.4.1 AWS 介绍 285
 9.4.2 PLCnext 控制器接入 285

第 10 章 基于 PLCnext 的行业解决方案 289

10.1 PLCnext 在风电行业中的应用 289
 10.1.1 智慧能源与风力发电行业简介 289
 10.1.2 基于 PLCnext 的风机叶片智慧综合监控解决方案 290
 10.1.3 通过叶片监测系统实现数据查询 292
 10.1.4 通过叶片监测系统实现数据分析 294
10.2 PLCnext 在隧道行业中的应用 295
 10.2.1 公路隧道行业简介 295
 10.2.2 基于 PLCnext 的隧道监控解决方案 296
 10.2.3 基于 PLCnext 的隧道智能照明方案 298
10.3 PLCnext 在楼宇智能化行业中的应用 300
 10.3.1 智能楼宇控制系统介绍 300
 10.3.2 基于 PLCnext 的暖通空调标准化控制方案 301
 10.3.3 基于 PLCnext 的智能照明解决方案 305
10.4 PLCnext 在汽车行业中的应用 309
 10.4.1 汽车制造行业简介 309
 10.4.2 基于 PLCnext 的 PHCAR 电气标准 310
10.5 PLCnext 在设备制造行业的应用 317
 10.5.1 设备制造行业概述 317
 10.5.2 基于 PLCnext 的智能产线控制解决方案 317
 10.5.3 基于 PLCnext 的设备预测性维护解决方案 320
 10.5.4 基于 PLCnext 的电机预测性维护案例介绍 322
10.6 PLCnext 在过程自动化行业的应用 327
 10.6.1 过程自动化行业背景 327
 10.6.2 NAMUR 开放式架构（NOA） 327
 10.6.3 开放过程自动化标准（O-PAS） 328
 10.6.4 模块化生产（MTP） 329

参考文献 **333**

PLCnext

第 1 章

开放式控制平台发展历程

1.1 PLC 的基本概念及系统组成

PLC 是 programmable logic controller（可编程逻辑控制器）的简称。在工业自动化领域，PLC 是一种重要的控制设备。

国际电工委员会（IEC）对 PLC 的定义是：可编程逻辑控制器是一种数字运算操作的电子系统，专为在工业环境下应用而设计。它采用可编程序的存储器，用来在其内部存储执行逻辑运算、顺序控制、定时、计数和算术运算等操作的指令，并通过数字的、模拟的输入和输出，控制各种类型的机械或生产过程。可编程逻辑控制器及其有关设备，都应按易于与工业控制系统形成一个整体、易于扩充其功能的原则设计。

美国汽车工业生产技术的发展促进了 PLC 的产生。20 世纪 60 年代，美国通用汽车公司在对工厂生产线进行调整时，发现继电器、接触器控制系统存在修改难、体积大、噪声大、维护不方便以及可靠性差等问题。1968 年，通用汽车公司提出著名的"通用十条"招标指标，要求采用可编程装置取代继电器控制装置的要求。第二年，美国数字设备公司（DEC）研制出了基于集成电路和电子技术的控制装置 PDP-14，首次将程序化的手段用于电气控制，该控制装置在通用汽车生产中得到应用，这就是第一代可编程逻辑控制器。

20 世纪 80 年代至 90 年代，是 PLC 发展最快的时期，年增长率一直保持为 30%～40%。在这时期，PLC 在处理模拟量、数字运算、人机接口和网络通信等方面的能力得到大幅度提高，PLC 逐渐进入过程控制领域，在某些应用上取代了在过程控制领域处于统治地位的 DCS（集散式控制系统）。

1993年，国际电工委员会（IEC）正式颁布了可编程逻辑控制器的国际标准IEC 1131（后改为IEC 61131），标志着PLC进入了新的发展时期。其中的第三部分关于编程语言的标准，规范了可编程逻辑控制器的编程语言及其基本元素。

2000年后，PLC进入到新的发展阶段，PLC的处理性能大幅提升，不断地集成越来越复杂的功能，例如运动控制、现场总线通信、工业以太网通信、双机热备、功能安全等。

目前，世界上有两百多个厂家生产数百种PLC产品。PLC全球市场规模预计到2024年为128.3亿美元，预计到2029年将达到150.7亿美元，在预测期内（2024—2029年）复合年增长率为4.23%。

1.1.1 PLC的构成

从结构上分，PLC分为固定式（一体式）和组合式（模块式）两种，如图1-1所示。固定式PLC包括CPU（中央处理器）、I/O（输入/输出）、通信接口、存储器、电源等，这些元素组合成一个不可拆卸的整体。模块式PLC包括CPU模块、I/O模块、存储卡、电源模块、底板或机架，这些模块可以按照一定规则组合配置。

图1-1 固定式PLC和模块式PLC产品

按I/O点数和内存容量，PLC可粗略地分为小型PLC、中型PLC、大型PLC等，它们的控制对象和应用范围也有所区别。小型PLC主要用于单机自动化或复杂程度较低的控制对象；中型PLC主要用于自动化程度较高的控制对象或过程控制系统；大型PLC主要用于过程控制，并可以在一定程度上替代集散控制系统实现全厂自动化。

小型PLC一般是固定式的，所带的I/O点数比较有限；中大型PLC则通常为模块式，并可通过扩展机架或现场总线接口进行扩展。

CPU是PLC的核心，起神经中枢的作用，每套PLC至少有一个CPU，它按PLC的系统程序赋予的功能接收并存储用户程序和数据，用扫描的方式采集由现场输入装置送来的状态或数据，并存入规定的寄存器中，同时，对电源和PLC内部电路的工作状态和编程过程中的语法错误进行诊断等。进入运行后，CPU从用户程序存储器中逐条读取指令，经分析后再按指令规定的任务产生相应的控制信号，去指挥有关的控制电路。CPU速度和内存容量是PLC的重要参数，它们决定着PLC的工作速度、I/O接口数量及程序容量等，因此限制着控制规模。

PLC与电气回路的接口，是通过输入输出部分（I/O）完成的。I/O模块集成了PLC的I/O电路，其输入暂存器反映输入信号状态，输出锁存器反映输出信号状态。输入模块将电信号转换成数字信号送入PLC系统，输出模块相反。I/O模块分为开关量输入（DI）、开关量输出（DO）、模拟量输入（AI）、模拟量输出（AO）等模块。除了上述通用I/O模块外，还有特殊I/O模块，如热电阻、热电偶、计数器、编码器、运动控制、串口通信等模块。按I/O点数确定模块规格及数量，I/O模块可多可少，但其最大数受CPU所能管理的基本配置的能力，即最大的底板或机架槽数限制。

在中大型的控制系统中，随着现场总线（如 INTERBUS）和工业以太网（如 PROFINET）的普及，传统的 PLC 机架式 I/O 模块逐渐被支持现场总线或工业以太网的 I/O 远程子站所替代。I/O 信号就近接到 I/O 模块上，然后通过工业网络连接到 PLC 上。PLC 电源用于为 PLC 各模块的集成电路提供工作电源，有的还为输入电路提供 24V DC 的工作电源。电源输入类型有交流电源（220V AC 或 110V AC）和直流电源（常用的为 24V DC）。

大多数模块式 PLC 使用底板或机架，其作用是：电气上实现各模块间的联系，使 CPU 能访问底板上的所有模块；机械上实现各模块间的连接，使各模块构成一个整体。

PLC 系统的其他设备包括编程器、人机界面、输入输出设备等。编程器是 PLC 开发应用、监测运行、检查维护不可缺少的器件，用于编程、对系统做一些设定、监控 PLC 及 PLC 所控制的系统的工作状况，但它不直接参与现场控制运行。小型 PLC 一般包括手持式编程器。目前编程器一般由运行编程软件的计算机来充当。

最简单的人机界面是指示灯和按钮，液晶屏或触摸屏式的一体式操作员终端应用越来越广泛，由运行组态软件的工业计算机充当人机界面也非常普及。

输入输出设备用于永久性地存储用户数据，如 EPROM❶ 及 EEPROM❷、FLASH 存储卡、条形码阅读器、输入模拟量的电位器、打印机等。

1.1.2　PLC 的基本工作原理

PLC 采用循环扫描的工作方式，如图 1-2 所示，这个过程可分为内部处理、通信服务、输入处理、程序执行、输出处理等阶段，整个过程扫描一次所需要的时间称为扫描周期。

PLC 的 CPU 采用分时操作的原理，每一时刻执行一个动作，随着时间的延伸一个动作接一个动作顺序地进行。这种分时操作进程称为 CPU 对程序的扫描。PLC 的用户程序由若干条指令组成，指令在存储器中按序号顺序排列。CPU 从第一条指令开始，按顺序逐条地执行用户程序，直到用户程序结束，然后返回第一条指令开始新的一轮扫描。PLC 就是这样周而复始地重复上述的扫描循环。

除了执行用户程序之外，在每次扫描过程中还要完成输入、输出处理等工作。PLC 的扫描周期与用户程序的长短和扫描速度有关，典型值为 1~100ms。

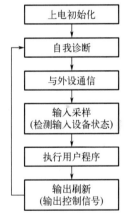

图 1-2　PLC 工作流程图

（1）初始化处理

PLC 上电后，首先进行系统初始化，其中检查自身完好性是起始操作的主要工作。初始化的内容是：

① 对 I/O 单元和内部继电器清零，所有定时器复位，以消除各元件状态的随机性。

② 检查 I/O 单元连接是否正确。

③ 检查自身完好性。

（2）系统自诊断

每次扫描前，进行一次自诊断，检查系统的完好性，即检查硬件（如 CPU、系统程序存储器、I/O 接口、通信口、后备电池等）和用户程序存储器等，以确保系统可靠运行。若发现故障，将有关错误位置进行标记，再判断故障性质。若是一般性故障，只报警而不停机，

---

❶ EPROM，可擦可编程只读存储器。
❷ EEPROM，电擦除可编程只读存储器。

等待处理；若是严重故障，则停止运行用户程序，PLC 切断一切输出联系。

① 通信与外设服务（含中断服务）　通信与外设服务指的是与编程器、其他设备（如终端设备、彩色图形显示器、打印机等）进行信息交换，与网络进行通信以及设备中断（用通信口）服务等。如果没有外设请求，系统会自动向下循环扫描。

② 采样输入信号　采样输入信号是指 PLC 在程序执行前，首先扫描各输入模块，将所有的外部输入信号的状态读入（存入）到输入映像存储器中。

③ 执行用户程序　在执行用户程序前，CPU 就从程序的首地址开始，按自左向右、自上而下的顺序，对每条指令逐句进行扫描，扫描一条，执行一条，并把执行结果立即存入输出映像存储器中。

④ 输出刷新　输出刷新就是指 CPU 在执行完所有用户程序后（或下次扫描用户程序前）将输出映像存储器的内容送到输出锁存器中，再由输出锁存器送到输出端子上去。刷新后的状态要保持到下次刷新。

1.1.3　IEC 61131-3 标准

IEC 61131 是国际电工委员会（IEC）制定的可编程逻辑控制器标准，它包括以下 10 个部分：

第 1 部分：综述；
第 2 部分：硬件；
第 3 部分：可编程语言；
第 4 部分：用户导则；
第 5 部分：通信；
第 6 部分：功能安全；
第 7 部分：模糊控制编程；
第 8 部分：编程语言的实施方针；
第 9 部分：用于小型传感器和执行器的单点数字通信接口（SDCI）；
第 10 部分：开放的 PLC XML 交互格式。

IEC 61131 的第 3 部分是 PLC 的编程语言标准。1993 年 12 月，国际电工委员会（IEC）制定了 IEC 61131-3，用于规范可编程逻辑控制器（PLC）、DCS、进程间通信（IPC）、计算机数控（CNC）和监控与数据采集（SCADA）的编程系统的标准。该国际标准的制定，是 IEC 工作组在合理地吸收、借鉴世界范围的各可编程逻辑控制器厂家的技术、编程语言、语义等的基础之上，形成的一套新的国际编程语言标准。IEC 61131-3 国际标准随着可编程逻辑控制器技术、编程语言等的不断进步也在不断地进行着补充和完善，应用 IEC 61131-3 标准已经成为工业控制领域的趋势。

IEC 61131-5 是 IEC 61131 的通信部分，通过 IEC 61131-5，可实现 PLC 与其他工业控制系统（如机器人、数控系统等）之间的通信。

为了使标准的规定既适合于广泛的应用范围，又能被 PLC 制造厂商所接受和支持，IEC 61131-3 规定了两大类编程语言，即文本化编程语言和图形化编程语言。前者包括指令表（IL）语言和结构化文本（ST）语言；后者则有梯形图（LD）语言和功能块图（FBD）语言。在标准的文本中没有把顺序功能图（SFC）单独列入编程语言，而是将它在公用元素中予以规范。这五种编程语言都是依据工业控制的基本元器件及由其构成的网络或电路，采用某种在计算机上仿真的工作原理和功能而形成的。

梯形图（LD）语言是将并行动作的机电元件（诸如继电器触点和线圈、定时器、计数器等）网络加以模型化。功能块图（FBD）语言则是将并行动作的电子元件（诸如加法器、乘法器、移位寄存器、逻辑运算门等）的网络予以模型化，如图1-3所示。而结构化文本（ST）语言将典型的信息处理任务（如在通用的高级语言Pascal中的使用数值算法）予以模型化。指令表（IL）语言却是将汇编语言中控制系统的低层编程予以模型化。顺序功能图（SFC）将时间驱动和事件驱动的顺序控制设备和算法模型化。

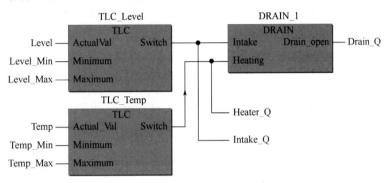

图 1-3　采用 FBD 进行图形化编程

IEC 61131-3 允许在同一个 PLC 中使用多种编程语言，允许程序开发人员对每一个特定的任务选择最合适的编程语言，还允许在同一个控制程序中使用不同的编程语言编写不同的程序模块。这些规定既继承了 PLC 发展历史中形成的编程语言多样化，又为 PLC 软件技术的进一步发展提供了足够的空间。

IEC 61131-3 标准规定编程软件应独立于控制硬件，程序可重复使用且可移植。IEC 61131-3 国际标准得到了众多厂家的共同推动和支持，显著地提高了工业控制系统的编程软件质量及软件开发效率。它定义的一系列图形化语言和文本语言，不仅给系统集成商和系统工程师的编程带来很大的方便，给最终用户同样带来了便利。由于采用一致的 IEC 61131-3 国际标准编程，各个 PLC 厂家的编程系统都是统一的，因而减少了人力资源，如培训、调试、维护和咨询的成本。标准化的编程方式减少了编程中的误解和错误，并提高了软件的复用性，使得工程师们可以有更多的精力关注控制问题本身。

IEC 61131-3 是当今世界第一个为工业自动控制系统的软件设计提供标准化编程语言的国际标准，对于解决因控制装置在发展进程中过于专有化而给用户带来的大量不便具有重要的意义。这个标准将现代软件的概念和现代软件工程的机制与传统的 PLC 编程语言成功地结合，又对当代种类繁多的工业控制器中的编程概念及语言进行了标准化。它对可编程逻辑控制器软件技术的发展，乃至整个工业控制软件技术的发展，起到了举足轻重的推动作用。可以说，没有编程语言的标准化便没有今天 PLC 走向开放式系统的坚实基础。

1.1.4　PLC 的通信联网

自动控制技术的发展提高了生产自动化的程度，设备和系统的控制需要较大空间的分布，控制系统的这种发展要求 PLC 具有分散控制的功能，因此远程连接和通信功能成为 PLC 的基本性能之一。面向更高一级的系统和整个工厂的自动化，需要具有通信接口和构成网络的能力，依靠先进的工业网络技术可以迅速有效地收集、传送生产和管理数据。因此，工业网络在自动化系统集成工程中的重要性越来越显著。

对于一个自动化工程来讲，特别是中大规模控制系统，选择网络是非常重要的。首先，网络必须是开放的，以方便不同设备的集成及未来系统规模的扩展；其次，针对不同网络层次的传输性能要求,选择网络的形式,这必须在较深入地了解该网络标准的协议、机制的前提下进行;再次,综合考虑系统成本、设备兼容性、现场环境适用性等具体问题,确定不同层次所使用的网络标准。

PLC 具有通信联网的功能,它使 PLC 与 PLC 之间、PLC 与上位计算机以及其他智能设备之间能够交换信息,形成一个统一的整体,实现分散集中控制。多数 PLC 具有 RS-232 或 RS-485 接口,还有一些内置有支持各自通信协议的专用接口,但 PLC 的通信无法实现互操作性。随着现场总线技术的推广和普及,PLC 各厂家均开发或采用了现场总线的接口。IEC 则制定了现场总线的国际标准 IEC 61158,将市场上应用最为广泛的一些现场总线(如 INTERBUS、PROFIBUS、FF 等)列入了该国际标准。

进入 21 世纪,IT(信息技术)的发展使得以太网(Ethernet)逐渐进入工业控制领域。通过在 CPU 上直接集成以太网通信接口,或者通过扩展的以太网接口模块,大多 PLC 都可以实现以太网通信。通过集成开发的工业通信协议,例如 MODBUS TCP、OPC UA 等,已经成为 PLC 数据通信的标准方式。

1.2 自动化技术的变革

1.2.1 开放自动化系统的形成

20 世纪 80 年代开始,通信技术和计算机技术不断发展,并逐步应用到工业领域,与自动化技术进行融合,对自动控制系统的发展产生了深远的影响。

首先,随着串行通信技术的发展,产生了现场总线技术,采用串行通信取代并行接线方式,用数字传输信号逐步取代模拟传输信号,见图 1-4。随着现场总线技术的出现和发展,各种现场总线的市场竞争日趋激烈。在 2000 年 1 月颁布的 IEC 61158 国际标准中,将八种总线(FF 的 H1、FF-HSE、PROFIBUS、INTERBUS、P-NET、WorldFIP、ControlNet、SwiftNet)均列入国际标准,形成多种总线共同竞争的局面。

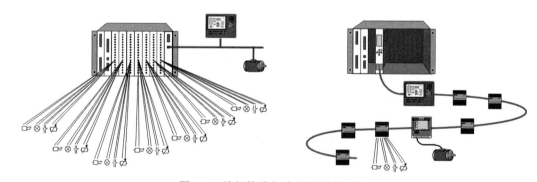

图 1-4 并行接线与串行总线的对比

进入到 20 世纪 90 年代,随着计算机技术的发展,PC 开始在工业领域得到应用,很多工控厂家开始研发工业 PC 和基于 PC 的控制系统。90 年代后期,随着 IT 技术的发展,以太网与自动化系统进行结合,以太网开始进入工业现场,基于以太网的方案已经越来越多地用于工业数据通信。

2000 年之后,在一些大公司和组织的强力支持下,工业以太网技术发展非常迅速。工业以太网标准竞争激烈,在现场总线国际标准 IEC 61158 中,纳入了基于实时工业以太网概念的 PROFINET、Ethernet/IP 和 Fieldbus Foundation HSE、MODBUS TCP、EPA、EtherCAT、PowerLink 等协议规范。在 IEC/SC65C/WG11 工作组负责制定的 IEC 61784-2《基于 ISO/IEC 8802-3 的实时应用系统中工业通信网络行规》国际标准中，包含了多种实时工业以太网协议。如图 1-5 为工业以太网实时通信模型比较。

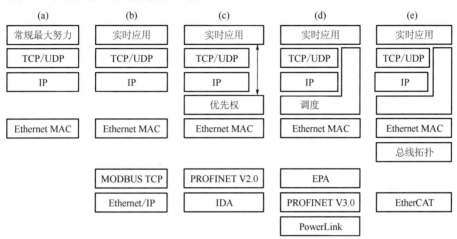

图 1-5　实时工业以太网通信模型

2013 年 4 月，德国政府在汉诺威工业博览会上正式推出"工业 4.0"战略。工业 4.0 迅速成为德国的另一个标签，并在全球范围内引发了新一轮的工业转型竞赛。工业 4.0 和智能制造成为热点，数字技术、智能技术与工业技术相结合，云技术、大数据、工业物联网、人工智能、信息安全等开始进入到工业控制领域，各种创新的产品和解决方案层出不穷，工业自动化系统进入到新的发展阶段。

1.2.2　菲尼克斯自动化系统的发展

菲尼克斯自动化系统的发展起始于 20 世纪 80 年代初，从 INTERBUS 现场总线技术的研发开始，到提出深度融合 IT 技术的创新自动化解决方案，再到推出基于 PLCnext 的开放式控制平台，其发展过程经过了几个重要阶段。

（1）INTERBUS 现场总线技术

菲尼克斯电气是最早从事工业现场总线技术的研发和市场推广的公司之一。1979 年，菲尼克斯电气较早地意识到总线通信技术的优势，开始研发 INTERBUS 工业现场总线。它的诞生改变了以往采用硬接线连接的方式，通过串行总线电缆无缝连接控制系统中所有的 I/O 和现场设备，实现可编程逻辑控制器与现场传感器、执行器间的实时数据通信。自 1984 年第一条 INTERBUS 总线在汽车生产线开始应用以来，INTERBUS 总线系统被广泛地接受，应用在汽车、电子、物流、机械制造、机场、基础设施、食品饮料等多个行业。

INTERBUS 总线包括远程总线网络和本地总线网络。远程总线网络用于远距离传送数据，采用全双工方式进行通信，通信速率为 500kB/s。本地总线网络连接到远程网络上，通信速率为 500kB/s 或者 2MB/s，网络上的总线终端模块负责将远程网络数据转换为本地网络数据。

INTERBUS 总线上的主要设备有总线终端模块、I/O 模块和安装在 PC 或 PLC 等上位主设备中的总线控制板，见图 1-6。总线控制板是 INTERBUS 总线上的主设备，用于实现协议的控制、错误的诊断、组态的存储等功能。I/O 模块实现在总线控制板和传感器/执行器之间接收和传输数据，可处理的数据类型几乎包括机械制造和流程工业的所有标准信号。

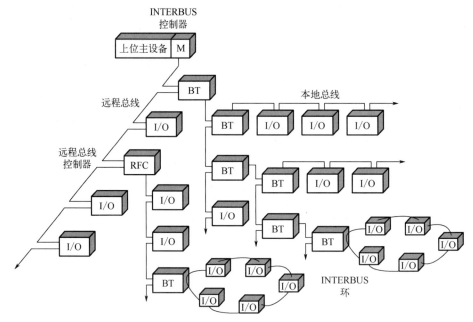

图 1-6 INTERBUS 总线结构

由于采用特殊的集总帧传输协议（见图 1-7）和环形/树形结构，INTERBUS 系统不仅具有快速、周期性和等时数据通信等极其出色的性能，而且提供综合诊断功能，实现故障快速处理，使停机时间降至最短。同时由于光纤的灵活使用，具有极强的抗干扰能力。

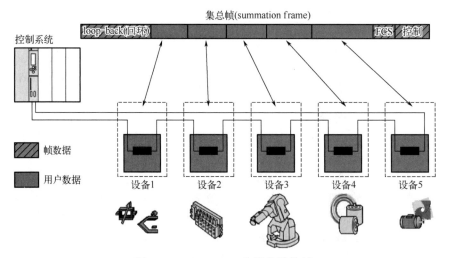

图 1-7 INTERBUS 总线传输协议

（2）基于 IEC 61131-3 的可编程控制器

菲尼克斯电气在 1993 年提出了"基于 PC 的控制技术"（PC based control），通过在 PC 上扩展支持 ISA 或 PCI 协议的总线控制板，将 PC 变成一台控制器。总线控制板具有 INTERBUS 接口，方便接入来自现场远程站的传感器和执行器信号，运行在 PC 上的控制程序则可以采用 C、VB 等高级语言开发控制程序。

菲尼克斯电气与科维软件（菲尼克斯电气子公司，后改名为菲尼克斯软件公司）开展深入合作，开发基于 IEC 61131-3 运行时系统的控制器，并于 1997 年发布了两款 RFC（远程现场控制器）系列的 PLC 产品，型号为"IBS 24 RFC/386SX/ETH-T"和"IBS 24 RFC/486DX/ETH-T"，分别采用了 386 和 486 处理器，直接集成了以太网接口和 OPC 通信驱动，实现分布式、模块化的自动化系统。

1999 年，菲尼克斯电气发布了"RFC 430 EHT-IB"和"RFC 450 EHT-IB"控制器，对处理器的性能做了大幅提升，并扩充了数据存储区和程序存储区空间，用来替代之前发布的两款控制器产品。

在 RFC 系列 PLC 产品推出之后，菲尼克斯电气又先后推出了 ILC 系列嵌入式控制器，以及软 PLC（soft PLC）、插槽式 PLC（slot PLC）、控制面板（control panel）、一体化控制器（S-MAX）等产品，逐步形成了完整的 PLC 产品系列，满足用户对工业控制和应用的不同要求，如图 1-8 所示。

图 1-8　不同类型的控制器

编程软件采用基于 IEC 61131-3 标准的 PCWORX 或者免费的 PCWORX Express 软件，支持 IEC 61131 所规定的所有五种语言来编程，并确保控制任务的快速处理。

PCWORX 由三部分组成：组态软件（SystemWorx）、符合 IEC 61131 标准的编程软件（ProgramWorx）、OPC（OLE for Process Control）接口。PCWORX 具有符合 IEC 61131-5 的通信模块，允许智能设备之间通过 EtherNet 或 INTERBUS 实现标准化的直接通信，如图 1-9 所示。

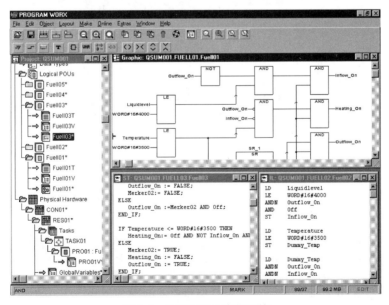

图 1-9　PCWORX 编程环境

(3)工业以太网解决方案

工业以太网是以太网技术从办公领域向控制网络延伸的产物。由于工业以太网与办公以太网网络的应用对象的不同、使用环境不同、数据通信量和实时性不同,产生了各种特定的要求。

在工业应用场合中,一个通信网络的组成部分是非常复杂的。除了需要工业级计算机外,更主要的是必须与各种不同类型的控制器(PLC、CNC、IPC)、不同类型的变送器(如压力、温度、液位、红外线、位移等变送器)、不同类型的执行器(如变频器、直流调节系统、机器人控制系统)、现场总线 I/O 系统、人机界面等连接,同时连接于因特网,通过 Web 技术进行远程监控等。构成工业以太网的通信技术必须更快速,更具有传输的确定性。为了解决在不间断的工业应用领域,在恶劣环境下通信网络也能稳定工作的问题,工控厂家开发和生产了导轨式集线器、交换机等产品,安装在标准 DIN(德国标准化学会)导轨上,并有冗余电源供电,接插件采用牢固的 DB-9 结构。而在 IEEE 802.3af 标准中,对以太网的总线供电规范也进行了定义。

菲尼克斯电气在 20 世纪 90 年代后期提出了"以太网+自动化"的解决方案,推出了 Factory Line 产品系列(图 1-10),开发出一系列应用在工业现场的集线器、交换机、媒介转换器等网络产品,将以太网与工业自动化无缝连接起来。基于现场总线和工业以太网系统,无论是操作层,还是设备层,菲尼克斯电气已经能够提供开放灵活的自动化解决方案。

图 1-10　Factory Line 产品系列

Factory Line 产品线可以适用于各种工业网络,包括生产型网络、机器和系统网络、基础设施网络、能源系统网络等。

2000 年后,随着无线技术的发展,菲尼克斯电气推出了包含无线局域网(WLAN)、蓝牙(bluetooth)、可信无线(trust wireless)技术等的工业无线技术解决方案。工业无线技术与自动化系统相结合,为用户提供了更多的选择。

(4)PROFINET 技术

PROFINET 是 PROFIBUS 国际组织提出的基于工业以太网的自动化标准。2001 年 8 月发布的 PROFINET V1.0，加强了以太网、TCP/UDP/IP 以及微软 DCOM、OPC 和 XML 的作用，而 2003 年推出的 PROFINET V2.0，通过实时通道增加了实时的功能。PROFINET 支持采用以太网通信的简单分散式现场设备与对时间要求非常苛刻的应用之间的集成，以及基于组件的分布式自动化系统的集成。

在 PROFINET IO 的框架中，存在着以下不同的设备类型：IO 控制器、IO 设备、IO 监视器。自动化程序运行在 IO 控制器上；IO 设备是分配给某个 IO 控制器的分布式的现场设备，如远程 I/O、驱动、阀岛和交换机；IO 监视器为具有调试和诊断功能的编程装置或 PC，与 IO 控制器一样，可以访问所有过程和参数数据。

2004 年，INTERBUS 用户组织 INTERBUS Club 正式宣布全面支持 PROFINET 工业以太网。INTERBUS Club 和 PROFIBUS User Organization 组成联合工作组，共同开展 PROFINET 协议规范的制定和技术研发工作。这意味着在全球应用最为广泛的两种现场总线 PROFIBUS 和 INTERBUS 都支持 PROFINET 技术，从而避免了制造商与用户在更新换代自动化产品和解决方案时做大量投资，保证从现场总线到以太网技术的平滑过渡。

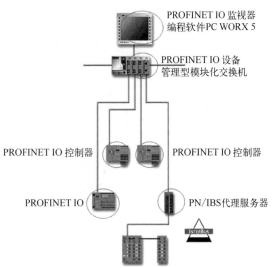

图 1-11　PROFINET IO 解决方案

菲尼克斯电气提供完整的 PROFINET IO 产品解决方案，如图 1-11 所示，同时也提供 PROFINET 技术组件用于实现 PROFINET 接口，提供高性能的设备接口以及复杂的 PROFINET 控制器接口、PROFINET Profile、PROFISAFE 和 PROFIdrive。适用于各种 CPU 构架和实时操作系统的软件开发工具包（SDK），以对象库的方式提供堆栈，对 Windows 操作系统来说则为动态链接库（DLL）。该库已编译和链接，可适应不同 CPU 处理器、操作系统和编译器的环境条件。

TPS-1 开发工具包为用户提供 PROFINET 设备芯片 TPS-1 的全套软件工具。TPS-1 开发工具包由各种组件构成，其中包括 TPS-1 的 PROFINET 协议栈。TPS-1 是 PROFINET 设备芯片，在一个 ASIC（专用集成电路）上集成全套 PROFINET 设备接口，大大减少实现的工作量。

（5）融合 IT 技术的自动化系统

2008 年，菲尼克斯电气提出"融合 IT 技术的自动化"的理念，见图 1-12。在这一理念的推动下，菲尼克斯电气全面支持 PROFINET 系统，将所有设备和系统集成到基于以太网或 PROFINET 的方案中，实现系统一网到底，实现现场层、设备层、管理层之间的无缝高速通信。所有的控制器产品均直接集成 PROFINET 接口，通过以太网进行程序编写和上位机通信，直接集成 FTP、TCP/IP、HTTP、SMTP、SNTP、SQL、SNMP 等多种 IT 技术。

融合 IT 技术的自动化系统，其核心是直接集成以太网接口和支持各种 IT 协议的 PLC 控制系统。菲尼克斯进一步扩充了 PLC 的种类和功能，提供多种 PLC 控制器解决方案，主要包括紧凑型 Inline 100 系列和 AXC（Axiocontrol）1000 系列、中高性能的 AXC 3000 系列和 Inline 300 系列、强大性能的 RFC 400 系列、小型 Nanoline 系列以及软 PLC 解决方案，见图 1-13。

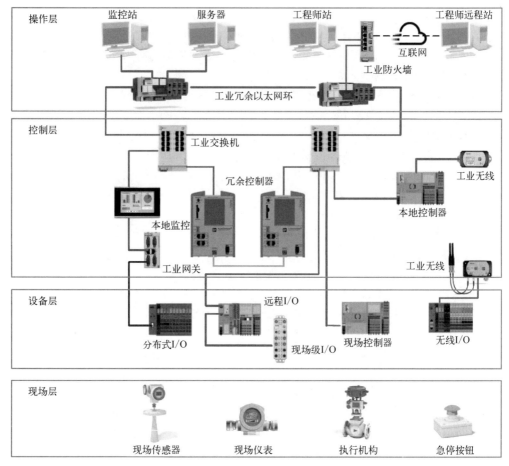

图1-12 融合IT技术的自动化系统架构

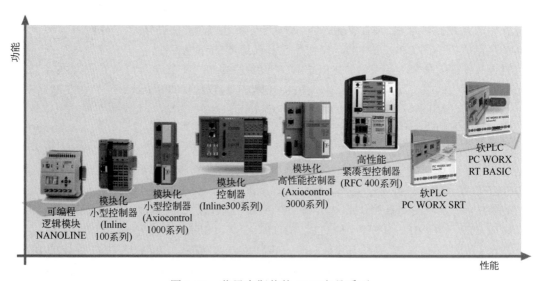

图1-13 菲尼克斯传统PLC产品系列

所有的PLC都直接集成以太网接口，内置Web Server，支持HTML5；支持PROFINET控制器或设备；支持直接连接到SQL数据库；支持SNTP、SNMP、DCP、FTP、SMTP等多种 IT 协议。

ILC 151 GSM/GPRS 支持 GSM/GPRS 通信；冗余控制器 RFC 460R 支持双机热备，处理速度快，集成了三个以太网接口和一个同步接口。AXC 3050 控制器性能强大，扩展能力强，适用于中大型控制系统处理任务。

菲尼克斯电气持续关注工业 4.0 发展，2014 年首次提出"连接智能的世界"的战略，制定公司推进工业 4.0 的长远规划。

2017 年 11 月，菲尼克斯电气正式推出了 PLCnext、PROFICLOUD、PLCnext Engineer 三位一体的新自动化技术，形成了面向工业 4.0 和融合工业物联网的自动化系统，这是面向未来的开放式自动化平台。

经过 40 多年的创新创造，菲尼克斯电气已经形成了非常完善的自动化产品线，为智能制造和工业 4.0 提供开放灵活的自动化系统和智能技术解决方案，包括无缝一致的通信网络、融合 IT 技术的控制系统、安全技术、融合工业物联网的开放式自动化平台等。

1.3　工业 4.0 和智能制造对 PLC 系统的新要求

工业 4.0 的主要任务就是实现智能工厂和智能生产。从这个概念出发，无论是智能工厂还是智能生产，其根本的核心就是生产制造模式的变革。智能制造的目标就是对目前的生产制造模式进行转型升级，从而达到改善和优化生产制造价值链、融合产品生命周期链、提高企业管理业务链的目的，使得推入到市场的产品质量更好、成本更低、速度更快、效率更高，也就是说，使企业在市场的竞争力更高。

德国工业 4.0 将第三次工业革命定义为以自动化技术为核心的生产制造模式。该模式即通过广泛地采用自动化技术、机器人技术、IT 和通信技术构成的一个以自动化技术为核心的生产制造模式，它提高了生产效率，降低了制造成本，产品质量也大大提高。对此，PLC 技术发展起到了决定性的作用。

几十年来，PLC 技术无论是在运行速度、应用范围、数据处理能力还是通信能力上（如现场总线、工业实时以太网）均大大提高。一个相对完美成熟的 PLC 系统已经形成，它是推动工业 3.0 发展的中坚力量。然而 PLC 控制系统的设计原理及功能主要是解决生产制造运行的过程和状态的控制问题（CPU 速度、容量、通信接口、控制点数），即对生产制造系统中实时数据的控制和处理，而对非实时数据的分析、存储、归纳、总结等任务，往往通过工业以太网接口送到上位信息化平台进行处理。因此，目前的 PLC 自动化控制平台没有涉及生产制造管理、企业管理乃至产品生命周期的管理，这样的 PLC 系统就不能很好地与制造执行系统（MES）和企业资源计划（ERP）系统整合起来。

智能制造的基本战略思路就是如何利用迅速发展的 IT 技术、互联网技术对传统的自动化生产制造模式进行变革，将 IT 技术、互联网技术融合于自动控制 PLC 系统中，改变传统自动化生产制造模式。按照灵活性、快速响应性、成本效率性以及投资回报率短期性的要求，建立一个高度灵活、数字化的智能生产制造系统，将生产制造体系与产品生命周期管理整合在一起，形成一个以产品全生命周期为核心的智能制造生产模式，这种智能制造生产模式不仅仅从生产制造这一端来解决成本、效率、速度、质量和灵活性的问题，还要从产品生命周期的管理的方法来全面地解决这些问题，使得研发、生产的产品的市场竞争力更强、性价比更高、更新换代更能满足市场和客户的需要。

随着人们借助工业物联网技术迈向工业 4.0 和智能制造，传统的 PLC 系统存在的局限性变得非常明显，因此需要开发满足以下功能的新一代 PLC 系统。

(1)支持高级语言编程

PLC 的许多缺点源于其软件限制。当可编程逻辑控制器于 20 世纪 60 年代首次引入通用汽车公司时,开发人员设计的逻辑类似于当时工程师习惯的物理继电器逻辑。时至今日,以继电器逻辑为模型的梯形图(LD)仍然是可编程逻辑控制器最突出的逻辑控制。LD 不使用代码,而是使用图形表示。

在 IEC 61131-3 标准中,IEC 组织定义了 5 种可采用的编程语言。即使是其中最高级的结构化文本(ST)语言,也不具备如 Python 或 C++等运行在 PC 上的编程语言的功能。

如果无法使用高级语言,PLC 就无法拓展更多的功能。对于传统 PLC 来说,通常采用的替代解决方案是将 PLC 功能集成到基于 PC 的系统中,以解决 PLC 无法访问高级语言这一局限性。

(2)建立云连接

如何将数据资产连接到云正迅速成为大多数企业迫切关注的问题。为了利用云平台提供的成本节约和高性能分析的独特优势,需要具备数据采集和数据传输的策略。这些数据中的大部分来自 PLC。由于它们来自生产现场,这些数据具有非常独特的价值。但是,传统 PLC 无法以本机方式直接实现与云的连接。

通过 MQTT(消息队列遥测传输协议)网关将 PLC 连接到云非常困难,如果 PLC 可以运行 JavaScript 代码,那么工程师可以很容易地对其进行编程,将数据发送到云中。

(3)与数据库的接口

PLC 不容易实现与数据库的集成。PLC 在工厂与操作员界面和监控与数据采集(SCADA)软件包交换信息,但与公司业务层的任何数据交换(信息服务、调度、会计和分析系统)必须通过 SCADA 软件包进行收集、转换和中继。

随着进一步实现自动化流程和集成机器对机器(M2M)通信的需求增加,这种集成变得越来越重要。如果不能访问 SQL 这样的语言,PLC 就无法轻松访问能够提高其效率或有效的数据库。

(4)利用开源支持

大多数 PLC 都是限制性的专有系统。开源使技术变得敏捷,通常提供多种解决问题的方法。开源解决方案通常比专有解决方案更具成本效益。在企业环境中,开源解决方案不仅通常在同等或更卓越的能力方面更便宜,而且还能够使企业从小规模起步,利用像 GitHub 平台或 Linux 等社区,获得显著的收益。但是绝大多数 PLC 都不是开源的。

(5)轻松融入新技术

PLC 的使用寿命非常长,通常都在 10 年以上。将更先进的技术集成到传统 PLC 中并不容易。如果公司想集成人工智能或实时分析功能,现今并不适合使用传统 PLC 作为这项工作的工具。

总结起来,传统 PLC 面临的主要问题为对连接、多功能性和更高处理能力的需求增加。这就是菲尼克斯电气致力于开发下一代 PLC 的原因。PLCnext Technology(PLCnext 技术)能让工程师轻松使用 IEC 61131-3 语言和 JavaScript、Python 和 C++等 IT 语言编写应用程序,同时利用开源社区的资源。未来其通过集成新的技术,将创造出更多的可能性,超越目前机器设备限制。

1.4 PLCnext 技术介绍

1.4.1 PLCnext 成为开放控制平台的样板

在自动化领域,对可编程逻辑控制器有两方面需求,一方面是保证实时运行的需要,另一方面是保证过程数据访问的一致性的需要。对于传统的 PLC，用户程序通常使用 IEC 61131-3 语言编写。因此，PLC 制造商建立的实时环境和部分固件都是用来执行 IEC 61131 程序的。这里不允许用户直接访问操作系统，也禁止扩展其他附加功能。

有些传统 PLC，除了支持 IEC 61131-3 语言外，也会支持 C/C++或者 C#等高级语言。在实时环境中，这些高级语言通常需要通过一个代码生成器预编译成 IEC 61131 的功能块（FB）或功能（FU），然后将编译好的 FB 或 FU 嵌入到用 IEC 61131 编写的程序当中。如图 1-14 所示。

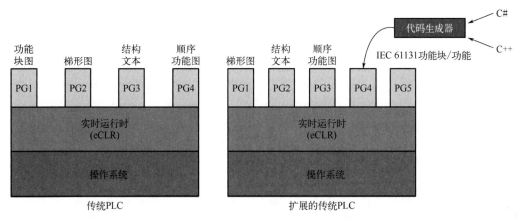

图 1-14　传统 PLC 系统架构

经典的 Linux 的系统提供了使用 Linux 系统平台的可能性，因此具有可扩展性的特点。然而，Linux 本身并不是一个实时操作系统。为了运行循环程序，并保证程序间的过程数据的一致性，还需要编写一个自己的实时运行环境。

随着工业 4.0 和数字化的发展，越来越多的网络以及 IT 融合自动化等被引入，既对 PLC 的性能和功能提出了更高的要求，也对设备联网和工厂的数字化等提出了全新的要求。除了 PLC 原有的逻辑控制任务之外，它还需要具备可扩展性、灵活性等特点，从而适应多种多样的应用需求。

菲尼克斯电气推出的 PLCnext 技术，采用一种实时控制和非实时任务一体化执行的 PLC 系统架构，如图 1-15 所示。PLCnext 技术结合了传统 PLC 和 Linux 系统的优点。这意味着它既能够保证应用程序的实时运行需求，同时还具有访问操作系统的功能，使功能范围得以扩展。

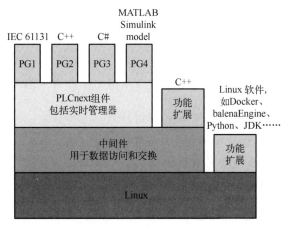

图 1-15　PLCnext 系统架构

PLCnext 作为开放的自动控制系统，允许用户访问 PLCnext 控制器的每一层，并提供各个应用程序或应用程序部件之间的接口，因此提供了全新的可能性。这种开放性最终使得更多的编程语言可以在实时领域使用。除了 IEC 61131-3 的标准 PLC 语言外，还可以使用 C++、C#和 MATLAB Simulink，而且可以组合使用，可以配置不同程序之间的数据交换。

PLCnext 技术可实现与现有软件工具的并行编程，支持 Visual Studio、Eclipse、MATLAB Simulink 和 PLCnext Engineer 等工具，实现混合编程，并可灵活集成现有的程序代码，为用户提供了面向未来的无限可能性。

PLCnext 技术以其独特的方式让工程技术人员在享受传统的工控编程语言的可靠稳定性的同时，也能自由地采用 IT 领域中灵活有效的高级语言编程，满足市场和用户不断提出的新的要求。例如，对于高级语言程序员来说，实现 MQTT 协议栈很简单，PLCnext 的早期使用者社群的其他用户已经实现了使用 OpenCV 库进行图像和视频分析以及物体识别的应用。诸如此类的例子还有：PLCnext 技术能与来自谷歌的数字助手 Alexa 相结合；能连接到 Redis 数据库或集成 Java 运行，以便在 Java 中编程；为运用基于 Web 的自动化应用而实现了 Node.js。总之，用户可通过 PLCnext 技术实现进一步的想法，感兴趣的团体和个人都可以加入 PLCnext 社群，并与社群参与者讨论。

随着 PLCnext Store 的创建，新的商业模式正在为集成商、最终用户，甚至为希望基于 PLCnext 技术营销其组件的第三方供应商所接受。通过 PLCnext Store，有个别功能甚至功能完整的应用程序都可以购买、授权并下载到控制器上。此外，系统更新和其他内容也通过这个渠道提供，这使得终端用户下载它们就像获取和安装手机应用程序一样容易。

实际上，PLCnext 技术超越了程序员、用户和制造商几十年来建立的思维模式。过去很长的一段时间，用户只能因硬件和软件强制捆绑的系统、内部运行环境和许多专有特性而被绑定某个特定的公司，PLCnext 技术冲破了这个壁垒，迈入了开放自动化的领域，让每一个用户都可以扩展和定制满足其个人需求的解决方案。用户对这种新的自由模式一开始肯定是不熟悉的；然而，一旦用户接受了这个原则，并熟悉了这个系统，就可以从工业 4.0 时代的无限可能性中受益。与传统 PLC 以及其他厂家之后推出的其他开放控制平台相比，PLCnext 技术架构的独特优势可以从以下方面来体现：

① 开放式编程工具　可以使用独立于 PLC 供应商的编程工具，如 Eclipse、Visual Studio、MATLAB 等；

② 开放式应用程序和网络接口　无须使用 PLC 供应商的工具链，不受专有解决方案的限制；

③ 开源应用程序和 APP 集成　PLC 功能可以通过添加工业应用商店中的开源软件和自动化应用程序来增强；

④ 实时 HLL 程序可以使用操作系统 API　用户可以无限制地访问底层操作系统的应用程序接口；

⑤ 由于模块化，可扩展性经得起未来考验　由于平台架构的开放性，未来的接口和技术可以很容易地集成；

⑥ 集成实时功能　体系结构通过 ESM（执行和同步管理器）及 GDS（全局数据空间）提供了内置的实时调度和过程数据一致性，如传统 PLC 功能；

⑦ 集成云连接　云连接不需要外部网关设备（PROFICLOUD 等）；

⑧ 安全集成　符合 IEC 62443 设计的平台和工程工具的安全性。

1.4.2　PLCnext 技术生态

PLCnext 技术是菲尼克斯电气搭建的开放式自动化生态，如图 1-16 所示，融合了开放控制平台 PLCnext Control、模块化工程软件 PLCnext Engineer、数字化软件商店 PLCnext Store 以及创意共享的全球化社区 PLCnext Community，提供个性化开源应用、完善的解决方案和一站式服务，轻松应对数字化时代的所有挑战。

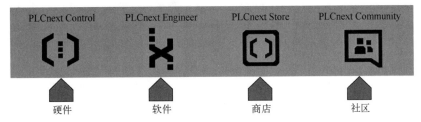

图 1-16　PLCnext 技术生态系统

菲尼克斯电气结合数字化技术和虚拟化技术，于 2023 年推出了 Virtual PLCnext Control 虚拟化 PLC 的软件解决方案。Virtual PLCnext Control 通过容器化或者虚拟机化的方案实现了对 PLCnext technology 软硬解耦，让 PLCnext 能够轻松部署到客户硬件平台。有别于过去传统的软 PLC 方案，菲尼克斯在助力客户一机多控的同时，实现"硬件提供资源，软件定义自动化"的理念。

（1）PLCnext Control

PLCnext Control 设备是适用于 PLCnext 技术生态系统的硬件，集传统 PLC 的可靠性和安全性与智能设备的开放性和灵活性于一身，基于开放的 Linux 环境，除根据 IEC 61131-3 标准对 PLC 进行标准编程外，还可通过实时组合使用 C/C++、C#和 MATLAB Simulink 等编程语言，对 PLCnext Control 实现并行编程。

PLCnext Control 分为：Axiocontrol（AXC）系列模块化控制器、安全控制器、冗余控制器及面向边缘应用的控制器，及其对应的扩展模块和 I/O 模块。

Axiocontrol 系列模块化控制器可通过 Axioline 和 Inline IP20 I/O 系统模块进行扩展。此外，AXC F 2152 和 AXC F 3152 具有左侧扩展功能，可以通过在控制器左侧添加额外模块进行功能的扩展。例如，通过增加 ML 1000 模块，执行 AI（人工智能）或机器学习任务；使用额外的以太网接口模块，增加以太网接口数量；或者扩展安全 PLC，实现最高安全完整性等级 SIL3 的安全应用。

PLCnext 控制平台 AXC F 1152、AXC F 2152 和 AXC F 3152 控制器是首批通过 TÜV SÜD 认证的 PLC，符合 IEC 62443-4-1 ML3 Full Process Profile 和 IEC 62443-4-2。安全生命周期在 PLCnext 控制平台的开发中得到了充分的应用。符合 IEC 62443-4-1/-4-2 的产品认证，可提高相关信息的安全性。通过激活安全配置文件，可以访问广泛的安全级别 2（SL2）功能。安全性基于可信平台模块（TPM），用户证书也可以存储在该模块上。

冗余 PLC 可减少系统停机时间，高效开展工作，并避免隧道或机场等应用场合中的潜在危险。基于光纤的内置冗余功能则可避免单个控制器故障或更换时出现过程中断。RFC 控制器基于 PROFINET，并采用 AutoSync 技术自动建立冗余系统。

面向边缘应用的 PLCnext Control 设备，具备强大的边缘计算能力，支持多种 IT（信息技术层）和 OT（应用技术层）通信协议，内置 Web 服务器，预装 Node-RED、InfluxDB、Docker-Portainer 等 APP，可以无缝连接至 PROFICLOUD 等工业云平台。边缘设备能够在靠近工业现场的边缘侧对数据进行实时采集、分析和处理，减少数据传输的延迟和带宽占用，提高系统的响应速度和效率，适用于数据采集、协议转换、边缘计算和工业物联网等应用。此外，边缘设备结构极为紧凑，采用被动冷却型全金属壳体。

(2) PLCnext Engineer 工程软件

PLCnext Engineer 是 PLCnext Control 平台的工程软件。它结合了参数配置，符合 IEC 61131-3 的编程、硬件组态可视化和诊断所需的所有基本功能。此外，该软件还可实现将高级语言代码植入到 PLCnext Engineer 程序中。

PLCnext Engineer 可免费下载，工程师可以使用 PLCnext Engineer 轻松配置 PROFINET 网络，集成高级语言程序或 MATLAB Simulink 模型，并在 PLCnext 扩展平台上进行调试和管理。也可以使用来自 PLCnext Store 的即插即用的功能块以及各类 APP 来实现更广泛的功能。

PLCnext Engineer 可实现高级语言和标准程序的无缝对接。可以通过数据列表链接所有变量和接口，以便将物料接口和输出直接链接到高级语言代码并交换数据。因此无需任何 IEC 61131-3 代码，高度复杂系统的启动和维护也可通过 PLCnext Engineer 大大简化。

根据需要灵活配置软件功能，例如安全解决方案、MATLAB Simulink Viewer 或可视化生成器等。

(3) PLCnext Store（工业软件 APP 在线商店）

PLCnext Store 不仅是自动化解决方案的数字软件商店，而且是连接软件开发人员与 PLCnext 用户的技术交流平台。在此平台上，菲尼克斯电气或第三方工程师可以将自己技术诀窍和技术方案封装成标准 APP 放在 PLCnext Store 上分享交易，从而免去用户重复开发的工作。下载之后即插即用，无论是提高开发效率的软件库，或是封装好的完整功能的 APP，无需任何编程知识也都可以使用，开创了全新的自动化业务模式。

通过选择 PLCnext Store 中的应用程序，可以大大减少开发过程中所需的时间，省去烦琐的编程步骤。即使是针对高度专业化的要求，PLCnext Store 也可以提供创新的解决方案和创意。PLCnext Store 充分利用现有行业知识，提供通用的或个性化的软件解决方案。

使用 PLCnext Store 的各种功能，可以实现个性化应用，包含库文件、功能扩展、运行环境、解决方案应用程序等。

(4) PLCnext Community（PLCnext 社区）

PLCnext 社区是一个围绕 PLCnext 技术主题的知识平台。这里提供了教程、手册和一般系统描述。用户可以随时使用论坛提问并与其他成员交换信息。借助 PLCnext Technology，多名来自不同领域的开发人员可以协同开发同一项目，这将显著提高应用程序开发速度，特别是对于复杂应用程序而言。系统可使用来自 GitHub 等平台的开源软件。得益于 PLCnext Community，代码更不易出错且漏洞修复更快速。用户由此得以增强创新能力，节约资源。

PLCnext 社区包含以下相关资源：
- 新闻、产品线路和文章；
- 视频教程；
- 一般系统描述；
- 博客；
- 应用步骤实例；
- 产品手册；
- 远程学习和在线研讨；
- 论坛；
- 链接到 PLCnext Store、GitHub、YouTube、Instagram。

(5) Virtual PLCnext Control（虚拟化 PLC）

Virtual PLCnext Control 不仅仅继承了 PLCnext 技术的开放性和灵活性，同时借助容器化和虚拟化技术，实现了 PLCnext 软硬解耦，可轻松部署到客户的硬件平台。作为 Automation Runtime Platform 软件平台的核心，它支持部署多样的 IEC 61131 和 IEC 61499 兼容运行时软件，如 eCLR、CODESYS、Straton 和 nxtControl 等，以适应不同产品设备或应用需求。

选择 Virtual PLCnext Control，可以带来以下优势：

① 一机多控，助力柔性产线　过去传统软 PLC 是将一个硬件作为一台 PLC，而 Virtual PLCnext Control 可以在一台通用硬件系统上实例化多个 PLC。利用虚拟化技术，生产商可以在同一台终端设备上快速地搭建多条柔性产线，并且针对不同的产线，虚拟化 PLC 可以进行增加实例或减少实例以应对不同的生产任务和场景。

比如当前可能有一条作业流水线，那么可以在终端设备实例化四个 PLC，随着工程的不同往往产线也会变更，实例化的 PLC 数量也可以跟随产线的增加或者减少进行变更。

Virtual PLCnext Control 不仅极大丰富了用户对于柔性生产的灵活性，而且这种一机多控的方式也方便作为集群去管理，真正做到 PLC 即服务。

② 集成化管理，软件定义自动化　在很多工厂中有数百台 PLC，用户控制一个或两个机械臂就需要用到一台实体 PLC，控制一条流水线可能需要三四台实体 PLC，但是现在有了 Virtual PLCnext Control 后，用户用服务器或边缘设备替代了传统的 PLC 硬件，所有的 PLCnext 都作为一个软件程序实例运行在机房的一台设备上，升级和维护更加便利，成本也更加可控。

过去 PLC 如果出现问题或者需要安装更新，工程师往往到现场才能解决，现在则可以在机房中统一部署和调试数十台甚至数百台 PLC，真正做到"硬件提供资源，软件定义自动化"。

③ 加快开发周期　通常来说，工程师在基础平台上开发软 PLC，投入的时间可能需要耗费整个项目时长的近 80%，现在借助 PLCnext 的虚拟化方式，可以大大压缩这部分的开发周期，让用户可以更专注或者更聚焦于他们的行业软件和解决方案本身。

④ 容器化方案，PC 也是 PLC　工业互联网和人工智能的发展为自动化领域带来了许多生机，传统的 PLC 方案已经越来越难满足许多客户的生产和使用的需求。对于新技术不断迭代发展的今天，越来越多的用户希望 PLC 在做好它的本职工作之余，也能够成为工业生产中的信息终端、智能终端。

基于 PLCnext 技术的解决方案在 OT 侧集成了 PLCnext Runtime，为 PLC 提供标准的 IEC 61131 环境和各种确定性实时程序的高级语言编程，同时在 IT 侧得益于底层采用 Linux 操作系统，能够很好地支持各种高级编程语言，不论是嵌入式行业的 C++还是 C#，抑或是 Python，或者是前端开发用的 Java，PLCnext 平台都完全支持，同时 PLCnext 平台还提供多种多样的 API 方便用户将自己的代码于 PLCnext Runtime 进行集成，抑或是将非确定性实时的 C++程序转变为确定性实时程序等。

⑤ 和 PLCnext 硬件设备共享平台资源　Virtual PLCnext Control 作为 PLCnext 生态系统中的一员，它的运行环境也是 PLCnext Runtime，拥有基于硬件 PLCnext 控制系统所熟悉的功能以及基于硬件 PLCnext 控制系统所熟悉的编程和操作。同时，它也可以在 PLCNext Store 上下载丰富多样的工程和应用，完全接入 PLCnext 的生态圈。

1.4.3　PLCnext 系统架构

PLCnext 技术总体架构分为五大部分：内部扩展组件、外部扩展组件、硬件与操作系统、PLCnext 组件、中间件。

图1-17显示了PLCnext的总体架构。底层是专门为PLCnext Control开发的Linux操作系统。中间件和各种PLCnext组件一起形成PLCnext运行时系统。PLCnext技术的开放结构,使得用户可以使用不同类型的应用程序和不同编程语言。

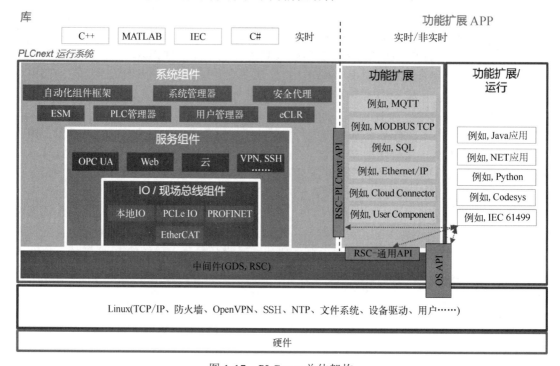

图1-17 PLCnext总体架构

对于代码的循环和确定性执行,可以创建用户程序,它们可以采用C++、C#、MATLAB Simulink或IEC 6113-3语言进行编程。

（1）内部扩展组件

用户可以将一些基于PLCnext固件上开发的轻量级应用部署在内部用户组件上。在充分连接固件本身的内容特性后,可实现轻松调用多种PLCnext的API。基于此,菲尼克斯开发了云连接器、MQTT通信、MODBUS TCP、Ethernet/IP、SQL等多种应用。用户可在PLCnext Store上可以获得相关应用。

（2）外部扩展组件

在外部用户组件上,用户可以直接将Runtime部署在Linux系统上,进行多种应用的自由开发,这也是PLCnext开放性最直接的体现。例如：Codesys Runtime、Java、Python、Node.js、Rust、NET core等。用户可以将所需的环境直接部署在PLCnext上,在最小改动的情况下便捷地将源程序运行在PLCnext平台上,并且可以直接通过OS API访问控制器硬件。并通过Service Manager来启用RSC服务,实现与PLCnext Component部分交互。

可以看出,用户既可以在外部用户组件上相对独立地运行熟悉的高级语言算法,集成已有的多种开源算法,来实现高级智能应用开发,又可以通过服务管理器调用相关RSC服务实现与控制器本体硬件及相关PLC程序数据进行交互,如图1-18所示。

内部和外部功能扩展超出了运行时系统范围,方便用户通过APP的形式进行功能的扩展。外部功能扩展可以安装在PLCnext Linux上,它可以是由操作系统直接处理的开源软件或自编程应用程序。在中间件上可以集成用户应用程序,它们被称为内部功能扩展（或称为用户组件），可以使用 C++代码创建内部扩展功能。

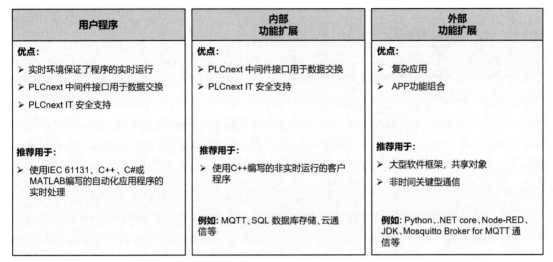

图 1-18　不同应用程序类型的功能和推荐用例

（3）硬件与操作系统

PLCnext 底层硬件采用 Intel 或是 ARM 架构的处理器，通常采用双核或多核处理器，性能比传统 PLC 有较大提升。

PLCnext Linux 是 PLCnext 控制器的专业操作系统，该开发基于 Yocto，这是一个用于创建自己的基于 Linux 的操作系统的开源平台，该操作系统还添加了一个实时补丁——PREEMPT_RT 补丁，以支持实时处理。

此外，PLCnext 控制器上已经预装了很多软件。例如，开源软件 OpenVPN、用于记录网络流量的 TCPDUMP、任务和进程管理器 htop 等。由于它是一个开放的平台，用户可以在自己的 PLC 上安装更多的 Linux 软件来扩展它的功能。

Linux 相对于 Windows 更加稳定且更有效率，漏洞少且能快速修补，具有多任务多用户、更加安全的用户和文件权限策略等特点，从而可以一方面实现开发的自由度，另一方面保障程序的实时运行。Linux 系统最大的特点是底层全部由文件组成，使用户可以更加便捷地访问控制器。PLCnext Engineer 可以作为传统 IDE（集成开发环境）实现程序编辑下装，也可以通过 SSH 或 SFTP 等安全方式访问到底层文件，直接修改文件参数配置，实现无 IDE 环境条件下安全、自由、快捷的组态设置。

（4）PLCnext 组件

PLCnext 组件是支持实时运行、处理数据访问和其他各种功能的固件组件。它们可分为三类：系统组件、服务组件、IO 组件。

① 在系统组件中，实现了 PLCnext 技术的所有基本功能，所以系统组件是在系统中更深入的组件。例如用于用户管理、诊断记录器和设备接口的组件。

② 服务组件为 PLC 提供了更多的功能。例如，它包含嵌入式 OPC UA 服务器、Web 服务器和基于 Web 的管理。

③ IO 组件用于各种跨系统的通信，如 PROFINET 或 Axioline。也可以说，IO 组件是系统的现场总线管理器。

PLCnext Control 上的实时管理器被称为执行和同步管理器，或简称 ESM。ESM 配置可以在 PLCnext Engineer 软件中完成。基于任务和程序实例的用户配置，该软件创建一个 XML 配置文件，ESM 调度程序使用该文件执行相应的任务。即使是用不同编程语言创建的程序也可以在同一任务中执行，如图 1-19。

ESM 支持实时执行 IEC 61131-3、C++和 MATLAB Simulink 程序。对于创建应用程序，可以以任何方式组合编程语言。PLCnext Technology 还具有任务处理功能。ESM 对来自不同编程语言的程序执行任务处理、监视和时间排序。

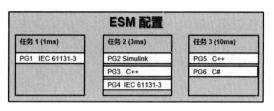

图 1-19　ESM 配置

控制器的每个处理器内核都有一个 ESM 管理器，因此一个 ESM 被分配给一个处理内核。如果一个控制器有多个处理内核，那么也有多个 ESM。例如，AXC F 2152 有 2 个处理器内核和 2 个 ESM。ESM 控制进程以定义的顺序确定性地执行高级语言程序。为了始终确保任务之间的数据一致性，只要调用任务，所有数据都会与 GDS 同步。

（5）中间件

中间件的任务通常是提供操作系统不提供的功能。

在维基百科上，中间件的描述为：中间件是一种计算机软件，它向软件应用程序提供超出操作系统提供的服务。它可以被描述为"软件胶水"。中间件使软件开发人员更容易实现通信和输入/输出，因此他们可以专注于应用程序的特定目的。

PLCnext Control 上的中间件正好执行这些任务。它提供了一个共享内存（称为全局数据空间，GDS），包括两个端口，即所谓的 IN 端口和 OUT 端口。这允许访问所有用户程序和内部功能扩展的过程数据，以及程序和内部功能扩展之间的数据交换。这样，即使是用不同语言创建的程序也能彼此通信。在这些数据交换过程中自动确保数据一致性。

全局数据空间 GDS 用于：

❏ 建立程序之间的通信关系（可以用不同的编程语言编写）；
❏ 过程数据的访问（传感器或执行器的 I/O 数据）；
❏ 在内部功能扩展之间交换数据（非实时应用）和用户程序（实时应用）；
❏ 通过 OPC UA 与 PROFICLOUD 云平台通信。

端口是用于数据交换的接口，包含 IN 端口（消费端口）和 OUT 端口（提供端口）。端口是具有 IN 端口或 OUT 端口特殊属性的变量。

如图 1-20 所示，端口可用于用不同编程语言编写的程序之间的接口。在跨任务数据传输

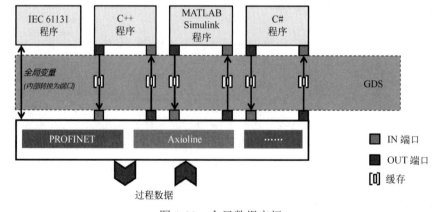

图 1-20　全局数据空间

期间，端口自动保证数据一致性。在此示例中，ESM 包含两个配置了不同周期时间的任务，并且包含不同数量的程序调用。全局数据空间用于使不同语言的程序能够交换变量值，保证数据一致性。

在 PLCnext 控制器上，端口允许通过全局数据空间交换数据来分配变量以处理数据。它们可以用作 IN 端口或 OUT 端口，具体取决于程序端所需的数据流方向：为了使数据在程序中可用，它们通过 IN 端口输入。例如，这些可以是在编程中处理的传感器值。另一方面，对于控制执行器的设置输出，数据从程序中输出。

端口的使用为在不同任务的程序之间交换数据时确保数据一致性提供了一种简单的方法。端口采用了一种特殊的存储机制，该机制在任务的整个执行时间内存储变量值。因此，如果一个高优先级的任务中断了一个低优先级的任务，则变量状态将被存储。当中断的任务恢复其执行时，低优先级的任务仍然使用中断前的变量值。

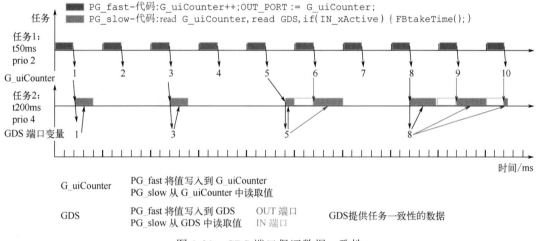

图 1-21　GDS 端口保证数据一致性

图 1-21 显示了端口变量与全局变量的比较。在本例中，在高优先级任务 t50ms 中实例化的程序 PG_fast 将循环计数器的值写入全局变量以及 OUT 端口。在低优先级任务 t200ms 中实例化的程序 PG_slow 读取两个变量——全局变量的值和 GDS 的值。此外，PG_slow 中还有一个功能块调用，这可以大大延长执行时间，因此在 PG_fast 更改周期计数器值期间可能会发生任务中断。在全局变量的情况下，这将导致 PG_slow 的值更改，G_uiCounter 的值不一致。然而，在端口的情况下，继续使用与任务周期开始时相同的值。

1.4.4　PLCnext 的技术特点总结

对于自动化系统的工程设计人员和最终用户来说，PLCnext 具有以下方面的优势。

（1）增强的连接性

PLCnext 技术能够在高度网络化的自动化系统中集成当前和未来的接口和协议，实现开放式通信。通过与基于云的服务和数据库的直接连接，实现基于 IoT（物联网）的新业务模式。

（2）增强的自由性

灵活地集成开源软件和各种工业 APP。PLCnext 技术支持独立创建的程序部件和完整应用程序的任何所需组合。使用开源软件和工业 APP（例如 PLCnext Store）可提高开发流程的效率。对于未来的功能扩展，没有任何限制。

（3）增强的便利性

PLCnext 技术的开放性使用户使用喜爱的编程语言成为可能，无论是 IEC 61131，还是高级语言。可以在熟悉的开发环境中舒适地开发个性化的解决方案，例如 PLCnext Engineer、MATLAB Simulink、Eclipse 或 Visual Studio。

（4）增强的开发能力

借助 PLCnext 技术，不同年代的多个开发人员可以使用不同的编程语言并行而独立地处理一个控制器程序。因此，用户可以利用传统 PLC 的优势以及 PLCnext 技术的开放性和灵活性快速开发复杂的应用程序。

（5）增强的性能

根据需要可以将不同语言的程序序列合并到任务中。PLCnext 技术的任务处理机制，使得不同来源的程序例程像传统的 IEC 61131 的 PLC 代码一样运行，高级语言程序将自动具有时间确定性。该平台可确保一致的数据交换和程序代码的同步执行。

PLCnext 技术被"创新雷达 2022"（PAC Innovation Radar 2022）评为"2022 年欧洲以机器边缘为中心的工业物联网开放式数字平台"类别中的"同类最佳"。这项研究由市场分析咨询企业 Pierre Audoin Consultants GmbH（简称 PAC）进行，PAC 考察了欧洲市场上近 120 家平台供应商，并对其中 66 家进行了评估。

该研究每年都会对用于工业目的的开放式数字平台的供应商情况进行评估，重点是区分不同的概念和评估欧洲市场的新兴主题。随着"创新雷达 2022"的推出，安全、非接触式工业物联网实施以及软件定义的车辆和机器人这两个主题被新纳入评估范围。

以机器边缘为中心的工业物联网平台使用容器技术简化应用部署，并在"机器边缘"（PLC、IPC）进行实时处理。PLCnext 技术生态系统为广大用户提供了一种开放式方法，允许使用云连接来扩展边缘平台，以进行数据存储和人工智能培训，并实现与工业应用商店的连接。用户可以通过 PLCnext 商店从生态系统合作伙伴提供的大量不同应用程序中进行选择。

PLCnext

第 2 章
PLCnext 硬件配置

 PLCnext 硬件介绍及简单操作

  PLC 和 I/O 系统是工业自动化领域的基础组件,它们共同构成了自动控制系统的核心。PLCnext 模块化控制器结合了传统 PLC 的实时周期处理能力和基于 Linux 开放系统的通用计算功能,可搭配 I/O、功能扩展模块、高性能控制器扩展网络应用,PLCnext 控制器作为边缘设备可以用于数据采集与分析,通过扩展硬件适用于多种应用,可以提供更高的灵活性和开放性。

  本章将介绍 PLCnext 模块化控制器及其 I/O 模块和扩展模块,以及安全控制器、冗余控制器和边缘控制器,以展示 PLC 在控制系统中的硬件组成和应用。

2.1 模块化控制器及其左侧扩展模块

  模块化控制器通常包括一个或多个基本模块(如 CPU 模块、电源模块)和多个可选的扩展模块,可以根据应用需要选择不同类型的 I/O 模块(数字或模拟)、通信模块(支持各种工业通信标准和协议)、专用功能模块等,通过总线或其他连接方式与基本模块连接,形成一个完整的控制系统。

  随着工业物联网的发展,模块化控制器越来越多地集成高级通信技术。这些控制器设计用于处理各种工业自动化任务,从简单的机器控制到复杂的系统监控和数据分析。PLCnext 控制平台集成了强大的硬件和开放式软件架构。PLCnext 控制器配备了高性能处理器、充足的存储空间和多种通信接口,支持 PROFINET、MODBUS 等标准协议,确保了与各种工业设备和网络的兼容性。

模块化控制器及其匹配的 I/O 模块和扩展模块，可以让控制器扩展网络和边缘设备，从而更好地实现数据收集。可扩展的硬件有广泛的应用，与控制器配套的周边产品如 HMI 和工控机，可以实现项目的上层界面开发。工程师为了应对工业自动化中日益复杂和多变的需求，通过组合不同的模块来构建一个完整的控制系统，每个模块负责完成特定的功能。

（1）模块化控制器的主要特点

❑ 可扩展性：模块化控制器通过简单地添加或更换 I/O 模块、通信模块、处理器模块等，能轻松适应不同的应用和扩展需求。

❑ 灵活配置：工程师可以根据实际需要定制控制系统的配置，选择合适的模块来满足特定的功能需求，如模拟输入/输出、数字输入/输出、温度控制等，以应对项目规模的扩展或功能的变更。

❑ 易于维护：模块化设计使得故障定位和模块更换更为简便，有助于减少系统的停机时间，提高生产效率，允许在项目需求变化时进行灵活调整，而无须更换整个系统，从而降低长期的维护和升级成本。

（2）模块化控制器的应用场景

❑ 制造业：用于生产线的控制、机器人自动化、包装和质量检测等。

❑ 过程控制：用于化工、制药、食品和饮料等行业的过程控制，以及需要精确的温度、压力、流量控制等场景。

❑ 建筑自动化：用于建筑物的能源管理、环境控制和安全监控系统。

❑ 水处理和能源管理：用于水处理厂、污水处理设施和能源管理系统的监控和控制。

2.1.1 模块化控制器

用于 Axioline I/O 系统的 PLCnext Control 系列控制器有标准版 AXC F 1152、AXC F 2152 和高性能版的 AXC F 3152，外形如图 2-1 所示。这三种控制器右侧可以直接扩展 I/O 模块，支持 Axioline F 系列 I/O 模块、Axioline SE 系列 I/O 模块，以及 Inline 系列的 I/O 模块。支持的左侧扩展模块在 2.1.2 节中阐述，可通过在左侧添加模块来扩展控制器的功能。

  AXC F 2152 控制器硬件介绍

(a) AXC F 1152控制器　　(b) AXC F 2152控制器　　(c) AXC F 3152控制器

图 2-1　AXC F 系列控制器

PLCnext 模块化控制器将传统 PLC 的可靠性和稳定性与智能设备的开放性和灵活性相结合，主要特点有：

❑ 具有典型 PLC 的稳定性和数据一致性特点，也适用于高级语言和基于模型的代码。

❑ 轻松、快速集成开源软件、应用程序和 AI 模型，具备很强的适应性。
❑ 云连接技术及面向当前和未来通信标准的集成，构建智能网络更轻松。
❑ 快速应用程序开发：多个开发人员可以使用不同的编程语言独立工作。

高性能版 AXC F 3152 控制器，融合了 IT、OT 多项面向未来的技术，兼具了传统 PLC 的稳定性、可靠性与智能设备的开放性、灵活性。且集成 AI 或边缘应用程序，可搭配 ML 1000 机器学习模块使用。

表 2-1 中为三种控制器参数描述。

表 2-1 模块化控制器系列

控制器名称	AXC F 1152	AXC F 2152	AXC F 3152
应用范围	中小型应用	中小型应用	中型应用
处理器	ARM Cortex-A9 1×800MHz	ARM Cortex-A9 2×800MHz	Intel Atomx5-E3930 2×1.3GHz
操作系统	Linux		
RAM	512MB	512MB	2048MB
闪存	512MB	512MB	1GB
以太网接口	2×10/100Mbit/s	2×10/100Mbit/s	3×10/100/1000Mbit/s
任务周期时间（ESM）	5ms	1ms	500μs

PLCnext 控制器的模块化设计使得工程设计中可以根据具体的应用需求来配置系统。这包括：

❑ 基本单元：作为系统的核心，包含处理器和必要的通信接口，如 AXC F 2152、AXC F 3152 等。

❑ I/O 模块：提供数字和模拟输入/输出，以及专用 I/O 功能，如温度测量使用模拟量输入模块。

❑ 通信模块：增加额外的通信接口，支持多种工业通信协议，如 PROFINET、MODBUS 等，PLCnext 开放平台包含多种通信协议的功能。

❑ 功能模块：提供特殊功能，比如高速计数或安全功能等。

PLCnext 适用于广泛的工业自动化领域，从简单的机器控制到复杂的制造过程控制，以及跨平台数据集成和物联网应用，它的灵活性和扩展性使其可以轻松适应不断变化的技术需求和市场需求。

2.1.2 左侧扩展模块

PLCnext 控制器的设计允许通过左侧扩展模块来增加其功能和接口。这些左侧扩展模块紧密地与 PLCnext 控制器集成，提供了一种简便的方式来扩展系统的通信能力以及其他特定的功能，而无须占用额外的空间或进行复杂的布线工作。

PLCnext 左侧扩展模块的主要特征和优点：

❑ 即插即用：左侧扩展模块设计为即插即用，使得安装和维护变得非常简单。系统在电源关闭时可以安全地添加或移除这些模块。

❑ 紧凑的设计：通过在控制器的左侧直接扩展，这些模块能够在不显著增加系统尺寸的情况下提供额外的功能。

❑ 高度集成：左侧扩展模块与 PLCnext 控制器高度集成，提供无缝的数据和控制流，确保了高效的通信和控制性能。

❑ 多样化的功能：提供了从额外的接口到专用通信接口（例如工业以太网、串行通信等）的多种功能选项，满足不同应用需求。

PLCnext 控制器的左侧扩展槽设计用于简化安装和配置过程。模块通过物理接口直接与控制器连接，电气连接自动完成，无需额外的电缆或适配器。这种集成方式不仅节省了空间，还降低了系统复杂性，提高了可靠性。

PLCnext 设备（AXC F 1152、AXC F 2152 或 AXC F 3152）左侧可并列安装安全模块、以太网模块或 AI 模块，实现功能扩展。该设计可提供额外的以太网接口，支持通过人工智能和机器学习优化应用控制器。PROFISAFE 扩展模块支持左侧并列安装，是功能完备的安全PLC，可扩展 PLCnext Control 设备的功能范围，并将其用于安全完整性等级达 SIL 3 的安全应用。借助额外的扩展功能，PLC 至多可连接 3 个模块。此外，还提供一个 INTERBUS 和 PROFIBUS 主站，可以将 INTERBUS 或 PROFIBUS 远程总线设备集成到站中。图 2-2 是 PLCnext 各个左侧扩展模块。表 2-2 是菲尼克斯扩展模块分类。

AXC F XT ETH 1TX　　AXC F XT IB　　AXC F XT EXP　　AXC F XT PB　　AXC F XT SPLC 1000　　AXC F XT ML 1000

图 2-2　左侧扩展模块

表 2-2　菲尼克斯扩展模块分类

类型	描述
以太网模块	AXC F XT ETH 1TX
INTERBUS 主站模块	AXC F XT IB
PROFIBUS 主站扩展模块	AXC F XT PB
人工智能和机器学习模块	AXC F XT ML 1000
PROFISAFE 安全控制模块	AXC F XT SPLC 1000
PROFISAFE 安全控制模块	AXC F XT SPLC 3000
实现多模块扩展的增强模块	AXC F XT EXP
右侧扩展 Inline I/O 的适配器模块	AXC F IL ADAPT

2.2　I/O 模块

PLCnext I/O 模块是用于扩展 PLCnext 控制器功能的关键组件，它们使得 PLCnext 控制器能够直接与工业现场的传感器和执行器进行交互。这些 I/O 模块分为多种类型，包括数字量 I/O、模拟量 I/O、技术特定的 I/O 和安全 I/O，以满足各种不同的应用需求。

 PLCnext I/O 模块硬件介绍

(1) 数字量 I/O 模块

数字量 I/O 模块用于处理数字信号，包括数字量输入（DI）模块和数字量输出（DO）模块。数字量输入模块，用于接收来自外部设备（如传感器、开关）的开/关信号。数字量输出模块，用于控制外部设备（如继电器、指示灯）的开/关状态。这些模块通常支持不同的电压等级，如 24V DC，并提供不同的连接技术（如螺栓固定或弹簧夹连接）。

(2) 模拟量 I/O 模块

模拟量 I/O 模块用于处理模拟信号，包括模拟量输入（AI）模块和模拟量输出（AO）模块。模拟量输入模块，用于从传感器接收模拟量信号，如电流（4～20mA）或电压（0～10V），通常用于测量温度、压力、流量等。模拟量输出模块，用于向执行器发送模拟信号，控制执行器。模拟量 I/O 模块支持多种信号类型和精度要求，以适应不同的测量和控制任务。

(3) 技术特定的 I/O 模块

这些模块为特定的技术应用提供支持，例如：温度输入模块，直接连接热电偶或 RTD（电阻式温度探测器）传感器，用于温度测量。又如电源模块和通信模块也属此类。

(4) 安全 I/O 模块

安全 I/O 模块用于执行安全相关的任务，如紧急停止、安全门监控等，它们符合相应的安全标准（如 SIL 等级）。安全数字量输入/输出模块，用于处理安全信号，确保人员和设备的安全。安全模拟量输入模块，用于安全监测模拟信号，如安全速度或扭矩限制。这些模块通过与 PLCnext 控制器集成，提供了一个完整的安全解决方案，满足工业自动化中对安全性的高要求。

菲尼克斯的 I/O 模块，具有 IP20 和 IP65/IP67 防护等级，适用于所有常见总线系统和网络，直接在控制柜中或者在系统和机器中采集输入和输出信号，能可靠地传输数据和信号。基于模块化原理，使用 IP20 防护等级的 Axioline I/O 配置的自动化解决方案，可以最大程度满足实际应用需求。总线耦合器可支持各种工业以太网或分布式控制器，如 PLCnext Control AXC F 2152，总线耦合器可作为远程 I/O 站点的通信模块。在该 I/O 站点，可以扩展 Axioline F 系列的模块化 I/O。若对于有限的安装空间应用，则可选择 Axioline SE（Smart Element）系列 I/O。除了数字量和模拟量模块，I/O 产品还包括各种功能模块。根据所需的 I/O 功能，使用 Project+ 软件可以快速、准确地配置 I/O 站。本节将从 Axioline F 系列、SE 系列和 E 系列的 I/O 模块和对应的耦合器，以及 I/O-Link 模块来介绍不同应用场景的 I/O 模块。I/O 模块见图 2-3。

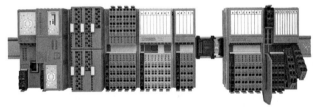

图 2-3 I/O 模块

2.2.1 Axioline F 系列 I/O 模块和耦合器

如图 2-4，Axioline F（AXL F）是适用于控制柜的模块化 I/O 系统，支持所有以太网协议，型号多样，灵活性高，可用于对 PLCnext 控制有特殊要求的行业，如海洋和过程工业。

在 Axioline F 站点内，用户可自由组合常规的 Axioline F 模块和集成 Axioline Smart Element（后面均称 Axioline SE）模块的 Axioline F 底板。因此，Axioline SE 模块可应用于现有的 Axioline F 总线耦合器或 Axiocontrol 控制器上，如 PLCnext Control 设备或传统 PLC。

该系列 I/O 模块具有以下功能特点：

图 2-4 Axioline F 系列 I/O 模块

① 兼容性强 Axioline F 专用于控制柜，支持各种以太网协议。产品系列涵盖用于各类常见以太网系统的总线耦合器。PROFINET 系统冗余：AXL F BK PN TPS PROFINET 总线耦合器通过一个总线耦合器实现 S2 系统冗余。这意味着总线耦合器可与两台冗余 PROFINET 控制器通信，进而确保系统安全性能高。

② 安装便捷 采用直插式连接技术，安装更便捷。支持从上下两个方向接线，布线更清晰。

③ 坚固耐用的机械设计 采用高机械强度设计，Axioline F 系列 I/O 抗振强度为 $5g$，抗连续冲击强度为 $10g$，抗冲击强度为 $30g$。

④ 功能齐全 Axioline F 模块化 I/O 系统可满足各种需求，无论使用菲尼克斯电气控制器还是使用总线耦合器运行通用网络，Axioline F 都可快速采集信号，提高设备输出。

Axioline F 涵盖一系列数字量和模拟量输入/输出（I/O）模块以及用于特殊场合的功能模块。PROFISAFE 或 SafetyBridge 技术则有助于实现安全应用。通过这些模块可灵活设计站点结构。

⑤ 宽温设计 在恶劣环境条件下，可靠通信至关重要。Axioline F 系统的机械强度较高，其中 XC 型采用宽温设计，适合-40～+70℃的温度范围，适用于极端环境（常规型温度范围：-25～60℃）。

⑥ 海事自动化认证 该系列 I/O 模块优势明显，已获得所有主要的海事认证。Axioline F 的低噪声排放和耐用机械设计满足造船业对自动化的严苛要求。

⑦ 高速本地总线。
⑧ 协议 DP-V0 和 DP-V1。
⑨ 部分可用于 EX zone2 的安装。

表 2-3 AXL F I/O 模块

类别	描述
2 路输入 2 路输出模拟量模块	AXL F AI2 AO2 1H
8 路模拟量输入模块	AXL F AI8 1F
4 路模拟量输入模块	AXL F AI4 1 H
8 路模拟量输出模块	AXL F AO8 1F
4 路模拟量输出模块	AXL F AO4 1H

续表

类别	描述
16 路数字量输入模块	AXL F DI16/1 1H
8 路数字量输出模块	AXL F DO8/2 2A 1H
8 路输入 8 路输出数字量模块	AXL F DI8/1 DO8/1 1H
16 路数字量输出模块	AXL F DO16/3 2F
温度模块	AXL F RTD 1H
电源模块	AXL F PWR 1H

表 2-3 是 Axioline F 系列部分 I/O 模块类别。Axioline F 系列还包含了耦合器，表 2-4 是耦合器类别及描述。耦合器的工作原理是通过内置的电子组件实现不同类型电信号之间的连接，从而有效地交换不同系统中的数据。耦合器可以支持多种不同类型的信号，例如数字信号、模拟信号和光信号等，也能够有效地分离和连接各类信号，通过增加两个信号之间的幅度差异来消除外部噪声，从而保护发送和接收的信号免受外部噪声的干扰，并能有效地提高信号质量。另外，耦合器还可以有效地实现设备之间的信息交换。

菲尼克斯的总线耦合器支持多种协议，支持扩展各种类型的模块化 I/O 产品，并且可以非常容易地集成到目前的总线网络或总线系统中。菲尼克斯总线耦合器可扩展多达 63 个 I/O 模块，可以根据实际应用差异选择和灵活配置。

表 2-4 AXL F 耦合器

类别	描述
PROFINET 总线耦合器	AXL F BK PN TPS
PROFINET 总线耦合器，宽温型	AXL F BK PN TPS XC
EtherCAT 总线耦合器	AXL F BK EC
Ethernet/IP 总线耦合器	AXL F BK EIP
Ethernet/IP 总线耦合器，功能增强	AXL F BK EIP EF
Sercos 总线耦合器	AXL F BK S3
MODBUS TCP 总线耦合器	AXL F BK ETH
MODBUS TCP 总线耦合器，宽温型	AXL F BK ETH XC
PROFIBUS DP 总线耦合器	AXL F BK PB
PROFIBUS DP 总线耦合器，宽温型	AXL F BK PB XC

2.2.2 Axioline Smart Element 系列 I/O 模块

Axioline SE 系列 I/O 模块结构紧凑、能自由插拔并且不依赖于特定系统。Axioline SE 在配置、安装和使用时都非常方便。该系列产品包括 IO-Link 主模块、数字量/模拟量输入和输出模块、PROFISAFE 安全模块以及其他功能模块，如图 2-5 所示。

专门开发的 Axioline F 底板配备 4 个或 6 个 Smart Element 插槽。该设计灵活性强，可将 Axioline SE 插在 Axioline F 底板的任意位置。底板采用双排设计，可大幅减小 I/O 站点的整体宽度。

Axioline SE 模块采用插拔式设计，可自由灵活搭配，无须总线通信。单个模块仅支持 I/O

功能，因此只有搭配功能类似于适配器的底板时，方可为相关 I/O 系统实现总线通信，进而打造出通用性强、灵活度高的 Axioline SE 模块。模块特点如下。

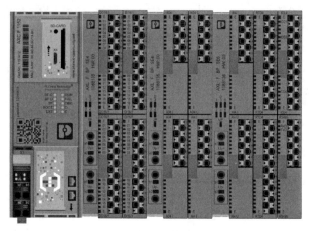

图 2-5　Axioline SE 系列 I/O 模块

（1）紧凑型设备设计

单个 Axioline SE 大小为 15mm×62mm，至多可配有 16 个接口，接口可连接线径达 1.5mm 的导线，带冷压头和塑料套管。

（2）自插自锁连接技术

所有 Axioline SE 模块均采用直插自锁连接技术，以便快速连接信号。

（3）独立于系统的接口

Axioline SE 可通过独立于系统的接口集成至不同解决方案。

（4）手动释放机构

Axioline SE 通过适配接口即可轻松插接至支架模块。产品配备简易解锁机构，移除操作更轻松。

表 2-5 所示是 Axioline SE 系列部分 I/O 模块。

表 2-5　Axioline SE 系列部分 I/O 模块

型号	描述
4 通道数字量输出模块（2A）	AXL SE DO4/2 2A EF
16 通道数字量输出模块	AXL SE DO16/1
16 通道数字量输入模块	AXL SE DI16/1
4 通道模拟量输出模块，0~20mA	AXL SE AO4 I 0-20
4 通道模拟量输入模块，0~20mA	AXL SE AI4 I 0-20
4 通道模拟量输入模块，0~10V	AXL SE AI4 U 0-10
4 通道模拟量输出模块，0~10V	AXL SE AO4 U 0-10
RS-485 串口通信模块	AXL SE RS485
RS-232 串口通信模块	AXL SE RS232
温度模块	AXL SE RTD4 PT100

2.2.3 Axioline E 系列 I/O 模块

新一代 Axioline E 系列 I/O 模块是面向未来的远程 I/O 系统,采用模块化设计,无需控制柜即可实现分布式自动化。该设备旨在满足当前和未来现场安装的要求,可直接用于极端恶劣环境下的机器设备。设备坚固耐用,防护等级达 IP65/IP67,配有全铸型铸锌壳体,见图 2-6 和图 2-7。

图 2-6　Axioline E 系列 I/O 模块(一)

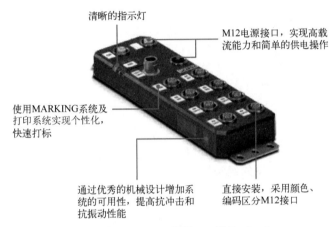

图 2-7　Axioline E 系列 I/O 模块(二)

产品采用宽温设计,能可靠抵御环境影响,耐受常用冷却剂、润滑剂和焊接操作,可应用于各种场合。其出色的抗电磁干扰性和坚固的机械特性,可大大缩减系统停机时间。该模块特点如下。

(1)M12 推拉自锁式连接技术

M12 连接器采用双重接口设计,支持成熟的 M12 螺钉连接或新型 M12 推拉自锁式速连,实现现场灵活布线。M12 推拉自锁式连接器无需工具即可完成装配,相较于成熟的 M12 螺钉连接器可节省 80% 的布线时间,每个设备可平均节省 2min。通过连接插头的卡接反馈及拉力测试,确保在装配过程有效避免误插。

(2)高性能设备电源

新一代 Axioline E 设备采用 2×16A 的 L 编码高性能电源,无需额外馈电电缆即可实现长距离输电。此外,借助具备 2 A L+ 及 4 A UA 链路的高性能 IO-Link 主端口,无需额外馈电电缆即可便捷构建 IO-Link 子结构,大幅降低布线量。

(3)IO-Link 应用

菲尼克斯电气推出符合 IO-Link 1.1.3 规范要求的新一代 Axioline E-IO-Link 客户端。I/O-Link 主站的循环时间小于 500μs,因此其与所连 IO-Link 设备的信息交换速度要比第一代商用 IO-Link 主站快 4 倍。凭借针对所连 IO-Link 设备的配置功能,设备可实现与自动化系统的有效集成。

（4）PLCnext Technology 自动化系统的设备配置

在 PLCnext Technology 自动化系统中，仅需将 IODD（IO 设备描述）文件集成至工程系统即可配置所连接的 IO-Link 设备。

导入 IODD 后，工程系统中 IO-Link 设备的映射即与 PROFINET 设备同步。IODD 的设备参数将自动转换为启动参数，并在设备启动期间与 PROFINET 设备的启动参数一同下载。

表 2-6 是部分模块的型号和描述。

表 2-6 部分模块型号和描述

型号	描述
PROFINET 设备，16 通道数字量输入设备	AXL E PN DI16 M12 6M-L
PROFINET 设备，16 通道数字量输入/输出设备	AXL E PN DIO16 M12 6M-L
PROFINET 设备，数字量输入设备	AXL E PN DI8 DO8 EF M12 6M-L

2.2.4 I/O-Link 模块

IO-Link 是目前在工业自动化领域发展最快的通信标准，这主要归功于其采用标准的通信协议，完全开放，兼顾经济性。菲尼克斯拥有极具竞争力的 IP20 及 IP67 产品，包括 IO-Link 主站、IO-Link 设备、连接线缆和软件。

（1）IP20 IO-Link 主站

Axioline E 系列的 IO-Link 主站模块有 8 个 IO-Link 端口，支持常规的以太网总线协议，材质有塑料和金属。Axioline E 系列 IO-Link 主站使能够任意配置现场 I/O，提高项目执行效率的同时，进一步提升解决方案的经济性，见图 2-8。

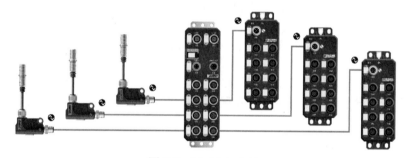

图 2-8 IO-Link 主站

图 2-9 IO-Link 转换模块

菲尼克斯目前可提供 Axioline F 系列的 IO-Link 主站以及一体式 IO-Link 主站产品，用于连接现场的 IO-Link 从站设备。

（2）IO-Link 转换模块

采用不同结构设计的 IO-Link 转换器模块可实现模拟信号的传输，如图 2-9 所示。IO-Link 模拟量转换模块可直接安装到传感器上或其附近，这可以大大减少或完全消除对屏蔽电缆的需要。因此，该模块让实际应用中低成本、高效率的模拟量传输成为可能。

（3）IO-Link 通信

IO-Link 使开关设备、I/O 系统和传感器与控制层的标准化连接成为可能，使用点对点通信，现场设备可以非常容易地与控制层交换过程数据和非循环数据。

2.3 安全控制器

自动控制系统减轻了人类的劳动强度，提高了社会生产力，但是在一定程度上也会发生各种各样的事故，造成人身伤亡和经济损失。随着风险意识的提高，人们对于自动控制系统的可靠性和安全性越来越关注。

安全继电器作为传统的安全控制解决方案如图 2-10 所示，至今仍被广泛地应用。但在具有分布式 I/O 的复杂控制系统中使用安全继电器就会增加繁杂的接线，后来发展出分布式安全技术，如菲尼克斯安全桥（SafetyBridge）如图 2-11 所示，安全相关任务由安全桥逻辑模块专门执行。这种一个机器内部有两个系统的形式，限制了系统的无缝集成和互操作性，于是有了 PROFISAFE 安全技术。

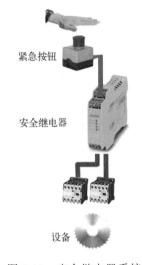
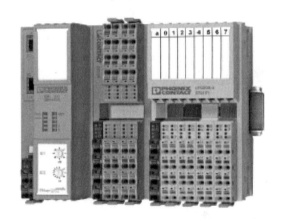

图 2-10 安全继电器系统　　　　图 2-11 菲尼克斯安全桥系统

PROFISAFE 是一种用于工业自动化领域的安全通信协议，它为工厂设备和控制系统之间提供可靠的安全通信机制，以确保人员和设备的安全，系统架构如图 2-12 所示。PROFISAFE 是首个符合安全标准 IEC 61508 的通信标准，使得标准现场总线技术和故障安全技术合为一个系统，即故障安全通信和标准通信在同一根电缆上共存，安全通信不通过冗余电缆来实现。

菲尼克斯支持 PROFISAFE 协议的安全控制器主要有：
❏ AXC F XT SPLC 1000；
❏ AXC F XT SPLC 3000；
❏ RFC 4072S。

其中，AXC F XT SPLC 1000 和 AXC F XT SPLC 3000 可连接至 PLCnext Control 系列的 AXC F 2152 或 AXC F 3152 控制器，支持左侧并列安装，便于系统从 PROFINET 协议到 PROFISAFE 协议的升级。RFC 4072S 是基于 PLCnext Technology 技术的高性能远程现场控制器。表 2-7 是几种安全控制器的参数对比。

RFC 4072S 控制器硬件介绍

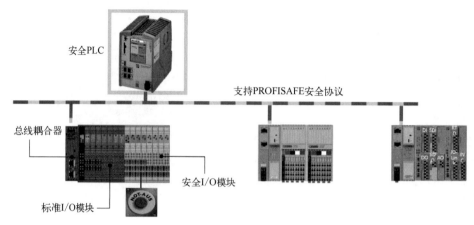

图 2-12　PROFISAFE 系统

表 2-7　几种安全控制器参数对比

项目	AXC F XT SPLC 1000	AXC F XT SPLC 3000	RFC 4072S
安全处理器	Arm Cortex -M4，180MHz（CPU1） Arm Cortex -M4，100MHz（CPU2）	Arm Cortex -A9，800MHz（CPU1） Arm Cortex -A8，600MHz（CPU2）	Arm Cortex -A9，800MHz（CPU1） Arm Cortex -A8，600MHz（CPU2）
安全程序存储	64KB	1MB	1MB
循环时间	5ms	5ms	5ms
设备功能	支持 PROFISAFE F-Host、PROFISAFE F-Device	支持 PROFISAFE F-Host、PROFISAFE F-Device	支持 PROFISAFE F-Host、PROFISAFE F-Device
可支持的安全设备数量	32	300	300
安全性能（PL）	Max.e	Max.e	Max.e

以上安全控制器使用的编程软件为 PLCnext Engineer，软件包含了安全编程和参数配置工具，并提供了标准的安全功能块，使得开发者能够以图形化的方式设计和实施安全逻辑，大大简化了安全应用的开发过程。

PROFISAFE 安全控制器有如下特点：

（1）符合安全标准

安全控制器设计和制造符合国际安全标准，如 ISO 13849 和 IEC 62061，以满足特定的安全完整性等级（SIL）和性能等级（PL）。

（2）多功能性

除了常规的安全监控功能，现代安全控制器还能够执行复杂的逻辑运算、数据处理和通信任务，提供了高度的灵活性和可扩展性。

（3）集成能力

它们可以与非安全的控制系统集成，实现数据交换和状态监控，同时保持安全逻辑的独立和隔离。

（4）诊断和通信

安全控制器提供先进的诊断功能和通信接口（如 Ethernet/IP、PROFISAFE 等），帮助维护人员快速识别和解决问题，减少停机时间。

由于各安全控制器性能不同，用户可以根据实际应用的复杂程度来选用相应的安全控制器。当被控的安全设备数量不多，或者不是远程分布时，可以采用 SPLC 1000/3000。例如，AGV（自动导引车）本体和 AGV 群控系统中，控制器需要通过集成的各类传感器和安全装置，实时感知 AGV 的运行状态和周围环境，则可以使用 SPLC 1000/3000 来实现，如图 2-13 所示。

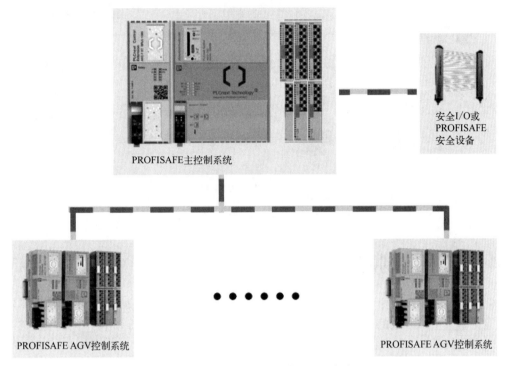

图 2-13 SPLC 1000/3000 在 AGV 中应用

而在一些安全设备较多且远程分布较广、安全设备种类复杂的应用，如机械生产车间，安全输入设备通常有：
- 急停按钮；
- 安全门；
- 安全光栅；
- 双手启动功能；
- 激光扫描功能；
- 使能功能。

安全输出设备通常有：
- 驱动锁紧气缸；
- 先导气控制阀；
- 软启动快速排气阀；
- 各种停止模式的电伺服驱动器；
- 带 PROFISAFE 功能的机器人。

因此可以选用高性能的远程现场控制器 RFC 4072S，如图 2-14 所示。安全控制器可以采集和监控各类安全设备的安全信号，当发生故障时，正确响应并及时切断输出以保证系统安全。

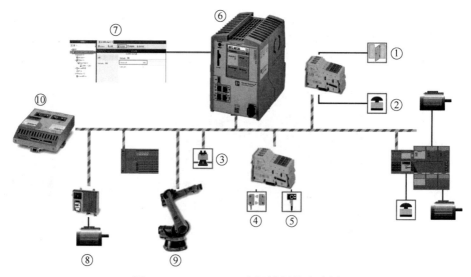

图 2-14 RFC 4072S 在机械行业中应用
①—防护门；②—急停；③—激光扫描仪；④—非接触式安全开关；⑤—使能开关；⑥—安全 PLC；
⑦—软件；⑧—电机；⑨—机器人；⑩—安全网关（用于与上下游安全设备的通信）

2.4 冗余控制器

冗余系统是一种用来提高系统可靠性和可用性的技术，通过添加额外的组件或路径来减少或避免单点故障导致的系统失败。冗余系统的功能包括 CPU 冗余、电源冗余、通信链路冗余、I/O 设备冗余、上位监控系统冗余等。

在整个系统的架构中，存在一个主系统和一个备用系统。主系统和备用系统之间保持数据同步，一旦主系统出现故障，备用系统马上投入使用；当主系统的故障被排除后，可自动切换回主系统继续进行控制。如果在主系统和备用系统中都存在故障，那么整个系统将会停机。冗余系统对硬件设备、软件设计和切换时间等都有比较特别的要求。冗余系统主要有以下几种类型：

① 热备（hot standby）冗余　在这种配置中，备用系统实时同步运行，能够在主系统出现故障的情况下立即接管，几乎不会导致任何中断。

② 冷备（cold standby）冗余　备用系统在主系统故障时才启动，相较于热备冗余，切换时间较长，通常大于30s，但成本较低，冷备用系统用于非实时应用或者数据变化不频繁的场所。

③ N+1 冗余　在 N 个必需的组件外额外增加一个备用组件。若任一组件失败，备用组件即刻接替其工作，确保系统正常运行。

④ 双模冗余（dual modular redundancy，DMR）和三模冗余（triple modular redundancy，TMR）　分别使用两个或三个重复的系统或组件来提高可靠性。特别是 TMR，它通过投票机制来决定输出，极大提高了系统的容错能力。

冗余系统的应用领域：

① 数据中心　通过冗余的服务器、存储和网络设备来保证关键服务的连续可用性。

② 工业控制系统　对于生命安全系统或过程控制系统，冗余配置是保证生产线安全和连续性的关键。

③ 电力系统　在输电和分配网络中实现冗余，以保证电力供应的稳定性和可靠性。

④ 航空航天　飞行控制系统和导航系统中的冗余是确保飞行安全的必要条件。

自动控制领域用到的冗余控制方式通常又可分为硬件冗余和应用层冗余（ASR）两种。硬件冗余是通过硬件和固件来实现故障时主备之间的切换，不需要编程，反应速度快，可达到毫秒级，如菲尼克斯电气的 RFC 4072R，如图 2-15 所示。而应用层冗余顾名思义就是通过应用程序来实现故障时主备系统之间的切换，需要专门的软件包进行配置和编程，反应速度慢，通常在 100 毫秒级，如菲尼克斯电气的 AXC F 2152/3152 控制器均可以实现应用层冗余，如图 2-16 所示。菲尼克斯电气可以提供这两种类型的冗余解决方案。

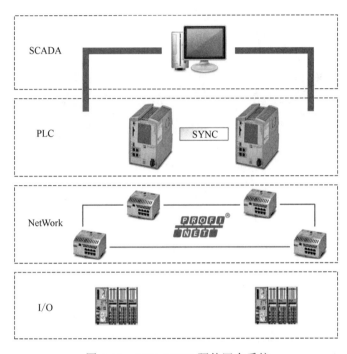

图 2-15　RFC 4072R 硬件冗余系统

菲尼克斯电气 PROFINET 冗余解决方案可以实现从 I/O 层、网络层、PLC 层到 SCADA 层的全部冗余的通信功能。该方案的特点是每个功能组都建立了两次。例如，PLC、交换机、HMI 等既有主系统设备，也有相同的备用系统设备。其优点是主系统和备用系统不同设备同时出现故障时，整个系统不会受到影响而能够继续工作。当然，用户可以根据应用的需求，只选择其中一部分的功能，例如只选择控制器层冗余。

（1）控制器层冗余

在 RFC 4072R 硬件冗余系统中，采用的是支持 PROFINET 的冗余控制器。该控制器集成了专用的冗余接口，集成 4 个 RJ45 以太网接口，100Mbps 全双工。2 台冗余控制器进行双机热备，一台为主 PLC（primary PLC），另一台作备用 PLC（backup PLC）。主 PLC 和备用 PLC 之间通过以太网或者冗余接口相互交换状态信号和冗余数据，实现数据同步。

主 PLC 与备用 PLC 之间包含以下不同类型的数据通信：

① BasicSync　启动时 PLC 之间的配置协商。

② FullSync　提供给备用 PLC 所有有效的实时数据（项目程序、初始值、保持数据等）。

③ LinkMoni　监控 2 台 PLC 之间的同步连接。

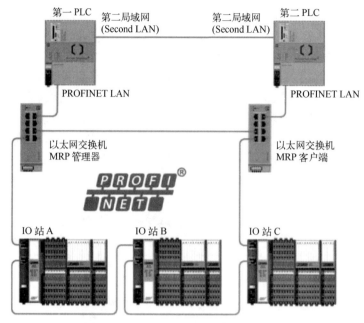

图 2-16　AXC F 3152 应用层冗余示意

为了简化与 SCADA 和 PLCnext Engineer 上位系统的通信，菲尼克斯 RFC 4072R 冗余控制器支持统一的系统 IP 地址。RFC 4072R 冗余控制系统的主控制器始终使用系统 IP 地址与 SCADA、PLCnext Engineer 上位系统通信。

冗余控制器的物理 IP 地址根据系统 IP 地址自动设置如下：

系统 IP 地址：192.168.1.x（$x = 0$，…，252）。

第一个控制器的物理 IP 地址（冗余类型"First"）：192.168.1.x+1。

第二个控制器的物理 IP 地址（冗余类型"Second"）：192.168.1.x+2。

图 2-17 显示了基于系统地址自动设置物理 IP 地址的示例。

（2）IO 层冗余

IO 层冗余可以实现 PROFINET IO 设备与 2 个 IO 控制器的通信，或者实现 IO 设备的冗余。IO 层冗余可采用 PROFINET S2 System Redundancy 技术，如图 2-18 所示，该技术正由

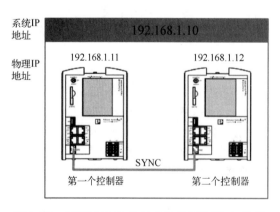

图 2-17　根据系统 IP 地址自动设置物理 IP 地址

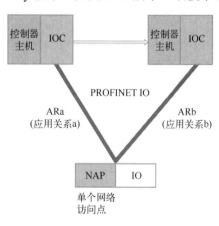

图 2-18　S2 系统冗余

PI 组织负责制定。一个支持 NAP S2 冗余协议的 PROFINET IO 设备可以同时与两个 PROFINET IO 控制器建立应用关系（AR），分为主 AR 和备用 AR。同时只有主 AR 与 IO 设备进行正常的 IO 数据交换，当主 AR 因故障断开后，备用 AR 切换为主 AR，开始与 IO 设备进行正常的数据交换。

（3）网络层冗余

PROFINET 采用交换机进行设备的联网。为了保证整个网络的可靠性，需选用支持相关冗余功能的管理型交换机。网络冗余涉及相关的以太网冗余协议，包括快速生成树协议（RSTP）和快速环路检测（fast ring detection）、介质冗余协议（media redundancy protocol，MRP）以及高可靠无缝冗余（high-availability seamless redundancy，HSR）等。

采用 RSTP 快速环路检测协议，可以构建多个环，从而保证存在多个冗余路径，增加了系统的可用性。当某个传输路径出现故障时，数据传输会自动切换到备用路径，切换时间为 100~500ms，其缺点是切换时间不固定。

PROFINET 冗余网络使用环形结构来实现，通常采用 MRP 协议（IEC 62439/2），切换时间确定。MRP 只允许一个环路。MRP 基本机制包括：基于环型拓扑，阻塞和转发报文，维护 MAC 地址表。其主站称为 MRM（media redundancy master，介质冗余管理者），所有其他的交换机（从站）称为 MRC（media redundancy clients，介质冗余客户端）。环路最大允许 50 台交换机。MRP 环路切换时间小于 200ms，如图 2-19 所示。

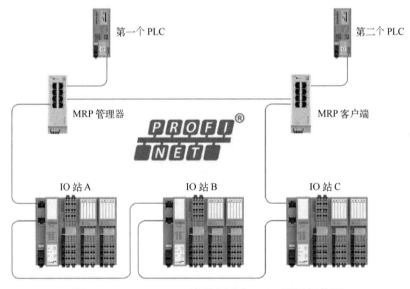

图 2-19 AXC F 2152 应用层冗余 MRP 环网拓扑图

2.5 面向边缘应用的控制器

PLCnext 面向边缘应用的控制器（PLCnext 边缘控制器）是针对边缘计算需求设计的高性能工业自动化控制器，它集成了 PLCnext Technology 的所有优势，使得这些控制器不仅能够执行传统的实时控制任务，还能处理边缘计算应用，如数据预处理、本地决策支持和直接互联网连接。这种控制器的设计理念是将数据处理和分析功能更靠近数据源（即"边缘"），从而减少对中心服务器或云基础设施的依赖，提高数据处理的速度和效率，并减少网络带宽需求。

如图 2-20 所示为 PLCnext 边缘控制器 EPC 1502 和 EPC 1522，表 2-8 是其参数描述。

图 2-20　边缘控制器 EPC 1502 和 EPC 1522

表 2-8　边缘控制器参数特点

项目	EPC 1502	EPC 1522
处理器	Intel Celeron N3350 1.10/2.4GHz	
主内存	2GB LPDDR4	4GB LPDDR4
数据存储器	内置 eMMC、32GB	内置 eMMC、32GB；128GB M.2 SSD
控制器特点	预装如 Node-RED 和 InfluxDB 等开源软件，用于快速开发物联网应用	
IEC 61131 运行时系统程序内存	8MB	
IEC 61131 运行时系统数据存储器	12MB	

PLCnext 边缘控制器相对于 AXC F 2152 和 AXC F 3152，内存更大，数据处理能力更强。PLCnext 边缘控制器适用于多种工业自动化应用，特别是那些需要高度数据处理能力、实时控制与数据分析相结合的场景，例如：

❑ 智能制造：在生产线上实现数据的即时收集、分析和反馈，优化制造过程，提高效率和产品质量。

❑ 能源管理：实时监控和优化能源消耗，通过预测维护减少停机时间。

❑ 基础设施监控：用于水处理、电力和交通等关键基础设施的监控和管理，实现本地智能决策和快速响应。

❑ 物联网项目：作为 IoT 设备的智能网关，处理和分析来自传感器的数据，支持边缘到云的无缝数据流。

PLCnext 边缘控制器的优势有：

❑ 降低延迟，通过在数据产生的地点进行处理和分析，能够实现快速响应和决策。

❑ 减轻网络负担，通过本地处理大量数据，只将必要的信息发送到云端或中央服务器，有效减轻网络负担。

❑ 提高数据安全，本地数据处理，减少了数据传输，降低了数据泄露的风险。

PLCnext 边缘控制器提供了一个强大的平台，用于开发和部署边缘计算应用，利用实时数据分析和智能决策，优化操作，提高生产效率和竞争力。表 2-8 为 PLCnext 边缘控制器部分参数，采用 Intel Celeron N3350 处理器，小尺寸、可编程边缘计算机，支持 IEC 61131-3、MATLAB Simulink、C/C++，非常适用于协议转换、数据采集和云技术。

面向边缘应用的 PLCnext 控制器可构建物联网边缘解决方案，实现基于云端的高效现场数据运用，进而弥合信息技术层（IT）和应用技术层（OT）之间的鸿沟。借助 PLCnext Technology，可以轻松集成至现有 IT 基础设施。使用预装的软件工具（如 Node-RED）、集成本地时序数据库和简易便捷的云连接方式，以缩短开发和预配时间。接近用户端的数据处理操作将显著提高信息交换速度,实现安全无延迟的信息交换。设备内置基于 Web 的管理工具,可轻松实现安全管理。

基于面向边缘应用的控制器,可以开发基于 PLCnext 边缘控制器的预测性维护解决方案,通过该方案可以有效促进生产系统数字化转型,实现工厂设备数据的正确处理分析及评估,能够快速、轻松地识别出生产过程或设备中的异常,并实施优化,有助于改善人员规划和设备分配。此外,通过 PLCnext 边缘控制器(图 2-21),在设备边缘侧即可实现数据分析,从而完成设备异常检测,实现设备预测性维护。因此,数据无须上云,即可实现边缘计算,满足行业在实时业务、应用智能、安全与隐私保护等方面的基本需求。预测性维护解决方案案例见本书第 10 章。

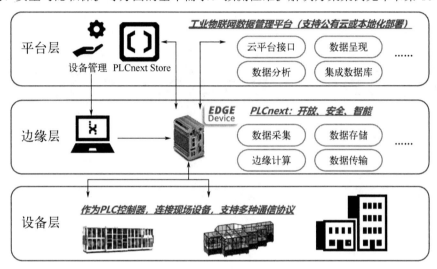

图 2-21　PLCnext 边缘控制器技术方案

基于 PLCnext 边缘控制器的预测性维护解决方案,分为 IT、OT 和 DT 三个不同的层级。最底层 OT 层即现场设备层,现场层包含产生数据的设备,主要有温振传感器、电表等,这些是预测性维护算法所需要的设备数据源头。在系统边缘层,采用基于 PLCnext 边缘控制器作为数据采集和边缘计算的主设备。在系统 IT 层,通过 PLCnext 边缘控制器的通信传输,将数据送往 IT 层的管理系统进行监测。PLCnext 边缘控制器在此技术方案中,具体作用为:

(1)数据采集及数据存储

① PLCnext 边缘控制器支持丰富的通信协议,能够连接 OT 层采集传感器、电表等设备,采集现场的数据。

② 打通数据通道,PLCnext 边缘控制器能够利用自身的库文件将数据写入服务器数据库当中进行数据存储。

(2)边缘计算

① 通过历史数据在服务器训练好模型,并使用容器化的方法封装成可移植的镜像。

② 将包含神经网络模型的可移植镜像文件部署到 PLCnext 边缘设备上。由于 PLCnext 边缘控制器具有容器化的服务(Docker/Podman 等),因此可直接实现镜像的使用,进而达到运行模型,执行推理的效果。

(3)数据传输

在 IT 层,通过 PLCnext 边缘控制器 OPC UA Client 的服务,能够将实时采集的数据直接送往监视管理系统,通过可视化的 SCADA 界面实现数据的监控和报警信息推送,指导维护人员进行针对性的巡检,尽可能早地发现设备异常。

第 3 章
PLCnext Engineer 软件平台

3.1　PLCnext Engineer 软件介绍

PLCnext Engineer 是一个与 PLCnext Control 控制系统配套使用的软件平台。软件包含完整开发和调试自动化应用项目所需的所有工程任务。这些工程任务包括：

① 控制对象硬件组态　在 PLCnext Engineer 中可以通过特定的编辑区域来完成控制对象的相关操作，如硬件组态。

❑ 可通过从组件区（COMPONENTS）相关功能插入设备类型或扫描连接的网络来构建项目架构。

❑ 完成相关物理设备（例如控制器、PROFINET 设备、I/O 模块）的参数设置。

② 开发程序代码　在 PLCnext Engineer 中可以实现基于 IEC 61131-3 的编程。可使用 FBD/LD、ST 和 SFC 及其他合适的编辑器。可创建或调用面向对象的功能块来实现复杂逻辑。在软件平台中还可以配置 PLC 运行时的相关参数，如任务/事件的配置、程序的实例化等。

❑ 如果应用程序中包含安全 PLC，则也支持安全相关代码的编程和安全 PLC 运行时的配置。

③ 调试与分析　PLCnext Engineer 提供了各类信息状态显示、调试工具等。

❑ 消息窗口用于显示程序错误列表、项目联机状态、项目日志等。

❑ 强大的调试工具（全局查找及替换、交叉参考、重构、强制列表、断点等调试工具）用于启动和调试应用程序。还可以通过逻辑分析器工具分析数据，并进行曲线分析。

❑ 集成数据记录器复位工具可进一步记录运行应用程序中的数据（非安全相关数据）。

④ 开发 HMI 人机界面　利用集成的人机界面编辑器，用户可以设计自己的人机界面应用程序，从而对运行过程进行可视化、监控和控制。人机界面对象/符号可以根据从控制器读取的变量值进行动画显示，用户也可以写入数值以控制过程。

⑤ OPC UA　PLCnext 控制器支持 OPC UA 应用。OPC UA 应用可以通过 PLCnext Engineer 特定选项进行启用和配置。

⑥ 高级语言扩展集成　PLCnext Engineer 既可以使用传统的符合 IEC 61131-3 标准的编程语言进行编程和配置，还可以使用 C++或 MATLAB/Simulink 等编程语言在任何开发环境（例如 Eclipse、Microsoft Visual Studio 等）中进行开发，开发的程序或程序组件以库文件的形式导入 PLCnext Engineer。

PLCnext Engineer 软件可通过功能插件灵活扩展，满足个性化需求，是用于 PLCnext Control 相关工程设计任务的免费软件工具，单个软件包内含工程设计流程所需的各类基本功能，在单一工程环境中即可完成整体项目规划。

3.1.1　软件安装系统要求

若要在计算机的操作系统上运行 PLCnext Engineer，必须满足以下软件和硬件要求：

❑ 操作系统：Windows 10（仅限 64 位）20H2 或更新版本，Windows 11 21H2 或更新版本；
❑ 软件平台：.NET Framework 4.8；
❑ CPU 英特尔酷睿 i5 或更高版本；
❑ 硬盘：至少 2GB；
❑ 内存：至少 8GB（DDR4）；
❑ 显卡：至少 Microsoft DirectX 9 图形设备，带 WDDM 驱动程序；
❑ 其他要求：键盘、鼠标、用于连接控制器和应用网络的以太网端口、网络浏览器。

3.1.2　用户界面

打开 PLCnext Engineer 软件，用户界面如图 3-1 所示。

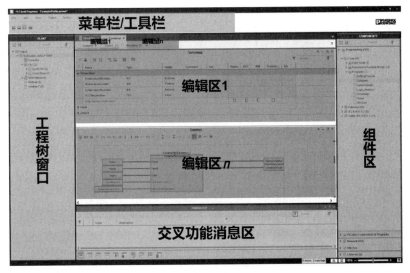

图 3-1　用户界面

用户界面由以下组件组成：

（1）菜单栏/工具栏（Menu/Toolbar）

如图3-2所示，菜单栏提供一系列与项目相关的命令。

位于菜单栏正下方的工具栏提供了对常用菜单栏命令的访问。每个工具栏按钮都有一个工具提示，显示命令的简短说明，还提供了可以预定义的键盘快捷键。要显示工具提示，可将鼠标光标放在按钮上。

键盘快捷键可直接访问最常用的命令。如果为某个菜单命令定义了键盘快捷方式，该快捷方式就会显示在菜单命令的右侧。如果工具栏按钮指定了键盘快捷键，则快捷键会显示在将鼠标悬停在工具栏按钮上时出现的工具提示中。

图 3-2 菜单栏/工具栏

（2）工程树窗口

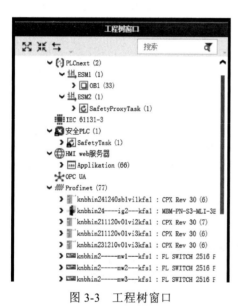

图 3-3 工程树窗口

如图 3-3 所示，PLCnext Engineer 用户界面左侧的工程树窗口区包含工程项目的工程树系统架构。其分层结构代表了系统或设备的物理和逻辑组件的节点。

❏ ESM：PLCnext Technology 通过执行与同步管理器（execution and synchronization manager，ESM）完成任务处理功能。ESM 可对不同编程语言的程序进行任务处理、监控和执行顺序配置。控制器的每个处理器内核由一个 ESM 管理。因此，一个处理器内核分配一个 ESM。如果控制器有一个以上的处理器内核，则也有对应数量的 ESM。例如，AXC F 2152 有 2 个处理器内核，即对应有 2 个 ESM。

❏ IEC 61131-3："IEC 61131-3"节点符合 IEC 61131-3 标准，在该节点上进行全局变量的定义以及数据的地址映射。

❏ 安全 PLC（Safety PLC）：如果项目应用使用安全 PLC，它在工程树窗口中也有对应的设置，用于定义实时配置文件和选择要在安全 PLC 数据列表中创建的 PROFISAFE 设备诊断相关内容。

❏ HMI web 服务器（HMI Web server）：在这里可以创建一个 HMI 应用程序，用于监视和操作控制器上运行的控制应用程序，简称为"eHMI"。eHMI 应用程序包含若干个 HMI 页面，其中由标准的 HMI Object（对象）或默认/自定义的 HMI Symbol（符号）组成。

❏ OPC UA：内置的 OPC UA 应用也有对应的选项，用于 OPC UA 服务器的设置，或 OPC UA PubSub 通信功能设置。

❏ Profinet：该节点主要是用于 PROFINET 设备、I/O 模块的物理硬件组态以及相关的设置。

第3章 PLCnext Engineer 软件平台

（3）组件区

如图 3-4 所示，PLCnext Engineer 用户界面右侧的组件区包含可用于工程项目的各类组件。从程序逻辑到硬件设备，逻辑组件和物理组件均可使用，同时包含制作 HMI 所需的所有素材以及库文件的管理。

❏ "编程"文件夹：在此文件夹管理了基于 IEC 61131-3 的编程的相关应用，包括程序逻辑应用、系统自带的功能和功能块的集合。

❏ "PLCnext 组件和程序"文件夹：此文件夹中管理了基于高级语言开发的应用程序。

❏ "网络"文件夹：此文件夹管理了基于硬件设备组态的所有设备描述清单。

❏ "HMI"文件夹：此文件夹管理了基于 HMI 组态所需要的对象、符号及本地组件等。

❏ "库"文件夹：此文件夹管理了所有添加的用户自定义库、系统库等。

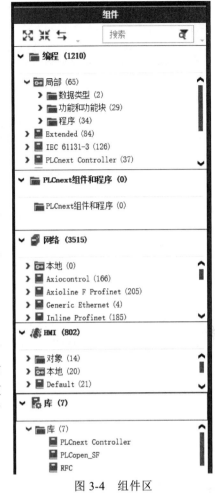

（4）编辑区

如图 3-5 所示，双击工程树窗口区中的树节点可在编辑器区域中查看其属性。双击组件区域中的 POU （程序组织单元）类型（程序、功能块、功能）或 HMI 对象时，也会查看编辑器。在编程模式下双击任务节点下的程序/FB 实例只会打开相应实例的数据列表。POU 的代码工作表和变量表不能从工程树窗口打开，只能通过组件区打开。

图 3-4　组件区

（5）交叉功能消息区

如图 3-6 所示，在该区域，为工程任务跨度大、项目范围广的功能提供了各种交叉查询方法。该区域用来显示程序开发过程中所有的消息提醒，包括错误列表、全局查找和替换、监视窗口等。

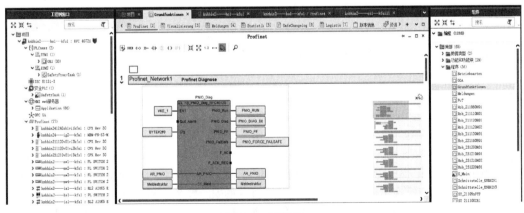

图 3-5　编辑区

❏ 信息（MESSAGES）：显示错误列表和多个持续日志；

❑ 全局查找与替换（GLOBAL FIND AND REPLACE）：用于查找和替换项目中的文本和字符串；

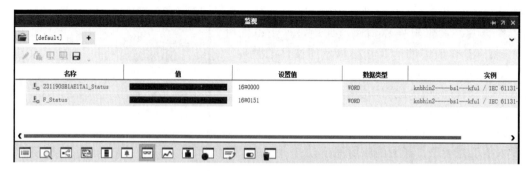

图 3-6　交叉功能消息区

❑ 交叉引用（CROSS REFERENCES）：交叉引用列表提供项目中对象的使用概况，可以看到哪些对象相互依赖以及对象所在的位置，双击列表条目可直接跳转到相应的编辑器或数据列表；

❑ 重构（REFACTORING）：在整个解决方案中自动替换对象属性的工具；

❑ 版本控制（VERSION CONTROL）：可将 PLCnext Engineer 连接到源代码版本管理系统；

❑ 通知记录器（NOTIFICATION LOGGER）：显示 PLCnext Technology 目标发送的通知（即固件组件发送的通知）；通知是指控制器上发生的特殊事件的信息，每条通知的严重程度、时间戳、发送者名称等都显示在表格行中；

❑ 监视窗口（WATCHES）：调试工具，用于显示（调试模式下）应用程序逻辑中的变量如何协同工作；

❑ 逻辑分析器（LOGIC ANALYZER）：记录工具，用于从控制器订阅在线变量值，并以图形曲线的形式显示；

❑ 强制列表（FORCELIST）：调试工具，用于收集任何变量网格、数据列表、端口列表、代码工作表或监视窗口中被强制输入的所有变量；

❑ 中断点（BREAKPOINTS）：调试工具，提供设置/重置断点的命令以及使用断点调试时的控制命令；

❑ 调用堆栈（CALL STACKS）：调试工具，显示代码执行时的调用顺序，并在使用断点调试时提供控制命令；

❑ 联机状态（ONLINE STATE）：提供访问/控制控制器以及安全 PLC（如果有）的额外快速功能（除工程树窗口中的 Cockpit 和上下文菜单外）；

❑ 回收站（RECYCLE BIN）：提供普通回收站的功能，使用户能够恢复之前在工程树窗口或组件区中删除的元素和项目。

（6）状态栏

位于 PLCnext Engineer 窗口底部的状态栏显示检测到的错误和警告，并为编辑区中激活的图形工作表提供缩放选项。

左侧显示安全相关区域的登录状态。在注销状态下，单击条目可打开用于登录的验证掩码。在登录状态下，单击条目可关闭登录。注销时，打开的安全相关编辑器会切换为只读模式。

如果鼠标光标在人机界面编辑器的绘图区域内，状态栏会显示鼠标光标相对于该区域左上角的当前 X 和 Y 位置。

3.2 硬件组态与管理

所有 PLCnext 控制器均支持 PROFINET 协议，PLCnext 平台可以直接在编程软件中进行 PROFINET 的组态。在 PLCnext Engineer 软件中可以将 PROFINET 网络中的设备组态到项目工程中来，并完成 PROFINET 设备名和 IP 地址的设置和分配，同时可以完成本地及远程 I/O 的组态、过程数据分配以及其他设置。PROFINET 设备的 GSDML 设备描述文件管理也可以通过 PLCnext Engineer 完成。

3.2.1 设备硬件组态

PLCnext 通信设置及硬件组态

当项目中所需的 PROFINET 设备描述文件已经导入至 PLCnext Engineer 后（部分 PhoenixContact IO 已存在，无须重复导入），便可进行硬件组态工作。组态可以分为在线以及离线手动组态两种方式。

（1）通过在线扫描网络的方式组态 PROFINET 设备
- 双击"Profinet"节点；
- 在编辑器区域，打开"联机设备"编辑器；
- 在下拉列表中选择要扫描的连接到控制器网络的计算机局域网适配器；
- 单击"联机设备"工具栏上的"扫描网络"按钮；
- 扫描结束后，系统会提示发现设备，并在下方的列表中罗列出来，如图 3-7 所示。

图 3-7 联机扫描 PROFINET 设备

在"联机设备"工具栏上有几个操作按钮，可以针对扫描到的 PROFINET 设备进行不同的操作，如表 3-1 所示。

表 3-1 扫描 PROFINET 操作按钮图标含义

图标	含义
	将扫描出来的设备选中，并添加到 PLCnext Engineer 项目中
	如果联机扫描的设备设置与 PLCnext Engineer 项目中期望的不符，可以将联机设备的设置应用于项目设备
	如果联机扫描的设备未进行参数配置，可以将 PLCnext Engineer 项目中组态设备的配置应用于联机设备

组态完成后可以在"Profinet"下找到联机添加的设备，并且在"联机设备"表单中看到正确的状态，如图 3-8 所示。

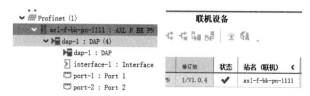

图 3-8　组态后的 PROFINET

（2）通过离线手动添加方式组态 PROFINET 设备

- 双击"Profinet"节点；
- 在编辑器区域，打开"设备列表"编辑器，如图 3-9 所示；

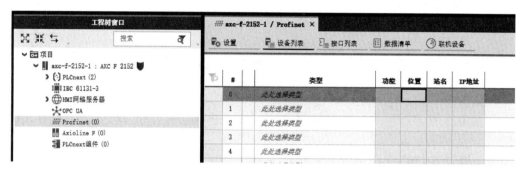

图 3-9　手动插入 PROFINET 设备

- 在"类型"下拉列表中选择需要组态至 PLCnext Engineer 项目的 PROFINET 设备，如图 3-10 所示；

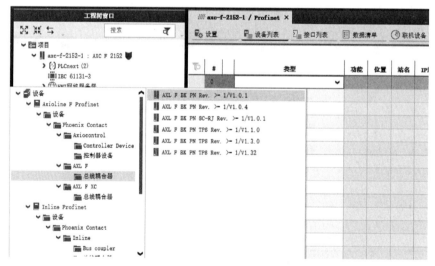

图 3-10　列表中选择 PROFINET 设备

- 在"PROFINET"节点下双击插入的设备进行相关参数设置，如图 3-11 所示；
- 在编辑器区域，打开"联机设备"编辑器；
- 在下拉列表中选择要扫描的连接到控制器网络的计算机局域网适配器；
- 单击"联机设备"工具栏上的"扫描网络"按钮；
- 扫描结束后，进行对应联机设备与离线组态设备的分配，如图 3-12 所示。

第 3 章　PLCnext Engineer 软件平台

图 3-11　PROFINET 设备参数配置

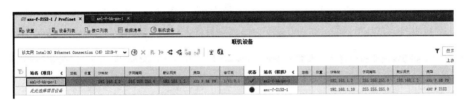

图 3-12　联机分配参数

（3）组态 PLC 本地或远程 I/O

离线组态：在耦合器的"模块"列表（Module List）中添加 IO，如图 3-13 所示。

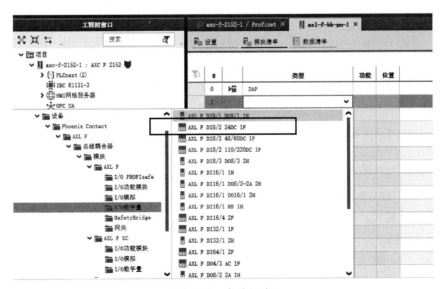

图 3-13　离线组态

在线组态：右键单击耦合器，选择"读取 Profinet 模块"，如图 3-14 所示。

（4）分配过程数据

分配过程数据有将过程数据项分配给变量和为过程数据项分配变量两种形式。

图 3-14　在线组态

① 将过程数据项分配给变量　双击工程树窗口中的 IEC 61131-3 节点,打开 PLCnext 控制器的变量数据清单,可以查看所有可用变量的概述。单击过程数据项列中的某处选择过程数据项,可将选中的过程数据项分配给变量,如图 3-15 所示。

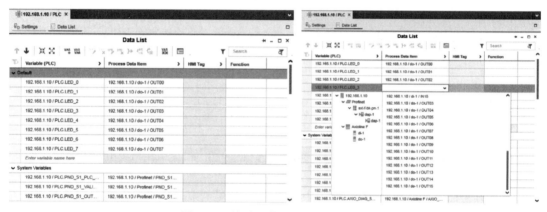

图 3-15　将过程数据项分配给变量

② 将变量分配给过程数据项　双击工程树窗口中的"Axioline F"节点或"Profinet"节点,打开/Axioline F(或/PROFINET)控制器编辑器组,可以查看所有可用过程数据项的概述。单击"变量(PLC)"列中的"此处选择变量(PLC)"。打开角色选择器,选择要分配给相应过程数据项的变量,单击左键将变量分配给过程数据项,如图 3-16 所示。

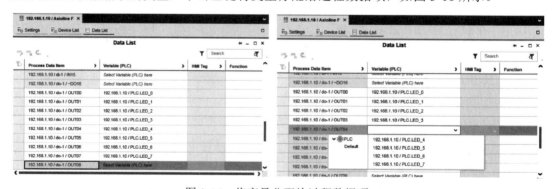

图 3-16　将变量分配给过程数据项

③ 分配 IN/OUT 端口　在程序中创建的 IN/OUT 端口变量需在 PLCnext 节点的端口列表编辑器中分配过程数据。主要有两种操作：将 IN 端口分配给 OUT 端口和将 OUT 端口分配给 IN 端口。

双击工程树窗口的"PLCnext"节点，打开编辑器组，选择端口列表编辑器，可以对 IN 端口或 OUT 端口进行互相分配，如图 3-17 所示。

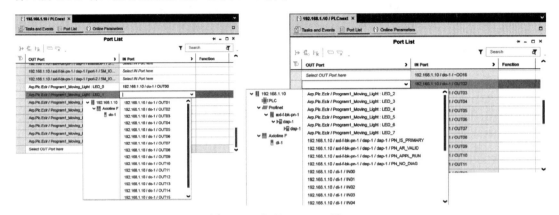

图 3-17　分配 IN/OUT 端口

3.2.2　PROFINET 设备 GSDML 文件管理

每个 PROFINET 现场设备均由 GSDML 文件描述，此文件包含进行工程设计和数据交换时所需的所有相关数据，例如组态、数据交换及诊断。

每个 PROFINET IO 设备（控制器和设备）的制造商必须提供通过相关认证测试的可用 GSDML 文件，需要将这些 GSDML 文件导入到 PROFINET 控制器对应的组态软件中。将硬件组态下载到控制器后便可使用与 IO 设备进行通信时所需的所有信息片段。

在 PLCnext Engineer 的菜单栏中找到"导入"功能，便可进行 PROFINET 设备的 GSDML 文件导入，在此过程中会提示确认具体需要导入到项目的设备版本，如图 3-18、图 3-19 所示。

图 3-18　PLCnext Engineer 导入 GSDML 文件

PROFINET 设备的 GSDML 文件导入成功后，可在软件界面右侧"组件＞网络＞本地"文件夹中找到，如图 3-20 所示。

当然为了使 GSDML 设备描述文件便于标准化的应用与管理，可以通过 PLCnext Engineer

的"作为库发布"功能将所有导入到项目的本地 GSDML 设备描述文件发布成一个设备库.pcwlx 文件，如图 3-21 所示。

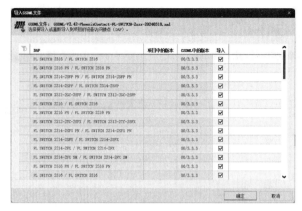

图 3-19　管理导入设备的版本

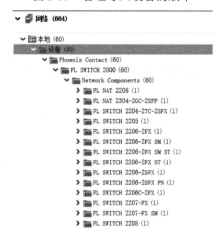

图 3-20　本地网络文件夹存放导入设备描述

图 3-21　作为设备库发布

PLCnext 变量定义及简单编程

3.3 变量用法与管理

变量的作用域决定了它在哪个程序段中有效，即可以在何处使用。可分为本地变量（或局部变量）和全局变量。每个变量的作用域由声明位置（程序变量表或"IEC 61131-3"节点的数据列表）和声明中使用的变量关键字定义。

3.3.1 变量声明

（1）系统变量和状态信息

PLCnext 控制设备的系统变量用于诊断和控制控制器和 Axioline F 本地总线。诊断数据存储在诊断状态寄存器和诊断参数寄存器中，可作为系统变量（系统标志、全局变量）供应用程序使用。

① 显示控制器的系统变量　双击工程树窗口中的"IEC 61131-3"节点，打开 IEC 61131-3 编辑器组，选择数据列表选项卡，单击文本前面的箭头或双击文本展开系统变量部分，显示系统变量。如图 3-22 所示。

图 3-22　系统变量

② 显示复杂数据类型内部的元素　系统变量除了常用数据类型以外，还会出现一些结构体、数组等复杂数据类型，对于这些数据类型的变量，查看内部的元素，可以使用初始值配置表（Init Value Configuration）。选中变量，右键在上下文菜单中找到"显示初始值配置"菜单，即可打开初始值配置表，在表中可以看到复杂数据类型变量所包含的所有基本数据类型的元素。如图 3-23 所示。

（2）变量用法

根据 IEC 61131-3 标准，PLCnext Engineer 中的应用程序逻辑是使用变量开发的，而不是直接寻址输入/输出或使用标志。须声明项目中使用的每个变量和每个功能块实例。每个 POU 声明变量表，变量表包含特定 POU 中使用的所有变量和功能块实例的声明。

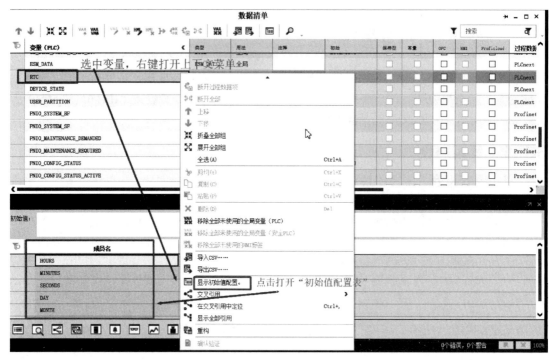

图 3-23 初始值配置

工程树窗口中"IEC 61131-3"节点的数据列表包含所有资源的全局变量和系统变量。这里声明的变量可以用于项目中的所有 POU。

PLCnext 控制器类型除了数据列表外，还有一个 GDS 端口列表。在这里，IN 和 OUT 端口可以相互分配。

可以在将变量插入到代码中时（通过未声明变量的上下文菜单）或在代码中使用变量之前手动将声明输入到表中来声明变量。

① 变量的应用范围 变量的应用范围取决于变量的声明位置和声明中使用的变量关键字。基于 IEC 61131-3 的编程中，变量可在工程树窗口下的 IEC 61131-3 的节点中声明为全局变量，或在程序组织单元 POU 变量表中声明为本地变量（局部变量）。

本地变量（局部变量）：只能在一个 POU 中使用的变量（包括其方法、编码操作或转换）称为局部变量。在 POU 相关的变量表中必须声明，常见的变量声明关键字是 Local、Input、Output 或 InOut。

资源全局变量：可以在所有 POU 中使用的变量称为资源全局变量。此类变量必须在工程树窗口中"IEC 61131-3"节点的数据列表中声明。

安全 PLC 具有自己的资源全局变量，可用于安全 PLC 执行的所有安全相关 POU。必须在工程树窗口"安全 PLC"节点的数据列表中声明，可以是安全相关或标准数据类型。

程序全局变量：可以在声明的程序 POU 和在该程序中实例化的所有 FB POU 中使用的变量称为程序全局变量。在程序 POU 中，用"Usage=Program"（程序）声明。此外，在将要使用变量的每个实例化 FB 的局部变量表中，必须使用"Usage=External"（外部）声明。

安全相关 POU 不支持程序全局变量。

② 标准和安全相关变量　PLCnext Engineer 严格区分安全相关和标准（非安全相关）代码，同时还区分安全相关变量和标准变量。标准变量包括基本和用户定义的变量。

在安全相关代码工作表中，安全相关变量和标准变量可以混合并直接相互连接。为了便于区分，所有安全相关变量在安全相关 SNOLD 代码工作表和变量网格中显示为黄色标记。标准数据类型的变量显示为无颜色标记。

③ 在标准控制器中交换变量和读取安全信号　通过将全局控制器变量分配给安全 PLC 的标准变量来创建交换变量，可启用标准控制器和安全 PLC 之间的通信。

交换变量的创建以及过程数据项的分配必须在标准控制器或安全 PLC 的数据列表中完成（角色映射）。

④ 反馈变量　在 FBD/LD 功能块和程序 POU 中，可以通过将输出连接回输入来编程隐式反馈。插入反馈连接线的变量称为反馈变量。

⑤ 用于诊断/监控的系统变量　系统变量由运行时提供，具有固定的内存地址，用户程序可以通过系统变量来访问系统状态、CPU 性能等。

每个系统变量都是全局变了，在默认情况下，系统变量的名称和属性都是预定义的，无法修改。

⑥ PLCnext 控制器的端口　PLCnext 控制器可以使用输入和输出端口来补充或替代资源全局变量。程序使用端口进行通信，即数据可以通过端口从程序中读取和写入。

通过端口，符合 IEC 61131-3 的程序和使用非 IEC 61131-2 编程语言（如 C++）开发的程序之间可以进行通信。

使用 GDS 端口列表中的角色映射功能将可以分配输入和输出端口。端口列表在"PLCnext"工程树窗口和程序实例节点上可用。端口列表包含与各个工程树节点相关的端口。所有端口连接都存储在 PLCnext 控制器的全局数据空间中。

（3）实例变量

在"工程树>IEC 61131-3"节点或"工程树>控制器名称"节点的编辑器组中的数据列表中，为过程数据项分配变量。在数据列表中，使用"全局（Global）"关键字声明资源全局变量。将资源全局变量映射到过程数据项后，该变量称为资源全局 I/O 变量，可以在项目的所有 POU 中使用（关于 POU 说明，可参考 3.3.1 节）。

如果一个程序或功能块被实例化多次，那么这样的资源全局 I/O 变量不能被视为与实例相关。读取/写入此资源全局 I/O 变量的每个实例都访问相同的物理内存。

为了确保每个程序/FB 实例读取/写入正确的实例相关变量，必须使用实例相关的 I/O 变量而不是全局变量。与实例相关的 I/O 变量可以通过两种方式实现：

❏ 作为使用"Instance"（实例）关键字和指定数据方向在程序或 FB POU 中声明的局部变量产生的变量。在数据列表中，此类变量会自动获取声明关键字"Instance"。

❏ 作为程序全局变量产生的变量，这些变量已使用"Program"（程序）关键字和指定的数据方向在程序 POU 中声明。在数据列表中，此类变量自动获得声明关键字"Program"。

本地实例变量只能在声明的 POU 中使用，程序全局"Program"变量也可以用于在此程序 POU 中调用的 FB 实例。

在 PLCnext Engineer 软件中，可以将本地变量变为与实例相关的实例变量，也可以将程序全局变量变为与实例相关的程序变量。实例化后需将过程数据项分配给变量的每个实例，如图 3-24 所示。

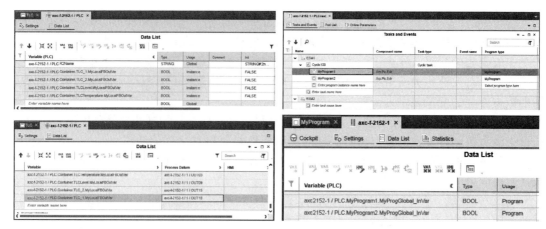

图 3-24 将过程数据项分配给变量的每个实例

(4) 声明变量和 FB 实例

变量和 FB 实例可以按如下方式创建和声明：

❑ 在 POU 的变量表中，双击组件中的 POU 以打开变量编辑器。

❑ 右击未声明的变量/FB 实例，在弹出的下拉菜单中选择命令"创建新变量"或"创建新功能块实例"。该命令将声明插入到相应的表中。

当以这种方式声明外部变量时，相关的全局声明（"全局"关键字）也会自动输入到相应资源（控制器或安全 PLC）的数据列表中。在安全相关 POU 中声明外部变量时也适用：相关的"全局"声明将自动插入"安全 PLC"的数据列表中。

当将现有全局变量插入代码工作表，并且变量表中不存在同名的局部变量时，相关的外部变量声明（"用法=外部"）将自动添加到"变量"表中。

在"工程树＞控制器名称"节点的数据列表中，可以为标准控制器声明全局变量，还可以分配全局控制器变量，交换变量、HMI 标签等。

在变量表或数据列表中声明变量/FB 实例的方法：

① 双击组件区域中的 POU 图标并激活编辑器组中的变量编辑器。

② 在表格中，选择要插入新变量的行，然后使用工具栏上的"创建变量"按钮或上下文菜单中的"创建"命令。或者，转到表的末尾，左键单击空白的"此处输入变量名（Enter variable name here）"输入字段并输入新变量的名称。新变量将添加默认的属性。

③ 在变量表中设置变量属性（数据类型、用法、初始值、各种标志等）。

如果是 FB 实例，需在"名称"字段中输入有效的实例名称，并在"类型"字段中选择功能块。PLCnext 控制器可以在程序 POU 中声明 IN 和 OUT 端口。声明变量/实例也可以在插入到代码中时直接进行。

(5) 变量/端口属性

编辑变量属性：

❑ 双击组件中相应的 POU，打开变量表。

❑ 双击工程树窗口中的相应节点，打开数据列表。

每个变量属性在列表中表示。编辑属性时，将执行自动语法检查。检测到的错误由红色单元格框表示。无法为变量设置的属性将显示灰色。

声明端口属性：输入和输出端口可以用于添加或替代资源全局变量。可以通过将"用法"设置为"IN 端口"或"OUT 端口"来声明端口。

在数据列表中,可以隐藏包含变量属性/过程数据项属性的列,以减少显示的数据。

(6) 变量声明关键词

变量的用法关键字决定了变量的使用范围。可以在程序 POU 的变量表或数据列表的"用法"列中选择用法。

① 局部变量表中的声明,见表 3-2 描述。

表 3-2 局部变量表中的声明

关键词	声明	应用
Local	局部变量和功能块实例的声明	变量表,所有 POU 类型
Input	用作功能、功能块和方法输入的变量的声明	功能和功能块 POU 变量表
Output	用作功能块输出的变量声明	功能块 POU 变量表
InOut	输入和输出变量的声明	标准功能块 POU 的变量表
External	在 POU 中使用全局变量的本地声明	变量表,所有 POU 类型
Instance	将用作实例相关变量的局部变量的声明	程序和功能块 POU 变量表
Program	用作程序全局变量的声明	标准程序 POU 的变量表
IN Port OUT Port	程序 POU 中的 IN 端口或 OUT 端口的声明	使用 PLCnext 控制器时程序 POU 的变量表

② 数据列表中的声明,见表 3-3 中描述。

表 3-3 数据列表中的声明

关键词	声明	应用
Global	全局变量的声明,可用于各个控制器(资源)执行的所有 POU	控制器和安全 PLC 的数据列表
Instance	与实例相关的本地 I/O 变量的声明	控制器数据列表
Program	实例相关程序全局 I/O 变量的声明	控制器数据列表

3.3.2 自定义数据类型

在 PLCnext Engineer 中可以根据 IEC 61131-3 标准来自定义数据类型。用户在数据类型工作表中使用 TYPE…END_TYPE 定义数据类型。

支持用户自定义的数据类型有数组、结构体、枚举、字符串以及这些的相互嵌套组合。自定义新的数据类型按照以下步骤:

❏ 在数据类型工作表中使用 TYPE…END_TYPE 来声明关键字,定义数据类型。
❏ 创建用户定义数据类型的变量。

3.3.2.1 数组

数组数据类型由同一基本数据类型的多个元素组成,每个元素都可以通过其唯一的元素索引访问。数组可以定义为一维数组,也可以定义为多维数组。

可以使用文字(固定值)或常量变量定义数组长度(数组可以容纳的元素或值的数量)。常量变量必须使用 VAR Constant 在数据类型工作表中声明为 VAR CONSTAN…END_VAR 声明块(参见表 3-4 和表 3-5、表 3-6 的示例)。

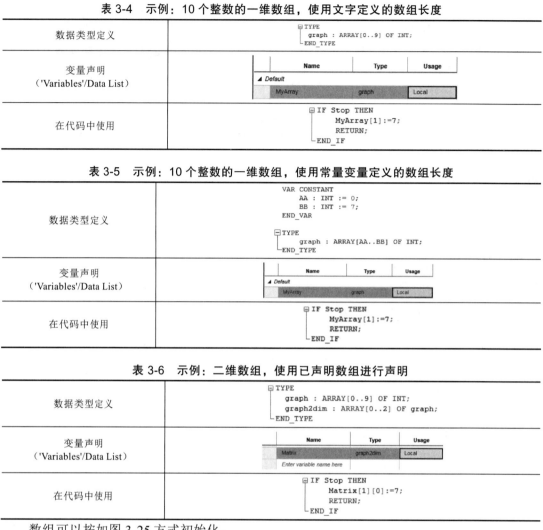

数组可以按如图 3-25 方式初始化。

```
TYPE
    graph : ARRAY[0..2] OF INT := [ 1, 100, 1000];
END_TYPE
```

图 3-25　数组初始化

对于初始化具有大量值的数组，可以使用重复数，如图 3-26 所示。

```
TYPE
    graph : ARRAY[0..9] OF INT := [ 0, 2(100), 1000, 3(-100, -1000)];
END_TYPE
```

图 3-26　具有大量值的数组初始化

此初始化的含义如图 3-27 所示。

```
TYPE
    graph : ARRAY[0..9] OF INT := [ 0, 100, 100, 1000, -100, -1000, -100, -1000, -100, -1000];
END_TYPE
```

图 3-27　初始化含义

3.3.2.2 结构

结构体数据类型包括相同或不同数据类型的几个元素，适合反映和处理物体的几种不同属性。

表 3-7 所示示例指定了一台必须加工多个孔的钻孔机。对于要钻的每个孔，需要以下信息：位置（x/y 坐标）、深度和机器转速（r/min）。定义一个结构体数据类型"machine"由组件 x_pos、y_pos、depth 和 rpm 组成。所有组件都描述了机器的特性。

表 3-7　示例：一台必须加工多个孔的钻孔机

数据类型定义	```TYPE
	  machine: STRUCT
	    x_pos : INT;
	    y_pos : INT;
	    depth : INT;
	    rpm : UINT;
	    ready : BOOL;
	  END_STRUCT;
	END_TYPE```

变量声明 （'Variables'/Data List）	Name: station1　　Type: machine　　Usage: Local

在代码中使用	```IF station1.ready THEN
	    station1.x_pos := 89;
	    station1.y_pos := -150;
	    station1.depth := 50;
	    station1.rpm := 1000;
	END_IF
	...```

结构中包含的各个元素，可以按如图 3-28 所示方式初始化。

3.3.2.3 枚举

用户定义枚举数据类型的变量可以具有从预定义列表中选择的值。例如表 3-8 中，枚举"PossibleColors"包括值 Red（红）、Green（绿）和 Blue（蓝），每个值都是 INTeger 数据类型，且有 Red=0、Green=1 和 Blue=2。在 ST 中，枚举数据类型的"Color"变量设置为 INT=1，即，如果 Start=TRUE，则"Color"为绿色。

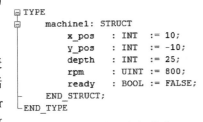

图 3-28　各个元素初始化

表 3-8　枚举

数据类型定义	```TYPE PossibleColors : (Red, Green, Blue); END_TYPE```
变量声明 （'Variables'/Data List）	Name: Color　　Type: PossibleColors　　Usage: Local
在代码中使用	```IF Start THEN Color := Green; END_IF```

枚举可以通过两种方式初始化：

❑ 将值分配给名称列表中指定的每个元素（图 3-29 所示示例中的"Blue:=5"）。在不初始化这些列表元素的情况下，第一个元素将从 0 开始连续编号。

□ 在数据类型工作表或变量表中预先选择一个列表元素,如图 3-29 所示(初始值"INT:=Green")。

还可以使用"Init Value Configuration"(初始值配置)编辑器定义枚举的预选元素,如图 3-29 所示。

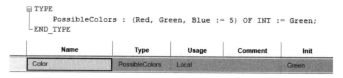

图 3-29　数据类型为"PossibleColors"的变量将使用值 Green 初始化

3.3.2.4　字符串

字符串(string)由指定或可变数量的字符组成,见表 3-9 中描述。如果在字符串类型定义的括号中指定了一个数字,则将其视为固定字符串长度。如果未指定长度,则字符串可以包含有效范围内的任意数量的字符。有效字符串长度:字符串的有效字符数为 1 到 32766。

表 3-9　字符串

数据类型定义	TYPE 　　MyString : STRING[10]; END_TYPE
变量声明 ('Variables'/Data List)	Name　　　Type　　　Usage Name　　　MyString　　Local Enter variable name here
在代码中使用	IF EQ_STRING(name, 'abcdefghij') THEN 　　Start := TRUE; END_IF;

通过将初始化字符串输入用单引号括起来的"Init"(初始)列,可以为变量表中的字符串设置初始值,如图 3-30 所示。

图 3-30　初始化字符串

3.3.2.5　用户定义数据类型的组合

用户定义的数据类型不仅可以嵌套,还可以组合。使用初始值配置编辑器可以初始化结构体和数组。

(1)结构体数组

图 3-31 示例显示了结构体数组(排列为数组的结构体)的使用。

该示例反映了一条生产线("生产线"数组)和 6 台钻孔机("机器"结构体)。通过数组索引,可以访问每个特定站点。通过结构体组件,可以分配不同的钻孔值。

(2)具有数组、枚举或字符串的结构体

可以在结构体中使用数组、枚举和字符串,将一个或多个声明的用户定义数据类型作为结构体中的组件。在图 3-32 的示例中,结构体中包含一个数组('seq')以及"material"枚举。

```
TYPE
    machine: STRUCT
        x_pos   : INT;
        y_pos   : INT;
        depth   : INT;
        rpm     : UINT;
        ready   : BOOL;
    END_STRUCT;
    line    : ARRAY[0..5] OF machine;
END_TYPE
```

图 3-31　结构体数组示例

```
TYPE
    seq      : ARRAY[0..3] OF INT := [1, 2, 2(3)];
    material : (wood, aluminium, stone) OF INT;
    machine  : STRUCT
        x_pos   : INT := 10;
        y_pos   : INT := -10;
        rpm     : UINT := 800;
        done    : seq;
        object  : material;
    END_STRUCT;
END_TYPE
```

图 3-32　结构体中包含一个数组（'seq'）以及"material"枚举示例

3.3.2.6　初始化数组和结构体的组合

结构体和数组的组合，可以使用所谓的重复数来初始化。

示例 1：带数组的结构体

在图 3-33 的示例中，结构体 MyStruct 包含一个整数数组以及其他元素。

```
1  TYPE
2
3  MyStruct : STRUCT
4      Field1 : INT;
5      Field2 : BOOL;
6      Field3 : ARRAY[0..9] OF INT;
7  END_STRUCT
```

图 3-33　带数组的结构体示例

在"Init Value Configuration"编辑器中，初始化语句可以如图 3-34 所示。

Init Value:	{Field1 := 1, Field2 := TRUE, Field3 := [3 (1), 7 (99)] }
Member Name	Member Init Value
Field1	1
Field2	TRUE
∨ Field3	
[0]	1
[1]	1
[2]	1
[3]	99
[4]	99
[5]	99
[6]	99
[7]	99
[8]	99
[9]	99

图 3-34　初始化语句

示例 2：结构体数组

在图 3-35 示例中，数据类型工作表中声明了一个 MyStruct 数组。

```
 9  ┌TYPE
10  │    MyArrayOfStruct : ARRAY[0..9] OF MyStruct;
11  └END_TYPE
```

图 3-35　结构体数组示例

在"Init Value Configuration"编辑器中,初始化字符串不仅包含 MyStruct 数组内的重复数,还包含结构体数组的重复号,如图 3-36 所示。

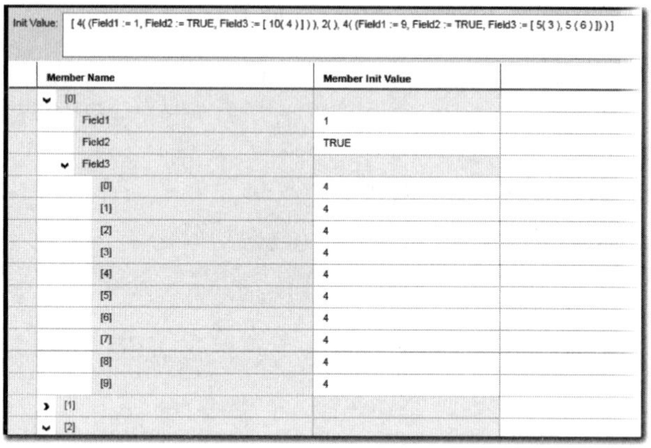

图 3-36　"Init Value Configuration"编辑器

3.3.2.7　用户定义数据类型的端口

(1) 创建用户定义数据类型的端口

端口可以是用户定义的数据类型,例如数组或结构体。可以用与用户定义数据类型的变量相同的方式创建用户定义端口:

① 使用 type…在数据类型工作表中输入类型定义…END_TYPE 声明关键字。

② 声明用户定义数据类型的端口:在程序 POU 中声明端口时,将"用法"设置为"IN 端口"或"OUT 端口"。

(2) 处理 GDS 端口列表中的端口成员

在 GDS 端口列表可以将此类端口的单个成员分配给另一个端口。打开角色选择器进行分配时,会提供合适的端口成员供选择。

示例:

OUT 端口 MyPortArray 是用户定义的 ARRAY 数据类型:

```
My Port Array : ARRAY[0..9] OF BOOL;
```

打开 GDS 端口列表中布尔端口的角色选择器时,将提供各个端口成员供选择。数组的第一位已映射到布尔 IN 端口,如图 3-37 所示。

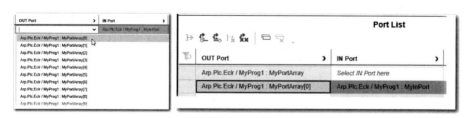

图 3-37　数组的第一位映射到布尔 IN 端口

断开端口成员后，在 GDS 端口列表中保持未连接状态，然后可以使用工具栏命令"删除未连接的端口成员"将其删除。

3.3.2.8 初始化数组和结构体

用户定义数据类型的初始化可以使用"Init Value Configuration"（初始值配置）编辑器来完成，该编辑器是变量表的子编辑器，可用于所有用户定义的数据类型（数组、结构体、枚举和字符串），特别适用于具有大量成员的数组和结构。

① 通过右键单击变量表中变量声明，在下拉菜单中选择"Show Init Value Configuration"（显示初始值配置），或单击变量表工具栏上的相应图标，打开初始值配置编辑器，如图 3-38。

② 在变量表中，选择要初始化的用户定义数据类型。其成员列在初始值配置编辑器中。

③ 根据成员的数量，将每个成员的初始化值输入右列中的相应成员输入字段，或通过在成员网格上方的输入字段中输入初始化语句来初始化多个成员。

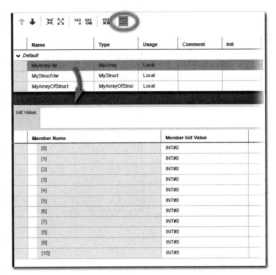

图 3-38　打开初始值配置编辑器

3.3.2.9 符合 IEC 61131-3 的组初始化语句

对于初始化具有大量值的数组，可以使用所谓的重复数。数据类型工作表中的初始化示例如图 3-39 所示。

```
TYPE
  graph : ARRAY[0..9] OF INT := [ 0, 2(100), 1000, 3(-100, -1000)];
END_TYPE
```

图 3-39　初始化示例

将此初始化语句输入到成员网格上方的初始值配置编辑器的文本字段中，成员在下面的网格中初始化，如图 3-40 所示。

同样，可以在编辑器中初始化数组和结构件的组合。

示例 1：带数组的结构件

图 3-41 示例中，结构体 MyStruct 包含一个整数数组以及其他元素。

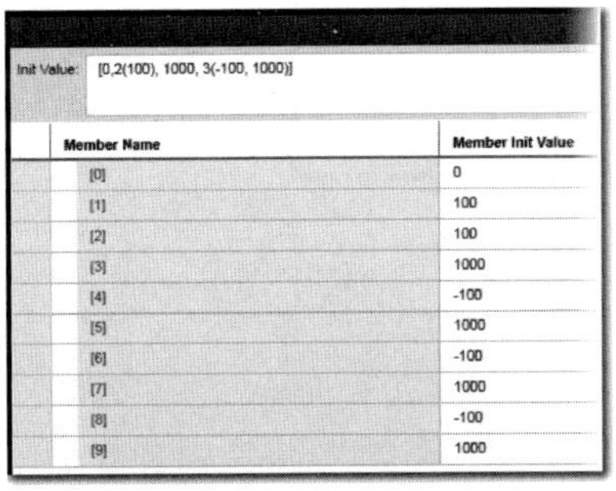

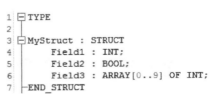

图 3-40　成员初始化

```
1  TYPE
2
3    MyStruct : STRUCT
4      Field1 : INT;
5      Field2 : BOOL;
6      Field3 : ARRAY[0..9] OF INT;
7    END_STRUCT
```

图 3-41　带数组的结构体

在初始值配置编辑器中，初始化结果如图 3-42。

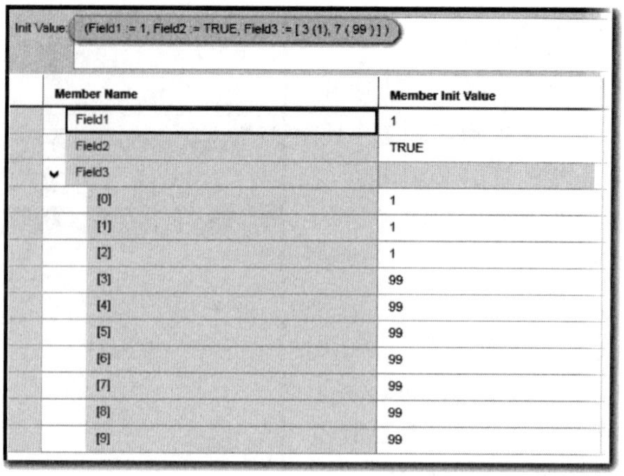

图 3-42　初始化结果

示例 2：结构体数组

图 3-43 示例中，数据类型工作表中声明了一个 MyStruct 数组。

```
 9  TYPE
10      MyArrayOfStruct : ARRAY[0..9] OF MyStruct;
11  END_TYPE
```

图 3-43　结构体数组

在编辑器中，初始化字符串不仅包含 MyStruct 数组内的重复数，还包含结构初始值配置数组的重复号，如图 3-44。

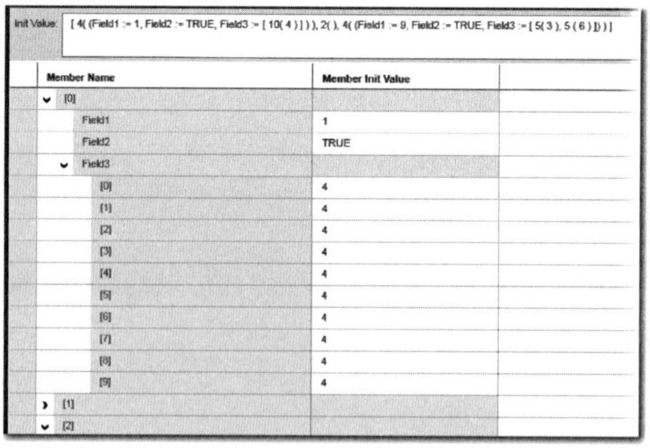

图 3-44　结构数组初始化

3.4　程序与 PLC 资源管理

IEC 61131-3 标准简化了传统 PLC 编程中的各种块，程序 POU 通常包含功能/功能块调用的逻辑组合，具有内部存储区。程序须在任务中实例化才能执行，未实例化的程序不会被执行，因此需要做程序实例化管理，即进行 ESM 配置。本节将介绍程序的类型，以及如何进行程序的运行管理。

3.4.1 程序组织单元（POU）

程序组织单元（POU）包括三种基本类型：功能、功能块和程序。程序组织单元是一个封装的单元，可以独立地由其他程序进行编译。被编译的程序组织单元能够相互连接组成一个完整程序。

（1）PLCnext Engineer 中 POU 的组件

每个 POU 由一个声明部分（变量表）和一个代码部分（一个或多个代码工作表）组成，声明部分包含 POU 中使用的变量声明，代码部分包含要处理的指令。

双击组件区域中"编程"类别中的 POU，打开用于声明变量和开发代码的编辑器，详细描述见表 3-10。

表 3-10 POU 编辑器图标及功能

变量编辑器	Variables	声明各个 POU 的本地变量和功能块实例
代码编辑器	Code	以标准 IEC 61131-3 编程语言 ST、FBD、LD 或 SFC 之一开发应用程序代码
版本信息编辑器	Version Information	输入 POU 的信息
签名编辑器	Signature	仅适用于功能 POU 和用户定义功能块的方法

在组件区域的"编程"类别中，程序 POU 以及功能和功能块 POU 被表示并分组放在单独的文件夹中。

"编程"类别中的"局部"文件夹包含用户定义的程序和功能/功能块。要组织用户定义的 POU，可以通过右击下拉菜单，最多添加 3 个子文件夹。文件夹名称后面的数字表示包含的 POU 数。POU 可以通过拖放在用户定义的文件夹之间简单地移动。

（2）POU 中代码工作表的执行顺序

POU 中代码工作表的执行顺序由在编辑器组中的排列来定义。分配给工作表名称（标题）的方括号中的只读数字表示该工作表相对于其他工作表的执行顺序，如图 3-45 所示。

要更改 POU 中代码工作表的执行顺序，可拖动所需的工作表并将其放在要执行的工作表上（方括号中表示执行顺序的数字会自动调整）。

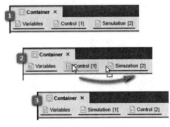

图 3-45 更改 POU 中代码工作表的执行顺序

（3）添加 POU、POU 元素和代码工作表

添加 POU、POU 元素和代码工作表必须在相应子类别（"局部"文件夹下）的组件区域的"编程"类别中完成：

① 如果要插入程序 POU，可选择"程序"。
② 如果要插入功能或功能块 POU，请选择"功能和功能块"。
③ 右键单击相应子类别中的文件夹，然后从上下文菜单中选择所需的"添加 POU type"命令。

④ 新的 POU 将添加到先前选择的文件夹下，其默认名称可以修改（参见下一步）。

⑤ 如果是 SFC 功能块 POU，则会在新的 SFC 功能块 POU 下自动创建一个带有"Transition 1"的"转换"子文件夹。

⑥ 要在现有文件夹下添加新文件夹，请右键单击该文件夹，然后从上下文菜单中选择"添加文件夹"（最多可以添加 3 个子文件夹）。

⑦ 添加元素后，对新元素进行命名。

⑧ 双击组件区域中的新 POU。在编辑器区域中，单击 POU 中第一个代码工作表所需的编程语言，则代码工作表和/或变量表显示在编辑器区域中，可以开始编辑代码和变量。

在功能 POU 的情况下，还可以使用"签名"编辑器。通过从"返回类型"列表框中选择值来指定新函数的返回数据类型。

（4）向 SFC 功能块 POU 添加转换或动作

① 在"组件＞编程＞局部＞功能和功能块"文件夹中，右键单击"添加 SFC 功能块"。

② 选择所需的"添加…"命令。

③ 具有默认名称的新步序传递条件或步序执行动作将添加到"转换（Transitions）"/"动作（Actions）"文件夹下。

④ 添加元素后，对新元素进行命名。

（5）向用户定义的 FB POU 添加方法

① 在"组件＞编程＞局部＞功能和功能块"文件夹中，右键单击用户定义的 FB POU。

② 从上下文菜单中选择"添加方法"命令（该命令仅适用于 FB POU）。新方法将在 FB POU 文件夹下添加默认名称。

③ 添加元素后，对新元素进行命名。

④ 双击组件区域中的方法。在编辑器区域中，选择方法中包含的第一个代码工作表所需的编程语言。

⑤ 在"签名"编辑器中，从提供的列表框中选择方法的"访问说明符"和"返回类型"。

⑥ 编辑程序代码并创建方法中使用的变量。

（6）在 POU 中添加/删除代码工作表

① 打开"组件＞编程＞局部"下的所需文件夹，双击要添加新工作表的 POU 图标。POU 组在编辑器区域中打开。

② 在编辑器区域中，单击编辑器组（以程序 POU "Container"为例）右侧的加号"+"箭头图标，然后左键单击要添加的代码工作表类型，如图 3-46 所示。

图 3-46 在 POU 中添加/删除代码工作表

③ 如果需要重命名，通过右键单击工作表名称并从上下文菜单中选择并重命名代码工作表（不能重命名执行编号，只能通过将工作表拖到其他位置来修改执行编号）。

要删除 POU 代码工作表，右击代码工作表标题并从下拉菜单中选择"删除"命令。每个 POU 必须至少包含一个代码工作表。

3.4.1.1 功能 POU

PLCnext 功能块及库文件使用

功能是一个 POU，具有多个输入参数和一个输出参数（返回值）。调用具有相同值的功能总是返回相同的结果。返回值可以是单个数据类型。在功能中，可以调用另一个功能，但不能调用功能块或程序。不允许递归调用。

对于每个功能，必须设置返回值的数据类型。这是使用"签名"编辑器完成的。

在右侧组件区域，打开"编程>局部>功能和功能块"文件夹，右键单击"功能和功能块"，在下拉菜单中选择"添加函数",可添加功能 POU，如图 3-47。

图 3-47 添加功能 POU

通过设置编译器选项"允许使用输入写入变量"，可以允许对功能的输入形式参数进行写访问。选择"附加＞选项"，打开类别"编译器| IEC 编译器设置"并选中相应的复选框。

(1) EN/ENO 功能的条件执行

EN 是启用输入形式参数，ENO 是启用输出形式参数。EN/ENO 允许根据 IEC 61131-3 标准选择性条件执行功能。

(2) ST 中的功能调用

在 ST 中，功能调用基本上具有以下语法：

```
OutVariable := functionName(InVar1,InVar2);
```

所需输入变量的名称在功能名称后标注（括号中）。功能的返回值（结果）分配给输出变量。

(3) FBD/LD 中的功能调用

在 FBD/LD 中，功能名称在功能符号中的表示如图 3-48。

功能左上角的符号以及功能的颜色表示其来源（本地创建：图标为人像，颜色为浅灰色；从用户库或系统库中调用：图标为书籍，颜色为深灰色）。

在 SNOLD（面向安全网络的梯形图）中编程的安全相关代码工作表中，库功能以黄色块图标显示，如图 3-49。

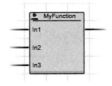

图 3-48 功能符号　　　　　　　　图 3-49 库功能

3.4.1.2 功能块 POU

功能块是具有多个输入/输出参数和内部存储器的 POU。功能块返回的值取决于其内部内存的值。在功能块内，可以调用另一个或多个功能块，但不能调用程序。不允许递归调用。

要调用另一个功能块或程序中的功能块，必须在调用 POU 中创建并声明具有唯一实例名称的被调用 FB 的实例。实例声明必须添加到变量表中（直接添加或在编辑代码时添加）。在变量表中，每个 FB 实例都有自己的声明，由唯一的 FB 实例名称、功能块名称和声明关键字（"Usage"）"Local"组成。

面向对象的功能块：根据 IEC-61131-3 第 3 版，支持面向对象功能块。通过向用户定义的功能块添加方法，功能块被定义为面向对象的功能块。

要添加功能块 POU，右键单击文件夹"组件＞编程＞局部＞功能和功能块"（或任何子文件夹），然后选择上下文菜单命令"添加功能块"或"添加 SFC 功能块"。在 SFC 功能块 POU 的情况下，将在新的 SFC 功能块 POU 下自动创建一个自带一个"Transition"的"Transitions"控制顺序传递子文件夹，如图 3-50。

图 3-50　添加功能块 POU

在调用 POU 的变量表中，必须声明实例名。在以下示例中，DrainCheck_1 是 DrainCheck FB 实例的名称，如图 3-51。

Name	Type	Usage	Comment	Init	Retain	I/Q
DrainCheck_1	DrainCheck	Local				

图 3-51　调用 POU

在 ST 和 FBD/LD/NOLD 中使用此名称调用此 FB 实例如下所示。

（1）EN/ENO 功能块的条件执行

EN/ENO 允许根据 IEC 61131-3 标准选择性条件执行功能块。EN 是启用输入形式参数，ENO 是启用输出形式参数。

（2）ST 中的功能块调用

ST 中的功能块调用基本上具有以下语法：

```
instance(invar1:=1,invar2:=2,in_out_var:=MyVariable);
a:= instance.outvar1;
```

替代语法：

```
instance(invar1 := 1,invar2:=2,outvar1 => a,in_out_var:=MyVariable);
```

在本例中，使用输入参数"invar1"和"invar2"（每个都有赋值）调用实例名为"instance"的 FB。FB 以输出变量"outvar1"的形式返回结果。在示例调用中，结果值存储到变量"a"中。

正式参数"in_out_var"由 FB 读取和写入。在 FB 的局部变量表中，使用"Usage=InOut"声明。注意，输入/输出形式参数不是实际变量，而是对另一个变量的引用。可以与指向另一个变量地址的指针进行比较。因此，输入/输出参数只允许为变量，而不允许为常量或文本。

（3）FBD/LD 中的功能块调用

在 FBD/LD/NOLD/SNOLD 中，功能块实例名称通常显示在块符号上方，而功能块类型的名称通常会显示在块符号内,如图 3-52。

功能块左上角符号以及功能块的颜色表示功能块的来源(本地创建)。

在 SNOLD(面向安全网络的梯形图)中编程的安全相关代码工作表中,FB 实例显示为黄色块图标,如图 3-53。

图 3-52　FBD/LD 中的功能块调用

图 3-53　FB 实例

3.4.1.3　程序 POU

程序 POU 通常包含功能/功能块调用的逻辑组合。程序具有内部存储器,不能从其他 POU 调用程序。程序必须在任务中实例化才能执行。在运行控制器应用程序时,不会执行任何任务中未实例化的程序。

在右侧组件区域打开"编程＞局部＞程序"文件夹(或任何子文件夹),然后选择上下文菜单命令"添加程序",可添加程序 POU。

程序实例:

程序只有在实例化时才能执行。非安全相关程序的实例化必须通过在"任务和事件"编辑器中将其分配给任务来完成。要打开"任务和事件"编辑器,可双击工程树窗口中的"PLCnext"节点。

3.4.1.4　常用编程指令

PLCnext Engineer 中的编程指令主要为功能(FC)和功能块(FB)。

功能是具有多个输入参数和一个输出参数(返回值)的程序组织单元。调用具有相同值的功能总是返回相同的结果。返回值可以是单一数据类型。在一个功能中,可以调用另一个功能,但不能调用功能块或程序。不允许递归调用,即功能不能调用功能本身。功能只能处理基本数据类型。

功能块是一个具有多个输入/输出参数和内部存储器的程序组织单元。功能块返回的值取决于其内部内存的值。在一个功能块中,可以调用另一个功能块或多个功能,但不能调用程序。不允许递归调用,即功能块不能调用功能块本身。IEC 61131-3 描述了标准功能块,根据所使用的不同硬件类型,需要注意标准功能块用法的差异性。

以基于 IEC 61131-3 功能和功能块的指令为例,数据类型转换的指令如表 3-11 所示。

表 3-11　数据类型转换指令表

序号	功能/功能块	描述
1	BCD_TO_*	从 BCD 值到无符号整数的类型转换
2	CONCAT_LDATE	构建日期值
3	CONCAT_LDT	构建包含时间信息和日期的值
4	CONCAT_LTIME	构建一个时间段
5	CONCAT_LTOD	构建一天中的时刻
6	CONCAT_TIME	构建时间段

续表

序号	功能/功能块	描述
7	FROM_BIG_ENDIAN	输入值从大端字节序转换为控制器的内部字节序
8	FROM_LITTLE_ENDIAN	输入值从小端字节序转换为控制器的内部字节序
9	LDT_TO_LTOD	从 LDATE_AND_TIME 到 LTIME_OF_DAY 的类型转换
10	SPLIT_LDATE	分割日期
11	SPLIT_LDT	分割带时间的日期
12	SPLIT_LTIME	分割时间段（64 位长度，纳秒精度）
13	SPLIT_LTOD	分割一天中的时刻
14	SPLIT_TIME	分割时间段（32 位长度，毫秒精度）
15	TO_BCD_BYTE	从无符号整数到 BYTE 的 BCD 值的类型转换
16	TO_BCD_DWORD	从无符号整数到 DWORD 的 BCD 值的类型转换
17	TO_BCD_LWORD	从无符号整数到 LWORD 的 BCD 值的类型转换
18	TO_BCD_WORD	从无符号整数到 WORD 的 BCD 值的类型转换
19	TO_BIG_ENDIAN	输入值从控制器的内部字节序转换为大端字节序
20	TO_BOOL	从任意数据类型到 BOOL 的类型转换
21	TO_BYTE	从任意数据类型到 BYTE 的类型转换
22	TO_DINT	从任意数据类型到 DINT 的类型转换
23	TO_DWORD	从任意数据类型到 DWORD 的类型转换
24	TO_INT	从任意数据类型到 INT 的类型转换
25	TO_LINT	从任意数据类型到 LINT 的类型转换
26	TO_LITTLE_ENDIAN	输入值从控制器的内部字节序转换为小端字节序
27	TO_LREAL	从任意数据类型到 LREAL 的类型转换
28	TO_LTIME	从任意数据类型到 LTIME 类型转换
29	TO_LWORD	从任意数据类型到 LWORD 的类型转换
30	TO_REAL	从任意数据类型到 REAL 的类型转换
31	TO_SINT	从任意数据类型到 SINT 的类型转换
32	TO_STRING	从任意数据类型到 STRING 的类型转换
33	TO_TIME	从任意数据类型到 TIME 的类型转换
34	TO_UDINT	从任意数据类型到 UDINT 的类型转换
35	TO_UINT	从任意数据类型到 UINT 的类型转换
36	TO_ULINT	从任意数据类型到 ULINT 的类型转换
37	TO_USINT	从任意数据类型到 USINT 的类型转换
38	TO_WORD	从任意数据类型到 WORD 的类型转换
39	TO_WSTRING	从任意数据类型到 WSTRING 的类型转换
40	TRUNC_SINT，TRUNC_INT，TRUNC_DINT，TRUNC_LINT	将输入的 ANY_REAL 值的小数点后的位数剪切成整数值

以其中 SPLIT_LDT 的使用为例，该指令是用于分割带时间的日期（LDATE_AND_TIME），并在输出分别返回年、月、日、时、分钟、秒、毫秒、微秒、纳秒的值（ANY_INT）。

在 ST 中，功能调用方式如下：

```
out := SPLIT_LDT(IN:LDATE_AND_TIME,YEAR=>ANY_INT,MONTH=>ANY_INT,DAY=>ANY_
INT,HOUR=>ANY_INT,MINUTE=>ANY_INT,SECOND=>ANY_INT,MILLISECOND=>ANY_INT,MICROSE
COND=>ANY_INT,NANOSECOND=>ANY_INT);
```

所有参数都必须按照精确的顺序指定。IN 参数必须以非形式传递（不指定形参名称）。所有输出参数（YEAR、MONTH、DAY 等）必须以形式传递，即必须显示指定形参名称。

示例：

```
Out:= SPLIT_LDT(LDT#2016-11-14-16:31:04.120_100,YEAR=>yearVar,MONTH=>monthVar,
DAY=>dayVar,HOUR=>hourVar,MINUTE=>minVar,SECOND=>secVar,MILLISECOND=>milVar,MI
CROSECOND=>micVar,NANOSECOND=>nanVar);(*results in yearVar = 2016,monthVar = 11,
dayVar = 14,hourVar = 16,minVar = 31,secVar = 4,milVar = 120,micVar = 99,nanVar
= 100 *)
```

LD 中的功能调用，如图 3-54 所示。

该指令可以直接在组件窗口中查询到，并拖到编程窗口中应用。

从功能上来说，功能和功能块有按位布尔运算的 AND/AND_S、NOT/NOT_S、OR/OR_S、XOR/XOR_S，还有比较指令如 EQ、GE、GT 等，以及上升沿检测和下降沿检测，定时器、计数器、数据类型转换、数值计算、移位运算等。PLCnext Engineer 还有一些扩展的功能和功能块，包括变量访问、文件操作、以太网通信等。由于编程指令较多，可参考 PLCnext Engineer 指令手册，手册中有详细的每个指令的使用介绍，本章节没有全部列举。

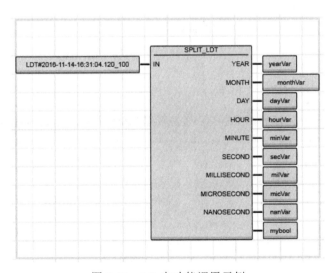

图 3-54　LD 中功能调用示例

3.4.1.5　根据 IEC 61131-3 编程

使用项目模板创建的项目，在"编程＞局部＞程序"下的组件区域中会自动创建名为"Main"的程序组织单元（POU）。

（1）打开 POU

❑ 在组件区域中，打开"编程＞局部＞程序"文件夹。

❑ 双击所需的 POU，例如 Moving_Light_Plog，打开选定 POU 的编辑器组。系统提示为 POU 的第一个工作表选择编程语言，如图 3-55 所示。

❏ 单击所需的编程语言。

(2) 创建新 POU
❏ 在组件区域中,打开"编程>局部>程序"文件夹。
❏ 右键单击"程序(x)",在下拉菜单中,选择添加程序,如图 3-56 所示。

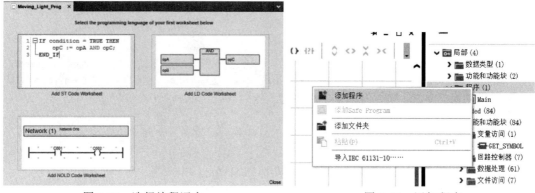

图 3-55 选择编程语言　　　　　　　　　图 3-56 添加程序

新创建的 POU 被插入到组件区域的"编程>局部>程序"文件夹。
❏ 右击打开新创建的 POU 的下拉菜单,进行重命名。
❏ 双击所需 POU 以打开 POU 的编辑器组。
❏ 选择所需的编程语言。
POU 的编辑器组打开后,可以创建变量。

(3) 创建变量
❏ 选择变量编辑器。
❏ 创建所需的变量,如图 3-57 所示。

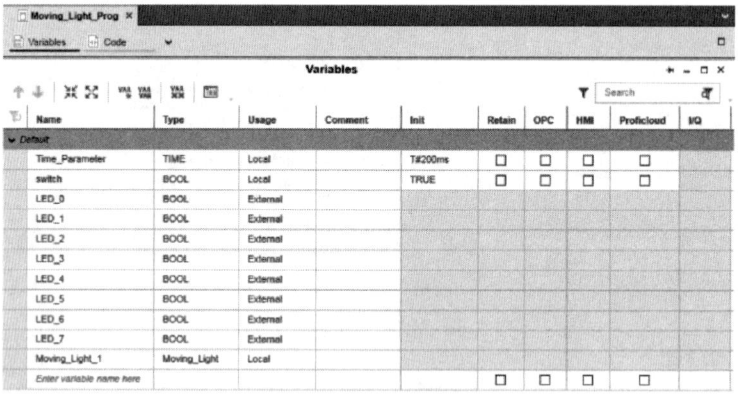

图 3-57 创建变量

创建变量后,为所选 POU 创建程序。

(4) 创建程序
❏ 选择代码编辑器。
❏ 创建程序,如图 3-58 所示。

第3章　PLCnext Engineer 软件平台

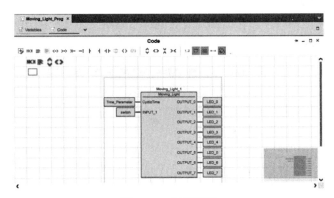

图 3-58　创建程序

（5）添加工作表

POU 的程序可以由几个工作表和不同的编程语言组成。每种编程语言都要向 POU 添加相应的工作表（代码工作表）。每个工作表都作为附加的代码编辑器插入 POU 编辑器组中。

- 在代码编辑器中选择工作表。
- 单击代码编辑器名称旁边向下的箭头按钮。
- 从打开的下拉列表中，选择所需的代码工作表，如图 3-59 所示。

图 3-59　添加工作表

（6）创建功能和功能块

- 在组件区域中，打开"编程＞局部＞功能和功能块"文件夹。
- 右键单击"功能和功能块（x）"。
- 在弹出的菜单中选择选项，创建新功能或功能块，如图 3-60。

新创建的功能或功能块插入组件区域的"编程＞局部＞功能和功能块"文件夹，如图 3-61。

- 右键单击打开新创建的功能或功能块的上下文菜单。
- 选择并重命名。
- 在示例中输入唯一且有意义的名称"Moving_Light"，名称不能包含任何空格。
- 按 Enter 键输入。

图 3-60　创建新功能或功能块

图 3-61　插入组件区域

创建新功能或功能块后，需为该功能或功能模块编程，首先为第一个工作表选择编程语言。

（7）选择新创建的功能或功能块中工作表的编程语言

- 在组件区域中，打开"编程＞局部＞功能和功能块"文件夹。

❑ 双击功能或功能块，打开功能或功能块的编辑器组，为功能或功能块的第一个工作表选择编程语言，如图3-62。

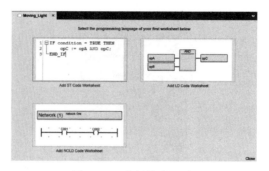

图3-62　选择编程语言

❑ 单击所需的编程语言。

（8）为新创建的功能或功能块创建变量

选择编程语言后，可创建所需的变量。
❑ 选择变量编辑器。
❑ 创建功能或功能块所需的变量，如图3-63。

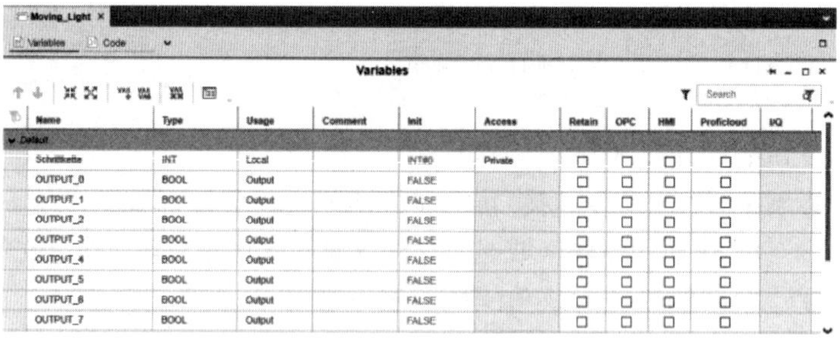

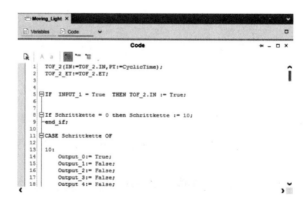

图3-63　创建所需的变量

创建所有必需的变量后，对功能或功能块的逻辑进行编程。

（9）为新创建的功能或功能块编程

❑ 选择代码编辑器。
❑ 创建程序，如图3-64。

图3-64　创建程序

（10）为新创建的功能或功能块添加工作表

功能或功能块也可以由多个工作表和不同的编程语言组成，具体参考上文"（5）添加工作表"内容。

3.4.1.6 功能块方法

PLCnext Engineer 通过使用方法支持功能块的面向对象编程。

与功能 POU 类似，方法也有结果类型、变量声明部分和一个或多个代码工作表。

必须为每个方法指定访问说明符。此访问说明符定义可以从何处调用方法。

❏ "Public"：该方法可以从任何可以使用的地方调用（内部或外部调用）。

❏ "Private"：只能从定义方法的 POU 内部调用该方法（仅限内部调用）。

必须在"签名"编辑器中指定访问说明符和返回值的数据类型。

要向用户定义的功能块 POU 添加方法，可右键单击"组件|编程＞局部＞功能和功能块"（或任何子文件夹）下的功能块 POU，然后选择上下文菜单命令"添加方法"，如图 3-65。

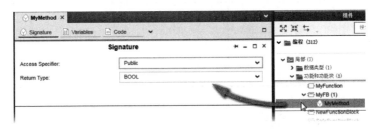

图 3-65　功能块添加方法

（1）方法调用

可以在内部或外部（取决于访问说明符）使用文本语言 ST 或图形语言 FBD/LD、NOLD 和 SFC 调用方法。

（2）方法的内部调用

对于访问说明符为"Public"和"Private"的方法，可以进行内部调用，即在定义该方法的用户定义功能块 POU 中调用该方法。

在 ST 中，方法名前面必须有关键字"THIS"，后跟一个点。即使不需要参数，也必须以括号"()"结尾。

在 FBD/LD/NOLD/SFC 中，必须为插入的内部方法输入实例名称"THIS"，然后在块符号上方显示关键字"THIS"。块符号中显示了 FB POU 名称和用点分隔的方法名称，参考表 3-12。

表 3-12　方法的内部调用

ST 中的方法内部调用	`Value := THIS.MyMethod();`
FBD/LD/NOLD/SFC 中的方法内部调用	

（3）方法的外部调用

外部调用只能用于访问说明符为"Public"的方法。外部调用意味着从另一个 POU（程序或 FB）调用该方法。

对于方法的外部调用,包含该方法的功能块的实例名称必须体现在调用中。因此,必须在调用 POU 的变量表中声明此 FB 实例名称。

在 ST 中,方法名前面必须是 FB 实例名,后跟一个点。即使不需要参数,也必须以括号"()"结尾。

在 FBD/LD/NOLD/SFC 中,必须为插入的外部方法输入或选择已声明的 FB 实例名称。然后在块符号上方指示 FB 实例名称。在块符号内部,包含方法的 FB 名称位于方法名称之前,用点分隔,见表 3-13。

表 3-13 方法的外部调用

包含调用 POU 变量表中方法的 FB 实例声明	Name / Type / Usage, Default, MyFB_1 / MyFB / Local
ST 中的方法外部调用	Value := MyFB_1.MyMethod();
FBD/LD/NOLD/SFC 中的方法外部调用	MyFB1 / MyFB.Method1 / activate / InValue

3.4.2 配置、资源、任务

一个符合 IEC 61131-3 的 PLC 编程系统使用配置元素来反映硬件结构。这些配置元素一般是配置、资源和任务等。一个配置可被看作一个可编程控制器系统,例如一个导轨。在一个配置里可以定义一个或几个资源。一个资源则可以被看作一个可以被插入导轨上的 CPU 模块,或者是一个通过 TCP/IP 或者总线接口板卡连接的远程设备。在一个资源中,可以执行一个或多个任务。

3.4.2.1 任务

任务是一项执行控制元素,可以周期性地或者基于某个布尔型变量的上升沿来激活一组程序组织单元,该组织单元可以包括程序和在程序内部声明的功能块实例。

(1) 建立 ESM

AXC F 1152 为单核 CPU,AXC F 2152/3152 为双核 CPU,可同时运行两个 ESM。在单个 ESM 中可建立相关任务、设置任务类型、设置间隔时间和监视定时器(看门狗)时间、设置任务优先级等,如图 3-66。

图 3-66 建立 ESM

(2) 创建任务和关联程序

通过拖动按照以下步骤创建任务,如图 3-67。

在图 3-67 的 1 处双击 PLCnext,在 2 处打开任务和事件(Task and Event),创建新的任务，从右侧把刚刚新建的程序拖动到箭头 4 指向的位置即可将程序与任务相关联。

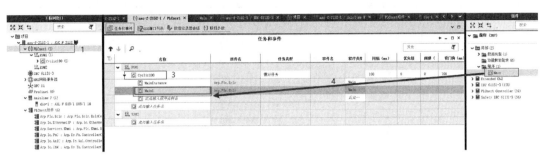

图 3-67　创建任务和关联程序

（3）在程序或者功能块中插入变量

通过工具栏快捷键可以在程序或功能块中插入变量，如图 3-68。快捷键含义如下：

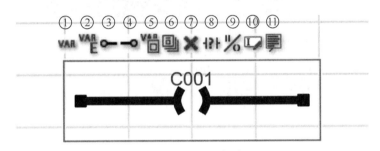

图 3-68　插入变量

① VAR，局部变量。
② Variable External，全局变量，在整个项目中具有唯一性，可用于关联硬件（GDS）。
③ 创建新的 IN 端口变量。
④ 创建新的 OUT 端口变量。
⑤ 新建程序的全局变量。
⑥ 创建新的实例变量。
⑦ 删除变量。
⑧ 切换触点属性，比如常闭、脉冲、取反等。
⑨ 切换变量属性，比如触点或线圈。
⑩ 修改或替换变量名称。
⑪ 添加注释。

（4）关联硬件 IO

在变量表中可以将变量与硬件 IO 进行关联，如图 3-69。

3.4.2.2　建立程序和功能块

软件界面右侧"组件＞编程＞局部＞程序"文件夹处单击右键，新建程序，如图 3-70。双击"Main"程序选择编程语言。

在软件界面右侧"组件＞编程＞局部＞功能和功能块"文件夹处右击，可以新建功能或功能块，如图 3-71。功能或功能块可以直接拖拽到程序中使用。

所有新建变量和功能块都需要实例化。

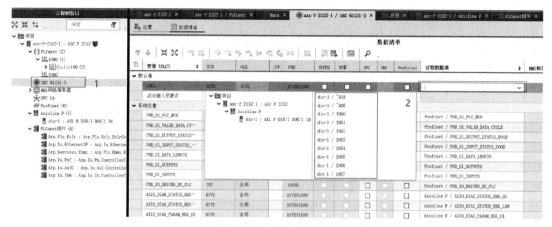

图 3-69　关联硬件 IO

图 3-70　新建程序

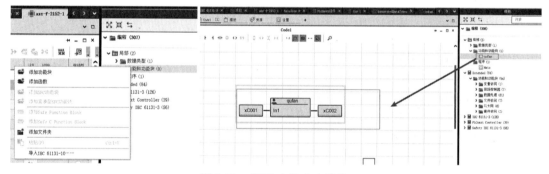

图 3-71　新建功能或功能块

3.4.2.3　功能块和程序实例化

（1）功能块（FB）实例化

IEC 61131-3 标准定义了功能块实例化。实例化是指一个功能块类型定义一次，并且可以多次调用。

功能块有一个内部存储器，存储自己的处理数据（局部变量）。因此，FB 计算的输出值取决于内部存储的值。应用于 FB 实例的相同输入值不一定在另一 FB 实例中传递相同的结果，因此，每当处理功能块时，即对于每个 FB 实例，需要将 FB 的内部数据存储到分离的存储区域。为了唯一地标识每个 FB 实例并清楚地分隔其内存区域，使用了实例名称。功能块的实例名必须在调用 FB 的 POU 的本地变量表中声明。

示例：

用户将定义的功能块 TLC 添加到"功能和功能块"类别（组件区域）中。应在 POU "Container" 程序中调用两次，以控制填充水平和锅炉温度。

对于这两个 FB 实例，实例名称声明都添加到调用程序 POU "Container" 的 "Variables"（变量）表中，分别为 TLCTemperature 和 TLCLevel。因此，可以通过这些实例名称在调用 POU 的代码工作表中调用两次 TLC 功能块。

两个 FB 实例都已插入到"Container"代码工作表中，每个实例都有不同的变量连接到其输入和输出形式参数（"Level…"和"Temperature…"），如图 3-72 所示。

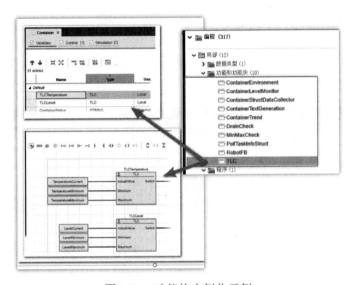

图 3-72　功能块实例化示例

（2）程序实例化

程序 POU 仅在将程序分配给任务的情况下在控制器上执行。将程序分配给任务时，必须定义程序实例名称。使用此实例名称，可以唯一地标识实例及其控制器内存区域，程序在该区域存储与实例相关的数据。

程序执行的调度由程序实例所属任务的属性决定。程序的实例化是通过在"任务和事件"编辑器中将程序分配给任务来完成的。要打开"任务和事件"编辑器，可双击工程树窗口中的"PLCnext"节点。

示例：

程序 POU "Container"（容器）被添加到组件区域中的"编程＞局部＞程序"文件夹中。程序在用户定义的任务"Cyclic100"中实例化，程序实例名称为"Container 1"。每次在控制器运行时执行"Cyclic100"任务时，都会处理"Container 1"，如图 3-73 所示。

（3）类型和实例的关系

图 3-74 说明了程序和功能块类型之间的关系，这些类型在项目中的组件区域及其实例中定义。

❏ 双击组件区域"编程"类别中的 POU 类型，打开代码编辑器（文本和/或图形）和变量表（箭头 1）。

图 3-73　程序实例化示例

- 功能块 POU 通过在另一个 FB 或程序中通过其实例名称调用 FB 来实例化（箭头 2）。
- 双击工程树窗口中的"PLCnext"节点，打开用于配置任务和事件的 PLC 运行时编辑器（箭头 3）。
- 在"任务和事件"编辑器中，可以通过将程序 POU 分配给任务来实例化程序 POU（箭头 4）。
- 通过分配，将创建具有程序实例名称的程序实例（箭头 5）。

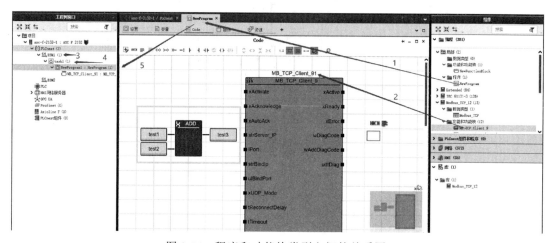

图 3-74　程序和功能块类型之间的关系图

3.4.3　常规编程语言

PLCnext Engineer 软件平台支持梯形图（LD）、功能块图（FBD）、结构化文本（ST）和顺序功能图（SFC）作为编程语言来开发项目。

（1）LD 和 FBD

PLCnext Engineer 中图形代码工作表（worksheet）由一个或多个网络组成。每个网络包含通过连接线连接的 FBD/LD 代码对象的组合。代码工作表中网络的执行顺序通常从上到下。在 PLCnext Engineer 中，可以使用三种不同的混合 FBD 和 LD 代码工作表。

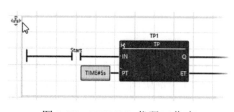

图 3-75　FBD/LD 代码工作表

- FBD/LD 代码工作表：如图 3-75 所示，使用自由图形编辑器编程。此编辑器允许用户定义的代码布局,具有高度的设计自由。当编辑器执行连接线的自动布线时,可以插入、删除、连接和断开单个对象,并在工作表中移动。

❑ 面向网络的梯形图(NOLD)代码工作表:如图 3-76 所示,使用面向网络的图形编辑器编程。NOLD 编辑器规定了代码布局。网络布局是自动安排的,用户无法修改。

在 NOLD 编辑器中,每个代码网络被视为顶部由水平条界定的部分。区段/网络的特点是连续的左右电源轨。无法在一个区段内插入其他网络,而是生成一个新部分。

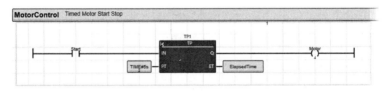

图 3-76　面向网络的梯形图(NOLD)代码工作表

水平剖面栏中的网络标签标识网络,可以用作跳转标签。可以从同一工作表中的其他网络跳转到节。

❑ 安全网络导向梯形图(SNOLD)代码工作表:使用网络导向和安全相关图形编辑器编程。SNOLD 编辑器与 NOLD 编辑器类似,但提供了额外的安全相关功能(工作表数据一致性的持续验证、安全相关信号路径分析等)。NOLD/SNOLD 编辑器和 FBD/LD 编辑器使用相同的语法和对象。

用图形语言功能块图(FBD)编程的代码由功能和功能块组成,这些功能块通过线彼此连接或连接到变量、常数等。这些线路也可以相互连接,但无法将输出与输出连接。连接对象的集合称为 FBD 网络。

功能/功能块的输入和输出称为形式参数。在 FBD 中开发大型网络时,可以使用连接器来改进网络布局。连接器只需更换连接线即可。此外,通过在同一工作表中插入跳转对象和一个标签对象(作为跳转目标),可以在标准(非安全相关)POU 中使用跳转。

在 FBD 网络中也允许 LD 对象(触点和线圈),从而实现 FBD 和 LD 代码的混合。开发 LD 网络时,首先应插入由一个触点、一个线圈和两个电源轨组成的基本网络,然后可以通过进一步的并行/串行触点/线圈或其他图形对象(例如功能和功能块)来扩展该基本网络。

（2）ST

结构化文本是通用的高级语言,用高度压缩的方式提供大量抽象语句来描述复杂控制系统的功能,特别适合工业控制应用。PLCnext Engineer 为开发文本代码和数据类型声明提供了强大的文本编辑器。ST 编程语言支持对数组和结构体等复杂变量的定义。

查看代码元素的有效成员,例如 STRUCT 变量的成员、FB 实例的输入/输出变量(形式参数)或 ANY_BIT 变量的特定部分时,输入元素名称和一个点,出现的选择框列出了可以在当前位置插入的相应元素的所有成员,见表 3-14。

表 3-14　代码元素的有效成员

FB 实例的成员	TIME_TO_BUF_1. BUF_CNT BUF_FORMAT BUF_OFFS DONE ERROR REQ STATUS

续表

STRUCT 变量的成员	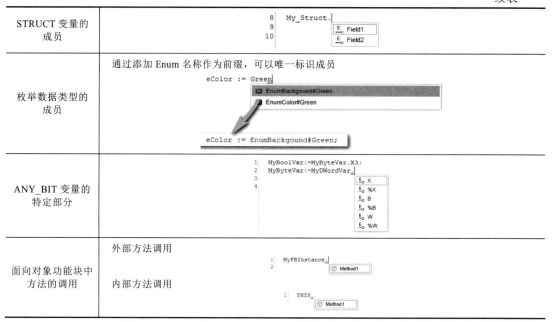	
枚举数据类型的成员	通过添加 Enum 名称作为前缀,可以唯一标识成员	
ANY_BIT 变量的特定部分		
面向对象功能块中方法的调用	外部方法调用	
	内部方法调用	

(3) SFC

PLCnext Engineer 通过实施用于控制 SFC 程序执行的 SFC 操作模式,扩展了 IEC 61131-3 标准。每个 SFC 功能块被从组件区拖放并插入代码工作表时,默认情况下都会获取参数,如图 3-77 所示。

使用命令"添加 SFC 功能块"(组件区域中"功能和功能块"文件夹上的上下文菜单)创建 SFC 块时,参数可作为 FB 图标上的输入和输出参数。

当使用命令"添加紧凑型 SFC 功能块"创建紧凑型 SFC 块时,如图 3-78 所示,大多数参数组合在 STRUCT 数据类型中,该数据类型将连接到 InOut 形式参数。只有动态生成的"STEP_STATES"和"STRUCTURE"作为正式参数实现。

正常和紧凑型 SFC FB 之间的区别是在呼叫 POU 中的连接方式。所包含的 SFC 代码和功能可能性是相同的。

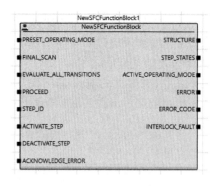

图 3-77 SFC 功能块

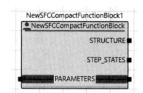

图 3-78 紧凑型 SFC 功能块

在调试模式下调试 SFC 代码工作表时,编辑器工具栏上提供的调试命令可用于设置 SFC 功能块的正式参数(例如,更改操作模式、确认 SFC 错误等),而不依赖于连接到功能块输入的值。

3.4.4 库文件

从 C++或 C#库生成*.pcwlx 库后,需要将该库导入 PLCnext Engineer 来实现 C++或 C# 代码功能。在 PLCnext Engineer 中,导入的库被视为 IEC 61131-3 程序或作为功能或功能块,并在任务中处理。

3.4.4.1 将库导入 PLCnext Engineer

(1) 添加库
- 打开 PLCnext 工程项目或根据模板创建新项目。
- 在组件区域中,打开"库"分支。
- 右键单击"库"文件夹以打开"添加用户库"上下文菜单。
- 在打开的对话框中,选择所需的*.pcwlx 库,然后单击"打开"。

(2) 添加功能或功能块
- 通过组件区域打开主代码工作表。
- 打开工作场所中心的代码编辑器。
- 通过将新功能块从"库"下的组件区域拖动到代码工作表中来添加新功能块。
- 分配功能块的输入和输出。

(3) 实例化库中包含的程序
- 在工程树窗口中,选择 PLCnext 节点。
- 打开任务和事件编辑器。
- 在编辑器中,创建新任务或打开现有任务。
- 要生成程序实例,可将程序从组件区域拖放到所需任务下方的"名称"列。
- IEC 中创建的 IEC 61131-3 语言可在"编程"下找到。区别在于:
- 同一项目的程序位于局部→程序中;
- IEC 61131-3 库位于"library name"文件夹中。
- 在 C++或 MATLAB/Simulink 中创建的程序位于 PLCnext 组件和程序>库名称>组件名称中。
- 使用 C#创建的功能和功能块位于 PLCnextBase 中。

(4) 分配输入/输出端口
- 在工程树窗口区域中,选择 PLCnext 节点。
- 打开数据列表编辑器。这里显示保存到 GDS 的控制器的所有 IN 和 OUT 端口,显示新实例化程序的 IN 和 OUT 端口。要使用导入库的 IN 和 OUT 端口,必须将导入库的 OUT 和 IN 端口分配给其他程序实例的 IN 和 OUT 端口,以便进行一致的数据交换。

(5) 将项目下载到控制器
- 分配了与程序一起使用的所有 IN 和 OUT 端口后,下一步由 PLCnext Engineer 向控制器提交项目。

3.4.4.2 添加库

添加库时请注意以下事项:
- 必须在项目范围内添加库。
- 库文件的文件扩展名为*.pcwlx。
- 插入后,"库"文件夹将显示添加的库的名称。实际内容自动按相应类别(POU、设备或 HMI 符号和 HMI 图像)排序。

❏ "库"文件夹中库图标/名称上的工具提示显示库文件的位置(整个路径)和创建日期。

❏ 如果由于任何原因无法加载库,则会在"库"文件夹和引用库中显示一个覆盖的错误图标,如图3-79所示,将鼠标悬停在库节点上能获得更多信息。

❏ 如果库的提供程序阻止引用,将创建库节点,但不会加载库。错误图标(见上文)和相应的工具提示指示导入失败的原因。

❏ 添加作为HMI库发布的库时,如果该库包含项目中已存在的HMI符号,则忽略发布库中的HMI符号(相应的消息显示在MESSAGES窗口的错误列表中)。

图3-79 错误图标

❏ 当添加包含可加载安全相关C功能代码的发布为安全相关库的库时,PLCnext Engineer检查安全相关库签名证书的有效性。如果证书无效,则无法引用库。

要将库添加到项目中,请执行以下操作:

① 在"组件"区域中,右键单击"库"类别中的"库"文件夹,然后选择如下:

❏ "添加用户库"即添加从另一个PLCnext Engineer项目发布的用户定义库;

❏ "添加库"即添加设备制造商提供的库。

② 在出现的对话框中,选择要添加到项目中的库(*.pcwlx文件),然后单击"打开"。

当添加安全相关库时,编译器通过其CRC来检查库的完整性。只有在CRC正确的情况下才能添加库。CRC是在发布安全相关库时计算的,如图3-80所示。

3.4.4.3 发布库

除了默认情况下PLCnext Engineer提供的(系统)库外,还可以发布包含用户定义元素和对象的自定义库。此类库可在其他PLCnext Engineer项目中分发和使用。

PLCnext Engineer支持混合用户库,该库可以包含IEC 61131-3代码(本地标准和/或安全相关POU)、本地设备、本地HMI符号和图像以及自动化模块的组合,也可以只发布一种元素类型作为库,例如只发布代码或只发布设备。

通过单击"发布为库"对话框中的类别图标,可以选择要发布的项目部件(项)[请参阅下面的分步步骤(仅适用于编程模式下)]。

① 打开要作为库发布部件的项目。

② 选择"文件>发布为库…"。

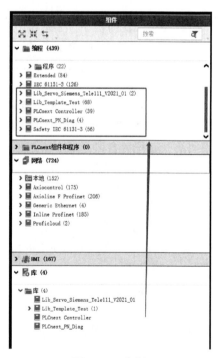

图3-80 实例

③ 在"发布为库"对话框中,单击对话框工具栏中的相应图标,选择要包含的项目部

件（项）。

激活图标后，相应的类型将显示在下面的字段中。对于某些项目，可以进行进一步的选择或设置。

④ 输入合适的库名称。

⑤ 也可以定义版本号并输入描述。

⑥ 仅适用于 IEC 代码（工具栏中选择的"编程"和/或"安全"）：

⑦ 只有在工具栏中选择了"安全"，并且项目包含安全相关的 C 功能块 POU 和可加载的 C 功能代码时，"私钥文件"文本框显示在"发布为库"对话框中。在这里，必须选择与 PLCnext Engineer 的 Trust Store 中指定的代码签名证书相关的私钥文件（.pfx 文件）。

❑ 单击"私钥文件"文本框右侧的浏览按钮，打开文件选择对话框。

❑ 在文件选择对话框中，选择.pfx 文件并单击"确定"。此时将显示私钥文件身份验证掩码。

❑ 在验证掩码中，输入私钥文件密码，然后按 Enter 键＜Enter＞。

如果对所选私钥文件的验证失败，则文本框将显示为红色边框。文本框上的工具提示显示相应的消息。

⑧ 通过从"重新分发"下拉列表中选择条目，设置库的可分发性。通过这种方式，如果要发布的库含有其他库，则库的用户可以选择是否将项目作为库发布。

⑨ 如果同一项目已作为库发布，则"创建新库 ID"复选框处于活动状态。如果选中，库 ID 将被新 ID 覆盖。

⑩ 最后，按"保存并关闭"按钮保存当前设置，以备将来发布，或者也可以按"释放"按钮创建库。

然后将选定的项目零件导出到上述目录中的*.pcwlx 库文件中。

对于安全相关的 POU，将计算用于库文件的校验和。在项目中插入库时，编译器通过 CRC 检查库的完整性。

从用户定义的元素创建发布的库后，可以将库添加到另一个 PLCnext Engineer 项目中，并在项目中使用。

3.4.5 其他导入功能

在 PLCnext Engineer 中支持数据的导入与导出，所有导入和导出操作均可通过"文件—导入"或"文件—导出"菜单进行，如图 3-81 所示。所有导入和导出操作都会记录在"信息"窗口的"导入导出日志"中。

"文件"—"导入"菜单提供以下导入项目数据的命令：

❑ 从其他项目导入（Import From Another Project）：从另一个 PLCnext Engineer 项目导入 POU（程序、功能块和功能）、数据类型以及 HMI 符号和页面；

❑ 从 PLCopen XML 导入（Import From PLCopen XML）：从符合 PLCopen 标准的 XML 文件（模式版本 1.01）中导入 POU（程序、功能块和功能）、数据类型以及 HMI 符号和页面；

❑ 从 IEC 61131-10 导入（Import From IEC 61131-10）：从 IEC 61131-10 文件（符合 IEC 61131-10 PLCopen 标准的基于 XML 的交换格式）导入 POU（程序、功能块和功能）、数据类型工作表和数据类型；

❑ 导入 AutomationML APC（Import AutomationML APC）：导入自动化标记语言文件。AutomationML 是一种开放标准,定义了一种基于 XML 的数据格式,用于与其他工程系统（如 ECAD 工具）交换网络和工程数据；

图 3-81　导入功能

❑ 导入 PC Worx 项目（Import PC Worx project）：通过 PC Worx 的插件（PCWORX_AML_Export）将特定版本的 PC Worx（1.89）整个项目导出文件".amlx"，用于 PLCnext Engineer 软件的导入；

❑ 导入 GSDML 文件/导入 FDCML 文件［Import GSDML file(s)/Import FDCML File(s)］：通过导入 GSDML 设备描述文件或 FDCML 设备描述文件将设备添加到组件（COMPONENTS）区域；

❑ 导入 IODD 文件［Import IODD File（s）］：通过导入 IO 设备描述文件将 IO-Link 设备添加到组件区域；

❑ 从 CSV 导入文本列表（Import Text List From CSV）：将 CSV 文件中的文本列表翻译导入到项目中，可以根据数字变量（HMI 标签）的值，在运行时使用文本列表在 HMI 可视化中显示各种文本；

❑ 从 CSV 导入图像列表（Import Image List From CSV）：从 CSV 文件导入图像列表翻译到项目中，可以根据数值变量（人机界面标签）的值，在运行时使用图像列表在人机界面可视化中显示各种图像。

3.5　eHMI

在 PLCnext Engineer 中可以创建一个 HMI 应用程序，用于可视化和控制控制器上的应用程序，因在 Web 浏览器中可以打开该 HMI 画面，所以称为 eHMI。

PLCnext Engineer HMI 应用程序包含一个或多个 HMI 页面，其中包含分配给 HMI 标签的标准 HMI 对象或预定义 HMI 符号。HMI 标签用于在 PLCnext 之间交换数据，设计 HMI 应用程序和控制器。每个 HMI 标签需要分配给项目中创建的全局变量。此分配启用 PLCnext 设计 HMI 应用程序以访问全局变量。

HMI 应用程序的数据自动保存为项目数据。HMI 应用程序是项目的一部分。如果项目被转移到控制器，HMI 应用程序将同时转移。除了应用程序逻辑、配置和参数化数据外，该项目还包括所有相关的 HMI 数据。当使用控制器的 Web 服务器时，HMI 应用程序可以通过标准浏览器运行，从而监视和控制控制器上程序的进程。

HMI 页面在工程树窗口中的"应用程序"节点("HMI 网络服务器"节点的子节点)下组织。每个 HMI 页面由其自己的子节点表示。对象(标准对象、符号实例和图像)可以通过拖放或从组件区域中的"HMI"类别中选择和放置来插入 HMI 页面。关闭编辑器区域中的页面时,会自动存储 HMI 页面。

以一个示例来介绍 eHMI 的设计流程。

 ——————————————————————————— eHMI 简单编程

示例:

创建 HMI 应用程序,包括 HMI 应用程序的项目写入控制器,使用标准 Web 浏览器可视化/写入在 PLCnext Engineer 中创建的变量。

本示例将创建 2 个 HMI 页面。第一页(启动页)有一个按钮,按下时导航到第二个 HMI 页面。第二页,仪表盘(Radial Gauge)将显示全局 IEC 61131-3 变量"RealVar"的值。"重置"按钮将"RealVar"值重置为 0。

创建实例前的准备:

❑ 在控制器上执行 HMI 应用程序时,使用有效的硬件配置(IP 设置)创建 Quickstart 项目。

❑ 在控制器上执行 HMI 应用程序时,控制器可在网络中访问,以便编写和启动项目。

❑ 可用结构化文本中的程序 POU,将程序实例分配给循环任务,如下所示。

Quickstart 使用以下结构化文本(ST)编写的程序代码。可以将此 ST 代码复制到代码工作表中,参考下列代码:

```
RealVar := RealVar + 0.006;
    IF(RealVar > 10.0)THEN
        RealVar := 0.0;
    END_IF;
```

步骤 1:将 IEC 61131-3 全局变量分配给 HMI 标签

需要可视化的变量必须分配给 HMI 标签。HMI 标签将链接到仪表盘指针的路径动态和"重置"按钮的"写入值"动作。

① 在工程树窗口中,双击控制器节点。

② 在编辑器区域中,打开"数据列表"编辑器。

③ 在"数据列表"表中,右键单击"RealVar"变量的"HMI 标签"单元格,然后从上下文菜单中选择"添加 HMI 标签"。创建的 HMI 标记名"RealVar"源自变量名,如图 3-82 所示。

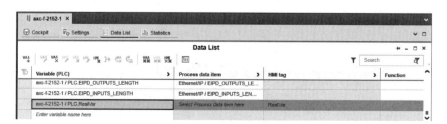

图 3-82　添加 HMI 标签

步骤 2：将 HMI 页面添加到项目中

添加两个 HMI 页面，分别命名为"Home"和"PathAnimation"。

① 将空 HMI 页面添加到当前项目，右键单击工程树窗口中"HMI 网络服务器"节点下的"Application"节点，然后从上下文菜单中选择"添加 HMI 页面"。

② 通过选择节点，按 F2 键＜F2＞并键入名称，将页面重命名为"Home"（主页）。

③ 对第二个 HMI 页面"PathAnimation"（路径动画）重复这些步骤。

④ 将 HMI 页面"Home"指定为启动页面，右键单击工程树窗口中的节点，然后从上下文菜单中选择"将 HMI 页面设置为启动"，如图 3-83 所示。

步骤 3：通过插入对象设计 HMI 页面

将图形对象插入 HMI 页面。包括以下内容：

❑ 一个名为"Path Animation"（路径动画）的按钮，按下时将加载第二个 HMI 页面。

❑ PLCnext Engineer 包含的"Radial Gauge"（仪表盘）符号，显示要可视化的变量"RealVar"的当前值。

图 3-83 添加 HMI 页面

❑ 名为"Reset"（重置）的按钮，将值 0 写入"RealVar"变量。

（1）用于导航到第二页的路径动画按钮

① 双击工程树窗口中"HMI 网络服务器|Application"节点下的"Home"页面，打开编辑器区域中的页面。

② 在"HMI"类别下的组件区域中，打开"对象"组并选择"按钮"对象。

③ 使用鼠标将"按钮"对象拖到页面中，并将其放置在所需位置。或者，选中"对象"组中的对象后，将光标移动到 HMI 页面，然后左键单击页面。

④ 在 HMI 页面中选择"按钮"对象，并在设置窗口（位于 HMI 页面右侧）中为"文本"属性输入文本"路径动画"。或者双击按钮，输入标签并单击 HMI 页面中的任何位置。

可以通过拖动对象控制柄调整按钮大小以适应文本，如图 3-84 所示。

图 3-84 将图形对象插入 HMI 页面

（2）用于全局变量可视化的仪表盘符号

PLCnext Engineer 包含许多符号，包括用于全局变量可视化的仪表盘符号。使用这些包

含的符号,可以创建 HMI 页面,并用于可视化流程设计。这些符号可在"HMI"类别下组件区域的"Default|符号"文件夹中找到,如图 3-85。

图 3-85 将符号插入 HMI 页面

① 双击工程树窗口中"HMI 网络服务器|Application"节点下的"PathAnimation"页面,在编辑器区域中打开页面。
② 在"HMI"类别下的组件区域中,打开"Default>符号"文件夹并选择仪表盘符号。
③ 使用鼠标将符号拖到页面中,并将其放置在所需位置。
④ 在符号的设置窗口中选择"参数"选项卡。将仪表刻度链接到 HMI 标签"RealVar",以显示变量"RealVar"的当前值。
⑤ 在"源值"列表框中,选择左侧树中的"HMI 网络服务器"条目,然后左键单击列表框外的任何位置或按下<Enter>,选择右侧的 HMI 标签"RealVar"。

(3) 用于写入全局变量的重置按钮

① 在"PathAnimation"页面中,如上所述插入"按钮"对象。
② 双击 HMI 页面中的按钮,输入标签"Reset",然后单击 HMI 页面中任何位置,如图 3-86。

图 3-86 将按钮插入 HMI 页面

步骤 4:添加动态

为对象添加以下动态,如图 3-87。

图 3-87　添加动态

① 点击"动态"选项卡,为按钮建立"加载页面"操作。按下按钮后,将加载页面"PathAnimation"。

❑ 打开编辑器区域中的"Home"(主页)页面,然后选择页面中的按钮。
❑ 在属性窗口中选择"动态"选项卡。
❑ 单击选项卡顶部的"新动态"按钮,选择"动作"再选择"点击时的动作"。
❑ 在"动作"右侧下拉列表中,选择"加载页面"。
❑ 单击"页面"项的右侧,然后从下拉列表中选择页面"PathAnimation"。

② 点击"动态"选项卡,为"Reset"按钮分配"写入值"操作,单击该按钮将"RealVar"变量重置为 0。

❑ 选择"Reset"(重置)按钮。
❑ 在窗口中选择"动态"选项卡。
❑ 单击选项卡顶部的"新动态"按钮,选择"动作"再选择"点击时的动作"。
❑ 在"动作"下拉列表中选择"写入值"。
❑ 选择 HMI 标记"RealVar"作为目标变量,并为"源常量"参数输入值"0"。

步骤 5:将项目图像写入控制器

除了应用程序逻辑和项目的所有相关配置/参数化数据外,构建的项目图像将包含 HMI 应用程序数据。

图 3-88　选择"TCP/IP"

❑ 打开控制器节点的"Cockpit"编辑器,从左上角的下拉列表中选择"TCP/IP",如图 3-88。
❑ 在工程树窗口中,右键单击控制器节点并从上下文菜单中选择"写入并启动项目",或按键盘上的<F5>构建项目图像,将其写入控制器并开始执行。或者,单击"Cockpit"工具栏上的按钮。

步骤 6:取消用户密码登录

默认情况下,HMI 的安全性已启用,即当在控制器上运行 HMI 应用程序时,用户无法使用所有 HMI 页面和对象。若要取消 HMI 的用户密码登录,"HMI 网络服务器|设置"编辑器上可用的"用户级别的执行"参数必须从"PLCnext 用户管理"更改为"无"。

❑ 双击工厂中的"HMI 网络服务器"节点。
❑ 在编辑器区域中,打开设置编辑器。
❑ 在"安全"部分,将"用户级别的执行"更改为"无",如图 3-89。

第 3 章 PLCnext Engineer 软件平台

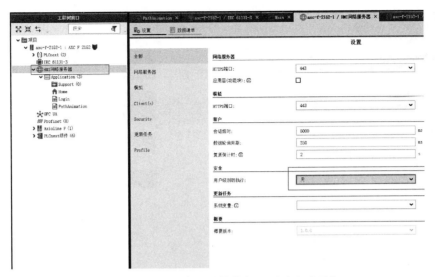

图 3-89 将"用户级别的执行"更改为"无"

步骤 7：运行 HMI 应用程序

❏ 如果编辑器区域中尚未打开"Cockpit"编辑器，可双击工程树窗口中的控制器节点并打开编辑器。

❏ 单击"Cockpit"工具栏上的按钮 ▇。

为计算机配置的默认 Web 浏览器加载 HMI 应用程序，并从指定为启动页面的 HMI 页面的显示开始（示例中显示主页）。单击路径动画按钮打开显示仪表盘的页面。

eHMI 在 PLCnext Engineer 软件中开发，是一个开放的应用，因此还有很多开放的功能，比如用户定义元素、自动生成画面等，详细介绍可参考 PLCnext 基础应用手册，本节不一一阐述。

3.6 运行与调试

程序开发完成并配置好后，可以直接将程序下载到 PLC 设备上运行调试，也可以在没有硬件 PLC 的情况下，使用仿真器调试，本节将介绍这两种调试方法。

3.6.1 程序开发步骤

程序开发步骤如图 3-90 所示。

① 在工程树窗口中进行与硬件相关的操作，如控制器配置、PROFINET 及本地 I/O 硬件组态等。组态过程中可以从组件区的"网络"窗口找到对应的硬件列表，或从"库"窗口中插入用户硬件库。

② 完成硬件组态后，所有程序相关工作均在组件区完成，包括自定义数据类型、创建功能块、插入用户库、创建主程序、变量管理等。

③ 完成程序编写后，回到工程树窗口，在 ESM 中进行 PLC 扫描任务的创建以及调用程序实例。

④ 同时，在工程树窗口的"HMI 网络服务器"选项中进行 HMI 上位画面的制作，模板以及元素图标可以从组件区的"HMI"窗口中查询，也可以将用户库插入至"库"窗口中。

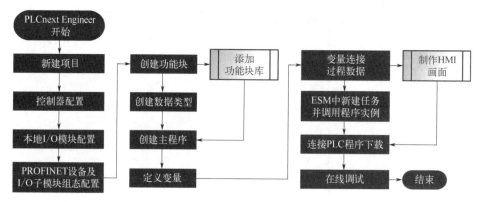

图 3-90 程序开发步骤

⑤ 最后，完成 PLC 程序的联机与下载后，可以进行在线调试，调试过程中的所有工具和消息可以在交叉功能消息区中找到。

3.6.2 在线调试

编程完成后，可进行编译下载。PLCnext Engineer 软件既具有自动编译功能，也可以手动编译。点击菜单栏"项目"，对项目进行编译。

在工程树窗口硬件型号处右击，在弹出的下拉菜单中选择下载程序，如图 3-91。

下载的选项有四个见图 3-91①~④，其功能分别为：

① 该选项会完成以下功能：项目重建；连接 PLC；下载程序后，复位源程序代码；暖启 PLC。

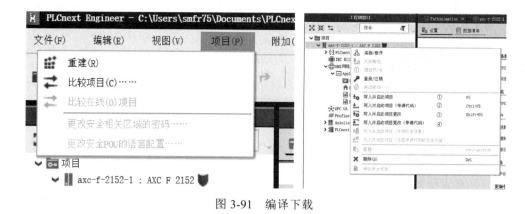

图 3-91 编译下载

② 该选项功能同①，但是会将源代码下载到 PLC 中，支持在 PLCnext Engineer 中上载 PLC 中源程序。

③ 该选项功能同①，但是不会复位 PLC 在运行程序，也不会重启 PLC（在线修改程序）。

④ 该选项功能同③，会将源代码下载到 PLC 中；不会复位 PLC 在运行程序，也不会重启 PLC（在线修改程序，并下载源代码）。

程序下载后，进入在线运行和监控。在工程树窗口硬件型号处右击，在弹出的下拉菜单中选择"调试开/关"进入调试模式。在程序中右击，也可进入调试模式，如图 3-92 所示。

第 3 章　PLCnext Engineer 软件平台

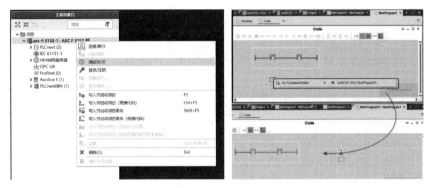

图 3-92　调试模式

调试模式中双击变量可以强行赋值和修改变量，将变量拖拽到监控栏可实现变量列表的显示和修改，如图 3-93 所示。

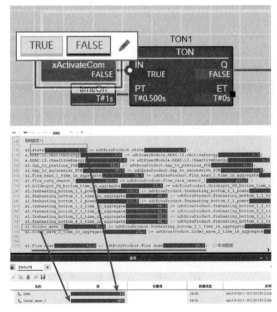

图 3-93　强行赋值和修改变量

3.6.3　仿真调试

3.6.3.1　PLCnext Engineer 仿真介绍

PLCnext Engineer 提供仿真功能，可以不依赖控制器硬件实现测试和优化应用程序。仿真可以执行的自动化项目中的功能、组件和模型包括：

❑ IEC 61131-3 代码；
❑ MATLAB/Simulink 模型；
❑ 高级语言组件。

仿真能够实现的功能包括：

❑ 通过控制过程数据输入变量或调试输出信号来影响程序代码流；
❑ 针对整个 PLCnext 工程项目，仿真并测试其 eHMI 部分。

□ 使用模拟硬件目标的基于 Web 的管理（WBM）添加新用户，然后设置用户角色以测试项目在不同用户身份验证方面的行为；

□ 配置、准备和测试 OPC，使用 OPC UA 服务器连接本地主机上的 UA 客户端（IP 地址 127.0.0.1）；

□ 通过例如 WinSCP 连接到模拟控制器（使用端口 5555 和 IP 地址 127.0.0.1）。

3.6.3.2 PLCnext Engineer 在线仿真

使用 PLCnext Engineer 仿真，可以在没有 PLCnext 硬件控制器的情况下执行自动化项目中的许多功能、组件和模型，实现随时随地调试自动化项目。

（1）开始仿真

① 在 PLCnext Engineer 的"Cockpit"视图中将通信路径从"TCP/IP"更改为"仿真程序"，项目切换到仿真模式，在工程树窗口的控制器节点上可见，如图 3-94。

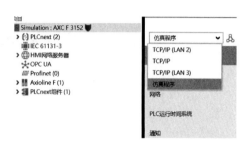

图 3-94 将通信路径从 TCP/IP 更改为仿真程序

② 连接到虚拟控制器，仿真开始，如图 3-95。

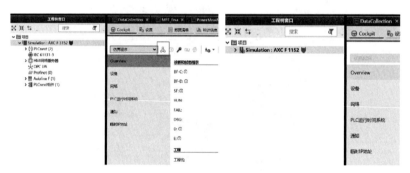

图 3-95 开始仿真

③ 出现提示时，输入用户名、密码：用户名"admin"，密码"plcnext"。项目即开始在虚拟控制器上运行。

（2）停止仿真

① 按照连接的硬件控制器的方式切断连接。

② 将连接路径切换回"TCP/IP"，如图 3-96。

图 3-96 停止仿真

3.6.4　WBM 中的诊断

如图 3-97，点击"Profinet"，打开 PROFINET 诊断，右侧出现三个选项卡：总览（Overview）、设备列表（Device List）和树状视图（Tree View）。总览选项卡显示当前配置的 IP 地址和激活的模式（PROFINET 控制器或 PROFINET 设备）；设备列表提供了 PROFINET 网络中各个设备的进一步诊断信息；树状视图展示了 PROFINET 设备的本地总线模块的结构。

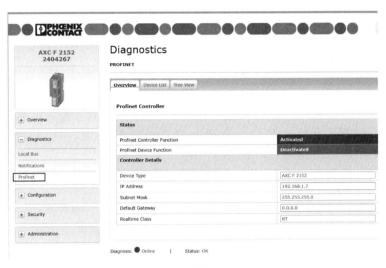

图 3-97　总览选项卡

（1）Web 诊断——总览

在 Overview 选项卡上，可以找到有关控制器的当前 PROFINET 功能及其 IP 设置的信息，如图 3-97。

❏ 状态区域：在"Status"区域中，查看控制器当前是否被用作 PROFINET 控制器和/或 PROFINET 设备。

❏ 控制器详细信息区域：在"Controller Details"区域框中显示控制器的当前 IP 设置等控制器详细信息。

（2）Web 诊断——设备列表

设备列表选项卡提供已配置 PROFINET 设备的概述。概述包含 PROFINET 设备的设备名称、当前 IP 设置，以及诊断状态和代码，如图 3-98。表 3-15 是诊断状态及含义。

图 3-98　设备列表选项卡

表 3-15 诊断状态及含义

诊断状态	描述
OK	无错误
Warning	出现警告，例如"需要维护"和可用诊断
Error	发生 PROFINET 总线错误。 模块错误（即在 PROFINET 设备的背板中）。 AR（application relation，表示 PROFINET 主从站间使用应用关系）尚未建立（没有连接显示为相应 AR 的状态）
AR deactivated	AR 被关闭。无法诊断。 AR 可以通过 PLCnext Engineer 中的 AR_MGT 功能块停用

在设备细节（Details）一列中，可以打开设备信息视图。设备信息视图还包含有关位于各自 PROFINET 设备背板中的模块的诊断信息的详细信息。该信息显示在"Device Information"（设备信息）视图的"Channel Diagnosis"（通道诊断）下（参见下面的第三个示例）。

① 未连接到 PROFINET 设备时的设备信息，如图 3-99。
② AR 关闭时的设备信息，如图 3-100。

图 3-99 未连接到 PROFINET 设备时的设备信息 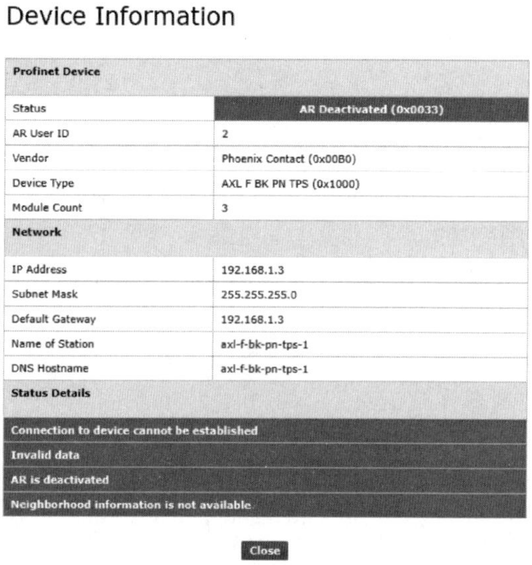　　图 3-100 AR 关闭时的设备信息

③ PROFINET 设备背板出错时的设备信息，如图 3-101。
④ PROFINET 设备通信正常时的设备信息，如图 3-102。

（3）Web 诊断——树状视图

树状视图选项卡提供配置的 PROFINET 设备及子模块的详细概述与诊断状态如图 3-103。

PROFINET 树状视图包含设备列表中的所有 PROFINET 设备。单击➕或➖打开或关闭树状视图的下一个级别。表 3-16 给出了树状视图提供的当前诊断状态的信息。

图 3-101　PROFINET 设备背板出错时的设备信息　图 3-102　PROFINET 设备通信正常时的设备信息

图 3-103　树状视图选项卡

表 3-16　树状视图提供以下信息

信息	含义
OK	正常运行状态
Warning	需要根据 PROFINET 规范进行维护
Urgent Warning	迫切需要根据 PROFINET 规范进行维护
Error	有一个需要立即解决的错误
AR Deactivated	AR 被停用，例如通过 PLCnext Engineer 中的功能块 AR_MGT
Module Difference	与项目配置相比，背板中有一个物理模块与项目中模块不同
No Connection	AR 无法建立连接
No Information	在未激活或未建立 AR 的情况下，没有相应 PROFINET 设备背板中实际物理配置的可用信息

PLCnext

第 4 章
软件应用实例

本章以一个控制应用程序实例,介绍在 PLCnext Engineer 软件平台创建新的项目并编写程序,以及运行调试的具体步骤。4.1 节描述要创建的工程实例内容,4.2 节详细介绍创建的步骤,4.3 节介绍基于 Web 的网页管理用于设备诊断和调试,4.4 节则介绍了常用的调试工具。

4.1 工程实例介绍

实例功能:

先自定义一个液位控制的功能块,并设计控制程序使用该功能块,以实现液位的自动控制。再创建一个 HMI 画面,用于显示相关数据变化,最后把工程下载到控制器,运行并监视项目。

(1) 工作原理及要求

第一步:创建一个功能块,流程如图 4-1 所示,实现以下逻辑,要求用三个液位变量控制两台水泵的状态。

液位上升时,两台水泵处于停止状态,首先低液位由"0"变为"1",水泵状态不变,然后中液位由"0"变为"1",1#水泵启动并开始排水,液位继续上升,高液位由"0"变为"1"时,2#水泵启动并开始排水。液位下降时,首先高液位由"1"变为"0",两台水泵都处于运行状态不变,继续排水,中液位由"1"变为"0"时,水泵状态不变,低液位由"1"变为"0"时,两台水泵都停止。创建该功能块,以便在程序中多次调用。

第二步:创建一个程序,每 1000ms 扫描一次,创建一个变量为 r_Waterlevel 代表实际液位高度，数据类型为 real，液位每 1000ms 上升 10.0。

当液位≥20.0 时，判断到达低液位；当液位达到 50.0 时，判断到达中液位；当液位达到 80.0 时，判断到达高液位。

调用第一步创建的功能块，控制水泵开关。1#水泵开启时，液位每个周期下降 7.0，2#水泵开启时，液位每个周期下降 7.0。

设计该程序，实现该功能，具体流程如图 4-2 所示。

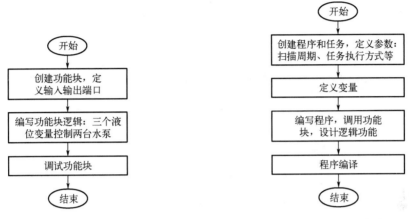

图 4-1　创建功能块流程　　　　图 4-2　创建程序流程

第三步：将程序配置并下载运行，监控程序运行状态。分别使用连接到实际硬件设备和使用仿真器的方式进行调试。

第四步：程序设计完成并成功运行后，再设计一个 HMI 画面用于显示变量，下载并运行项目，观察 HMI 画面的运行。

（2）软硬件要求

硬件要求：PLCnext 2152 控制器（本例使用固件版本为 2023.0.0）及 IO、电源等基础配置，PC（Windows 10 及以上系统），网线。

软件要求：PLCnext Engineer 软件（版本不限，本例使用 2023.9 中文版）、Web 浏览器。

4.2　工程实例创建

根据 4.1 节中的功能要求，本节将进行工程实例的创建。4.2.1 节中新建工程并进行硬件组态，包括设备的硬件配置组态和 IP 配置。4.2.2 节中，对程序进行设计，先编写一个功能块，再编写主体程序并调用功能块，程序编写完成后进行程序的任务配置，4.2.3 节中将程序下载调试，监控运行。程序功能实现后，4.2.4 节中设计一个 HMI 上位界面用于显示。

4.2.1　新建工程与硬件组态

本小节实例使用图 4-3 所示的硬件配置，AXC F 2152 控制器自带 2 个以太网口，及数字量 I/O 模块和模拟量 I/O 模块，其他配置为电源和开关。将设备通电，并将网线一端连到控制器的网口，另一端连接到 PC 的网口上。控制器的另一个网口，用网线连接到 PROFINET 站的网口上。

图 4-3　PLCnext 控制系统套件

4.2.1.1　第一步：创建项目

启动 PLCnext Engineer 软件或关闭项目后，可以回到软件的起始页。可以通过在"起始页"页面上为控制器选择示例项目模板，或者通过命令"文件＞新建项目"创建一个空项目。如图 4-4 所示为软件的起始页面。该项目使用 AXC F 2152 控制器，因此可以在项目模板中选择对应的控制器项目模板：AXC F 2152 V00/2023.0.0。

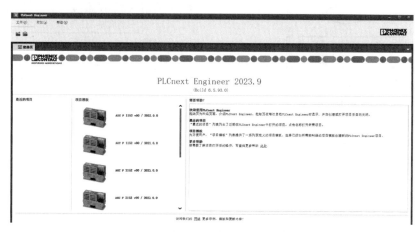

图 4-4　PLCnext Engineer 软件起始页

4.2.1.2　第二步：控制器集成和配置

此步骤是进行项目的硬件组态：PLCnext 控制器和 I/O 模块或者其他模块。通过在工程树窗口中插入相应设备/模块，如通过扫描网络或使用工程树中现有工作站模块来完成。编程软件中，新建项目中的控制器 IP 地址默认为 192.168.1.10，每个 PLCnext 控制器硬件出厂默认 IP 地址也为 192.168.1.10，操作时需将电脑 IP 和控制器的 IP 设置在同一个网段。

（1）控制器配置

通过"项目"节点的联机控制器扫描完成控制器配置，如图 4-5 所示，步骤如下。

图 4-5　网络扫描步骤

① 双击"项目"节点，在编辑器区域，打开"联机控制器"编辑器。在设备列表中，项目侧已有工程树窗口中包含的控制器名称，但是，还没有分配给网络中的联机物理设备。需注意的是，在项目端输入的 IP 地址来源于当前项目的 IP 地址范围，在"项目"节点的"设置"编辑器的"IP 子网"类别中设置。本例中可见项目中设置的 IP 地址（左侧"IP 地址"）为 192.168.1.10。

② 在网卡适配器下拉列表中选择与控制器网络相连的计算机 LAN 适配器进行扫描。

③ 点击联机控制器工具栏上的扫描网络按钮。

④ 扫描网络，发现控制器设备列在表中，扫描到的控制器实际 IP 地址（右侧"IP 地址"）为 192.168.1.13，如图 4-6。

图 4-6　扫描设备

⑤ 项目设备及联机设备分配。

如图 4-6，本例中点击"此处选择联机设备"并选择扫描到的设备后，项目中的 IP 即分配到实际连接的控制器中，即 192.168.1.10，如图 4-7 所示。

图 4-7　在线设备分配 IP

根据项目端和在线（联机）端的控制器名称是相同还是不同，进行操作。如果找到的联机控制器的名称与项目（工程树窗口节点"项目"）中使用的控制器名称不匹配，则表明项目控制器和联机控制器将列在不同的表行中。在这种情况下，使用工程树窗口中指定的控制器打开表行中的下拉列表"站名（联机）"。选择扫描控制器的标识符，将其分配给项目站名。通过从下拉列表"站名（项目）"中选择一个项目设备，将工程树窗口中列出的控制器设备分配给扫描的控制器。

如果项目控制器名称与联机控制器名称相同，则扫描后自动分配。在项目和联机设备被分配后，通信连接"状态"可能会切换到"警告"，因为扫描控制器的通信设置与项目中的（默认）通信设置不匹配（在使用的项目模板中预定义）。在这种情况下，选择状态为"警告"的控制器的表行，执行"将联机设备设置应用于项目设备设置"命令（上下文菜单或工具栏按钮），扫描控制器中配置的通信设置被转移到项目中。

需要注意，从扫描的控制器中读取 IP 地址后，可能会输出错误消息，表示项目中配置的 IP 范围与读取的 IP 地址不匹配。打开"项目"节点的"设置"编辑器，并相应地调整"IP 子网"类别中的 IP 范围。

（2）本地 I/O 模块配置

对于本地的 Axioline I/O 模块配置，双击工程树窗口中的 Axioline F（x）节点，选择设备列表编辑器，选择与硬件配置相同的模块。注意使用 AXL SE 的模块时，用于占位的空槽模块 AXL SE SC 或 SC-A 也需要组态。SE 模块的组态顺序为从上到下再从左到右，本例选择数字量输入和输出模块 DI8/1 DO8/1 1H，以及模拟量输入和输出模块 AXL F AI2 AO2 1H，见图 4-8。

（3）PROFINET 模块配置

本地 I/O 模块添加完成后，需添加 PROFINET 远程 I/O 模块，扫描 PROFINET 设备方法如图 4-9 所示。

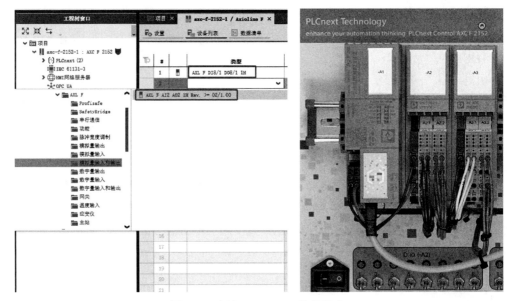

图 4-8 本地 Axioline F 模块组态

图 4-9 扫描 PROFINET 设备

① 双击"Profinet"节点。在编辑器区域,打开"联机设备"编辑器。
② 在网卡适配器下拉列表中选择与控制器网络相连的计算机 LAN 适配器进行扫描。
③ 点击联机设备工具栏上的扫描网络按钮。
④ 扫描网络,发现控制器设备列在表中,见图 4-10,扫描到的 PN 设备 IP 为 192.168.1.11。

图 4-10 PROFINET 设备列表

需注意:如果项目控制器可以同时用作 PROFINET 控制器和 PROFINET 设备,则控制器也会被视为设备并列在表中,如图 4-10 所示。

"状态"列左边的列表示在项目中编辑的配置。这些列是空的,因为还没有 PROFINET 设备添加到项目中。"状态"列中的图标 ● 表示扫描的设备尚未包含在项目中。选择带有找到的设备的表行,并从上下文菜单中执行命令"添加到项目",或者单击工具栏按钮 ■。如果扫描的设备不能被唯一识别,例如,在组件区域("设备"或"参考"类别)中有多个匹配的设备类型可用,则出现"站点结构预览"对话框。在对话框中,从下拉列表中选择扫描设备的类型,并确认继续。

需注意,如果控制器不是项目控制器,则只添加控制器作为 PROFINET 设备。否则,控制器将被用作自己的子元素。

将设备添加到项目后，通信连接"状态"可能会切换到"警告"⚠，因为扫描设备的通信设置与项目中的（默认）通信设置不匹配。在这种情况下，进行如下操作：

选择状态为"警告"的设备的表行，在上下文菜单中执行以下命令之一，或单击相关工具栏按钮如下：

❑ 命令"将联机设备设置应用于项目设备设置"或工具栏按钮 则扫描设备中配置的通信设置被转移到项目中。"联机设备"表在项目端相应地更新。PLCnext Engineer 与设备之间的通信连接的"状态"设置为"OK"（绿色）。

❑ 命令"将项目设备设置应用于联机设备设置"或工具栏按钮 则将项目中配置的通信设置传输到扫描设备。在线侧的"联机设备"表相应更新，通信状态设置为"OK"。设备使用其配置的设备名称作为节点添加到工程树窗口中，如图 4-11 所示。

图 4-11　PROFINET 设备分配

将总线配置中的所有 PROFINET 设备添加到项目后，可添加 I/O 模块。有离线手动组态和在线自动组态两种方法。

❑ 手动添加 I/O 模块：在工程树窗口中，双击要添加 I/O 模块的 PROFINET 设备，选择模块列表编辑器。选择类型，在角色选择器中选择相关的 I/O 模块，如图 4-12，本例中使用 DI8 DO8 模块。

图 4-12　添加 I/O 模块

❑ 自动读取 I/O 模块：在工程树窗口的"Profinet"节点下，右键单击要读入 I/O 模块的 PROFINET 设备，在下拉菜单中选择读取 PROFINET 模块。

至此，硬件模块添加完成。

4.2.1.3　第三步：IP 配置

此步骤是在工程树窗口中定义设备的 IP 设置。如果设备已在线，已经扫描到网络，可直接在"联机控制器"编辑器中修改扫描设备的 IP 设置，如下面的示例 1。如果设备离线，但是已经通过站点编辑器构建工程树窗口，则 IP 设置将根据为"项目"节点设置的 IP 范围分配，然后可以通过每个设备的"设置"编辑器修改，参考示例2过程。

示例1：通过"联机控制器"编辑器从扫描设备读取IP配置

如果修改扫描设备的IP地址，或者在消息窗口（"错误列表"类别）中出现错误消息，扫描的IP地址与项目设置的IP范围不匹配，则有可能是需要在"项目"节点的"设置"编辑器中相应地调整项目的IP范围，使其包含扫描设备的IP地址。子网掩码和网关设置也是如此。

具体操作是首先双击"项目"节点并打开"设置"编辑器，如图4-13所示。

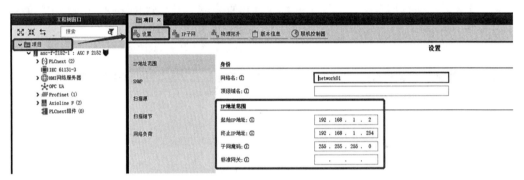

图4-13　IP设置

然后在执行网络扫描的"联机控制器"编辑器（对于控制器，"项目"节点）或"联机设备"编辑器（对于PROFINET设备，"Profinet"节点）中直接修改扫描设备的IP设置。当修改表左侧的字段（项目侧），并使用＜Enter＞确认修改时，新的设置将自动写入设备（在线侧显示）。

示例2：通过"设置"编辑器定义IP配置

当手动将控制器或总线设备插入工程树窗口时，将自动分配指定项目IP范围内的IP地址（前提是地址是空闲的）。在大多数情况下，项目中自动分配的地址与设备上当前的IP地址配置不匹配（这是在拆箱/重置设备后预设的IP地址或已经配置的地址）。项目中的IP设置可以适应硬件上的IP设置。

在工程树窗口中，双击设备节点以打开其属性。

打开"设置"编辑器，选择参数类别"以太网"。

默认情况下，"IP地址分配模式"选项设置为"自动"。系统自动分配指定项目IP范围内的IP地址，不可修改。

输入所需的IP设置，并使用＜Enter＞确认每个设置。

注意：输入的单个IP地址应在指定的项目IP范围内。否则，相应的错误消息将出现在MESSAGES窗口的"错误列表"类别中。

按照此方法，本例中PLC的IP地址设置为192.168.1.10，PN模块的IP地址设置为192.168.1.11。

4.2.1.4　第四步：设备参数配置

在工程树窗口中参数化设备，可以双击工程树窗口中的每个设备节点，在编辑器区域中进行配置，如图4-14所示。

注意：要参数化安全相关设备，必须登录到安全相关区域。本例中没有做特别配置。

第 4 章　软件应用实例

图 4-14　参数设置

4.2.2　功能块与程序设计

硬件配置完成后，即可进行程序的开发。本小节实例中，先开发一个功能块，再进行主体程序的开发和任务调用。本小节展示了功能块的定义和调用方法。

4.2.2.1　第一步：创建功能块

在右侧组件区域"编程＞局部＞功能和功能块"文件夹下，新建一个名为"LevelControlFB"的功能块，如图 4-15 所示，并双击打开，选择"加入 LD/FBD 代码工作单"。

根据功能要求，先定义功能块的输入和输出变量。本例中定义三个 BOOL 类型的功能块输入变量 LLevel、MLevel、HLevel，分别代表低液位、中液位和高液位；定义 2 个 BOOL 类型的功能块输出变量 Pump1、Pump2，代表两个水泵的开关，如图 4-16 所示。

图 4-15　新建功能块　　　　　　　　图 4-16　功能块变量定义

变量定义完成后，点击"Code"按钮来到编程页面，编写如下程序以实现液位控制功能块，如图 4-17 所示，完成功能块的编写。

4.2.2.2　第二步：编写主体程序

在右侧组件区域"局部＞程序"中，选择"Main"程序，并双击打开，选择"加入 LD/FBD 代码工作单"，命名程序变量，如图 4-18 所示。需注意该部分程序变量和上一步中定义的功能块变量属性不同。

107

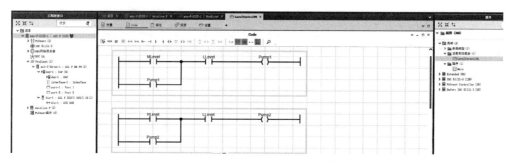

图 4-17　液位控制功能块程序

名称	类型	用法	翻译	注释	初始	保持型	常量	OPC	HMI	Proficloud	I/O
默认值											
r_Waterlevel	REAL	本地	□		REAL#0.0	□	□	□	□	□	
LowLevel	BOOL	本地	□		FALSE	□	□	□	□	□	
MidLevel	BOOL	本地	□		FALSE	□	□	□	□	□	
HigLevel	BOOL	本地	□		FALSE	□	□	□	□	□	
Pump1	BOOL	本地	□		FALSE	□	□	□	□	□	
Pump2	BOOL	本地	□		FALSE	□	□	□	□	□	
此处输入变量名			□			□	□	□	□	□	

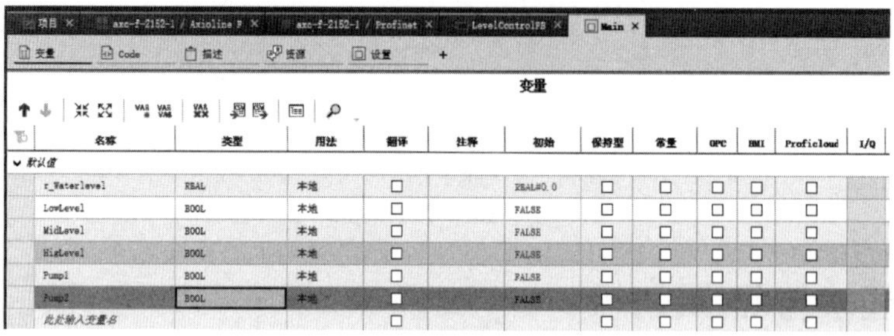

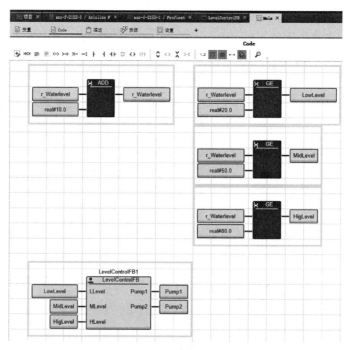

图 4-18　定义程序变量

变量定义完成后，根据工程功能要求编写代码，如图 4-19 所示。功能要求该程序的扫描周期为 1000ms，液位每个周期上升 10.0，因此使用一个 ADD 的功能指令使得 r_Waterlevel 变量自加。使用 3 个 GE 指令对其进行液位判断，以得到三个液位变量。调用在上一步中建立的功能块，使用三个液位变量控制 2 个水泵的开关。

图 4-19　Main 程序编写

完成水泵的开关控制后,根据水泵的开关来对液位变量进行计算。点击 Main 程序中的"加号"标识以增加一个代码单,如图 4-20 所示。

图 4-20　在 Main 程序中增加一个代码单

使用 ST 语言对液位变量进行计算,按照图 4-21 所示编写代码。此时 Main 程序中有 2 个代码单,分别为 Code1 和 Code。

图 4-21　液位计算程序

4.2.2.3　第三步:任务调用和程序实例化

程序编写完成后,需要将程序实例化以定义其扫描周期和扫描任务的执行参数,如图 4-22 所示。

① 双击左侧工程树窗口中的"PLCnext"节点,打开"任务和事件"编辑器;
② 本例中程序名为"Main",实例化后的名字为"MainInstance";
③ ESM1 中程序默认任务名为"Cyclic100",修改时间间隔和"看门狗"时间为 1000ms,使程序的扫描周期为 1000ms。

图 4-22　任务参数设置

4.2.3　程序下载与调试

编程完成后,进行编译下载。本例中有硬件设备,可以直接将程序下载到实际的 PLC 中运行。若没有实际的 PLC 设备,可以使用仿真器调试。仿真器的调试方法可见第 3 章,本小节将展示实际连接设备进行在线调试的步骤。

在左侧工程树窗口,选中"项目"节点下的"axc-f-2152-1:AXC F2152"并右击,选择"写入并启动项目(带源代码)",将程序下载到控制器中,如图 4-23 所示。

本例中控制器的密码已在 WBM 中取消,因此在线状态为橙色。选择"Main"程序并双击进入,可以看到程序页面为灰色,如图 4-24 所示。

图 4-23　程序下载

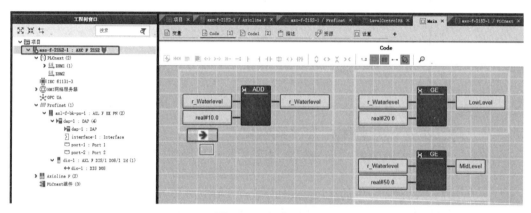

图 4-24　程序页面

点击画面中的黑色箭头,进入在线监视状态,如图 4-25 所示,可以看到程序中所有变量的实时数值变化。

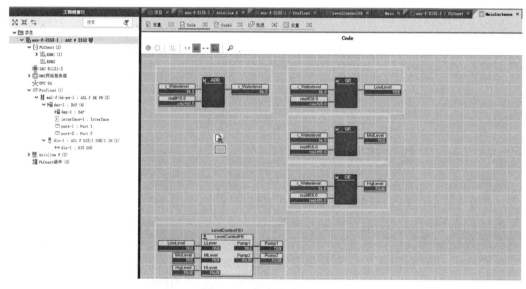

图 4-25　程序在线监视

对于 Main 程序中的 ST 代码工单，可以在该页面右键单击，选择"转至实例编辑器"并选择黑色箭头，即可以跳转到在线监视画面，如图 4-26 所示。

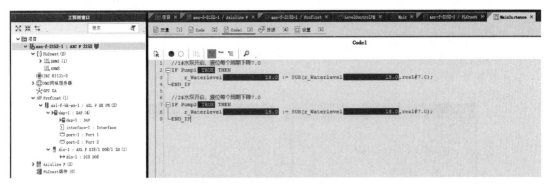

图 4-26　ST 程序在线监视

为了能够看到某一变量的变化曲线，可以在在线模式下选择该变量。本例中以 r_Waterlevel 变量为例，将其添加到逻辑分析器，此时画面底部为逻辑分析器窗口（图 4-27）。

图 4-27　逻辑分析器窗口

点击逻辑分析器中的开始记录按键，即开始记录该变量的变化，形成变化曲线，如图 4-28 所示，可以看到该变量的动态记录值。

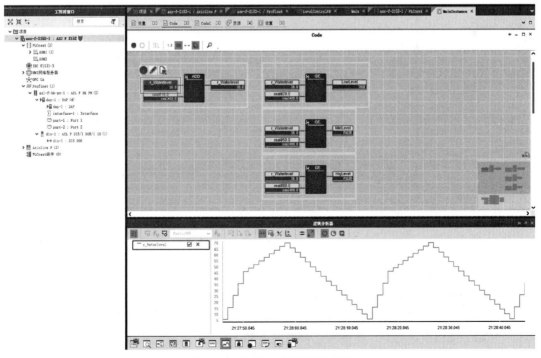

图 4-28　逻辑分析器变量监测

4.2.4　eHMI 画面设计与运行

程序设计部分调试完成后，进行 eHMI 画面设计与运行，分为 eHMI 画面设计、eHMI 变量关联和 eHMI 下载与运行三部分演示。

（1）eHMI 画面设计

在左侧工程树窗口"项目"节点下"HMI 网络服务器＞应用程序"处右键单击，选择"添加 HMI 页面"，将页面命名为"LevelControl"，并将该页面设置为起始页面，如图 4-29 所示。

图 4-29　新建 HMI 页面

双击名称进入该页面，即可在该画面中使用右侧组件窗口中的空间进行 HMI 画面设计，如图 4-30 所示。

图 4-30　HMI 设计页面

HMI 画面可由工程师自主设计，本例只展示液位控制的部分控件，用以演示 HMI 的运行示例。本例将画面分辨率设计为 400 像素×600 像素，展示三个液位变量和一个液位数值的状态，如图 4-31 所示。

（2）eHMI 变量关联

画面中关联的变量，本例使用 Main 程序中的 4 个变量。在"程序"节点下"变量"页面的"HMI"处将所选的 4 个变量勾选，如图 4-32 所示。

回到 HMI 设计页面，进行变量关联。如图 4-33 所示，在变量关联窗口输入实例化的程序名"MainInstance"即可智能给出相应变量，选择对应的三个液位变量关联到对应的对象。

图 4-31 HMI 液位示例

图 4-32 HMI 变量选择

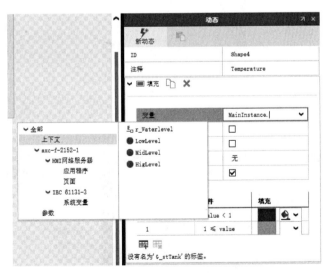

图 4-33 液位状态变量关联

对于液位数值变量，按照同样的方法，在对应的控件对象中进行变量关联，如图 4-34 所示。

(3) eHMI 下载与运行

完成画面设计且进行变量关联后，即可将包含了 eHMI 的程序按照 4.2.3 节中的方法再次

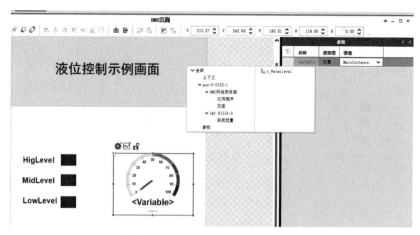

图 4-34 液位数值变量关联

下载到控制器中。下载完成后，如图 4-35 所示，可以双击"axc-f-2152-1:AXC F 2152"来到 Cockpit 页面，选择"启动默认浏览器，显示 HMI 页面"图标，打开 eHMI 画面；也可以在 Web 浏览器中输入控制器的 IP 地址进入。

本示例程序删除了用户名和密码，在页面设计时选择取消 HMI 的安全账户并删除 Login 页，则可直接进入 HMI 画面。

图 4-35 进入 eHMI 画面路径

如图 4-36 所示是 eHMI 的运行画面。

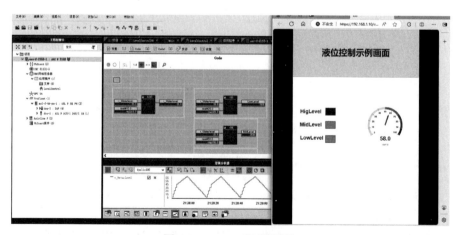

图 4-36 eHMI 运行画面

4.3 基于 Web 的网页管理

每个 PLCnext 控制器都具有基于 Web 的管理（WBM），可以用于程序的调试的诊断。在 WBM 中，可以访问控制器的静态和动态信息，还可以修改控制器的某些设置。

WBM 中包含控制器的基本信息，如固件版本、IP 地址等，还有诊断、配置、安全和管理页面，在本节会详细描述。

4.3.1 WBM 登录

在 PC 上建立与 WBM 的连接，首先需要确保电脑和设备的 IP 地址在同一个网络中，通过控制器的以太网口将控制器连接到 PC（HTTPS 端口 443 不能被防火墙阻止），在电脑上打开浏览器，在地址字段中输入控制器的 URL "https://ip.address.of.interface"（例如本例中为 https://192.168.1.10，AXC F 2152 默认 IP 地址）即可登录控制器的 WBM。如果在设备上有 PLCnext Engineer HMI 应用程序，输入 URL "https://ip.address.of.interface" 将调用 PLCnext Engineer 应用程序而不是 WBM。要直接调用 WBM，应输入 URL https://ip.address.of.interface/wbm，即 IP 地址后加 "/wbm"。

首次访问控制器上的 Web 服务器时，系统显示 "欢迎" 页面，可以连接到控制器上的 WBM、PLCnext Community 网站以及 PLCnext Technology 网站。第一次访问 WBM 时，需要以管理员身份登录。在 "Username" 输入框中输入用户名 "admin"，在 "Password" 输入框中输入管理员密码（管理员密码被打印在了控制器上）。如图 4-37 为 WBM 的起始页面。

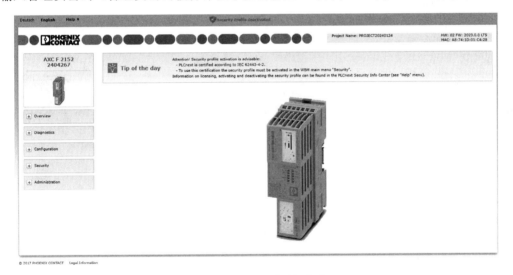

图 4-37 WBM 起始页面

4.3.2 Overview 页面

Overview（总览）页面是控制器的通用数据页。在 "General Data"（通用数据）页面上，可以找到有关设备通用的详细信息，例如硬件和固件版本、产品编号以及制造商等详细信息。"Cockpit" 页面提供状态和诊断指标、进一步的系统信息以及一些重要功能的工具栏，例如重新启动控制器或启动和停止 PLC 程序，如图 4-38 所示。

图 4-38 "Cockpit"页面

（1）Cockpit 工具栏

Cockpit 工具栏提供以下功能：

◼ 停止 PLC 程序的执行；

▶️ ▶️ ▶️ 执行热启动/暖启动/冷启动；

💾 💾 数据的保存和恢复；

🔄 🔄 重新启动和复位控制器；

🔑 修改当前用户密码。

PLCnext 控制器复位

工具栏按钮对应 PLCnext Engineer 的 Cockpit 页面按钮，如图 4-39 所示。

图 4-39 Cockpit 页面按钮

（2）诊断和状态信息

"Diagnostics and Status Indicators"（诊断和状态指示器）用于快速诊断本地错误，对应于外壳或控制器显示器上的 LED 指示灯（取决于控制器类型）并相应地点亮；"Device Health"（设备健康状态）显示当前单板温度；"Date and Time"（日期和时间）显示系统时间和系统正常运行时间；"Utilization"（利用）即 CPU 负载和内存利用率显示；"PLC Runtime"（PLC 运行）即内存使用和 PLC 状态显示。

4.3.3 Diagnostics 页面

Diagnostics（诊断）页面是控制器的诊断页，包括本地总线、通知、PROFINET 的诊断页面。

(1) 本地总线页面

"Local Bus"（本地总线）页面仅对支持本地总线模块的控制器有效，如 AXC F 2152 和 AXC F 3152。控制器的本地总线可以通过本地总线页面中的菜单选项进行诊断。在这里，可以找到当前配置的所有模块及其状态表，如图 4-40 所示。

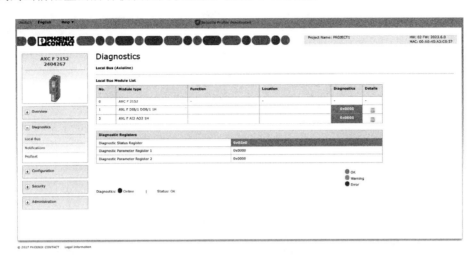

图 4-40 本地总线页面

"Local Bus Module List"（本地总线模块列表）提供了配置 Axioline 设备的概览。概览包含模块类型、功能和位置以及诊断状态和代码。"功能"和"位置"字段中显示的值可以在相应模块的 PLCnext Engineer 软件中输入。在 PLCnext Engineer 中，在 Axioline 模块的编辑器区域打开参数编辑器，在"功能"和"位置"中输入信息，如图 4-41 所示。

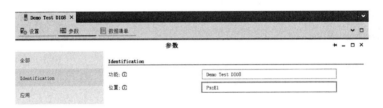

图 4-41 设备参数

在"Module Information"（模块信息）视图中，将找到特定的信息和用户信息，以及关于特定模块的进一步诊断信息。在"Details"列中，单击 按钮，可以打开模块信息视图，如图 4-42 和图 4-43 所示，表 4-1 是诊断状态及描述。

表 4-1 诊断状态及描述

诊断状态	描述
OK	模块正在运行，没有错误
Warning	发生警告
Error	本地总线错误

在诊断寄存器表中，可以找到诊断状态寄存器和两个诊断参数寄存器。若要解码错误代码，可查阅《Axioline F：诊断寄存器和错误消息用户手册》（UM EN AXL F SYS DIAG）以

及模块的特定设备文档，在 Phoenix Contact 网站上 Axioline 模块产品页面的下载区域能找到这些文档。

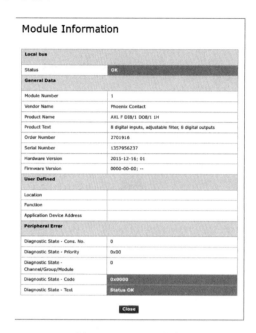

图 4-42 "OK" 状态　　　　　　　　图 4-43 "Error" 状态

（2）通知页面

PLCnext 控制器配备了通知管理器，可以检测控制器上的系统事件，单击 "Notification"（通知）的相应行，在底部会显示相应的完整文本。

在通知页面上，可以读取和下载通知日志。任何具有 WBM 访问权限的用户都可以查看和下载页面上的信息，如图 4-44 所示。

图 4-44 通知页面

每个通知的严重程度用图标显示：
🛠内部（或默认）；
ℹ️信息；
⚠️警告；
❌错误；
⚡严重的；
☠️致命的。

列出的通知可以导出为 CSV 格式，单击"Export CSV"按钮，并为 CSV 文件选择一个存放位置，即可导出。

（3）PROFINET 诊断页面

点击"Profinet"，打开 PROFINET 诊断页面，如图 4-45 所示，介绍参考 3.6.4 节。

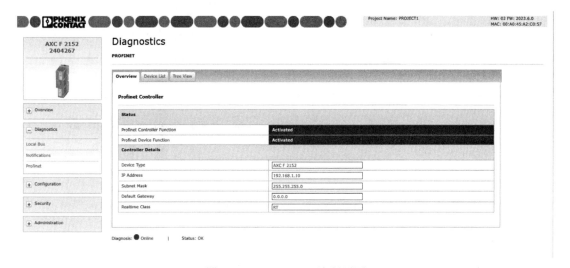

图 4-45　PROFINET 诊断页面

4.3.4　Configuration 页面

Configuration（配置）页面是控制器的配置页，包括：网络、系统服务、PLCnext Store、PROFICOUD 服务、Web 服务、日期和时间页面。

4.3.4.1　网络页面

在"Network"（网络）页面中，可以查看或配置控制器的"LAN Interfaces"（局域网接口），可以配置 IP 地址，该页面包含一个用于配置"Netload Limiter"的选项卡，如图 4-46 所示。

（1）修改控制器的 IP 地址

修改控制器网络设置的操作步骤如下：在"Configuration"（配置）列中输入新的设置，单击 Apply and reboot 按钮以应用新设置，再将新的设置发送到控制器，自动重启控制器以激活新的设置，如图 4-47 所示。

（2）修改冗余控制系统的 IP 地址

如果使用冗余控制系统，则 IP 地址的配置是不同的，即使正在使用两个控制器，也可以为整个系统设置 IP 地址。

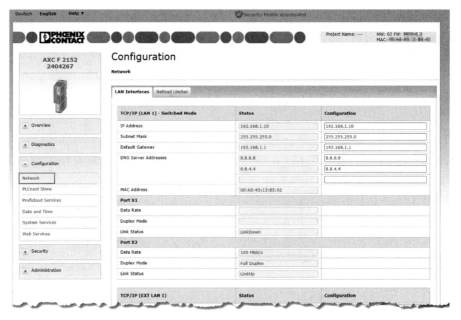

图 4-46　网络页面

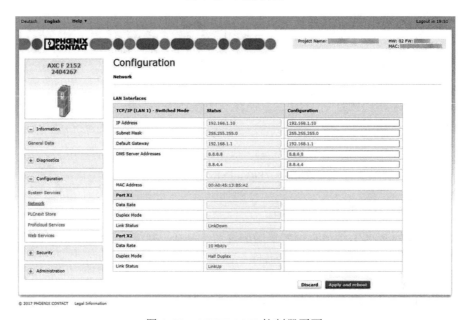

图 4-47　AXC F 2152 控制器页面

修改冗余控制系统的网络设置，操作步骤是：在"Configuration"列中输入新的设置，即设置为系统 IP 地址。冗余控制器的物理 IP 地址将自动设置，地址的最后八位数按 1（第一控制器）或 2（第二控制器）递增，单击 Apply and reboot 按钮以应用新设置。将新的设置发送给控制器，自动重新启动控制器以激活新的设置，如图 4-48 所示。

（3）Netload Limiter 选项卡

为了限制因以太网报文数量增加而导致的 CPU 负载增大，除了现有的配置方法（IEC 61131-3 功能块、RSC 服务、XML 配置文件）之外，基于 Web 的管理还提供了 Netload Limiter 的设置。

图 4-48　RFC 4072R 控制器页面

　　Network WBM 页面中的 Netload Limiter 选项卡显示当前的配置和统计数据，允许更改配置（取决于具有写权限的用户角色），并重置统计数据。通过 "Apply configuration" 按钮应用 Netload Limiter 的不同配置后，该配置立即激活，不需要重新启动控制器。当数据包限制器或字节限制器启用但当前未限制时，状态显示为绿色，如图 4-49 所示。

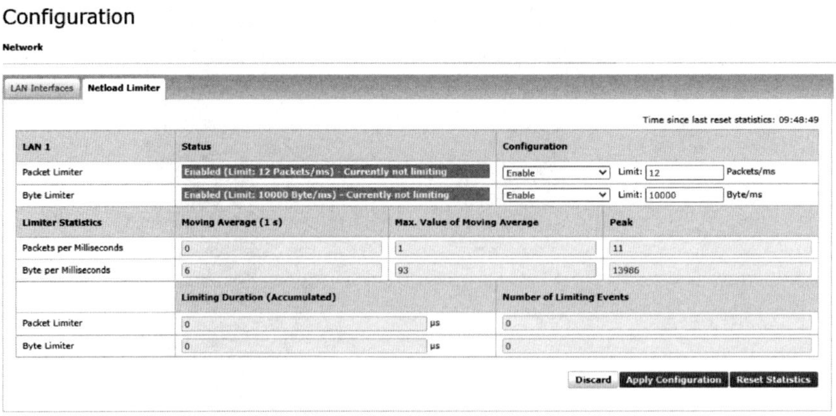

图 4-49 数据包限制器或字节限制器启用但未限制时

当限制器启用并且当前正在限制时，有问题的限制器显示红色标记，如图 4-50 所示。

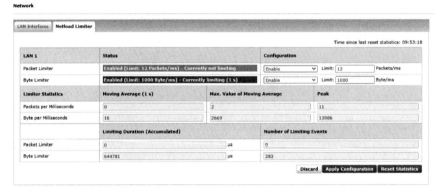

图 4-50 字节限制器启用且正在限制时

当禁用一个限制器，同时使另一个限制器保持启用状态时，如图 4-51 所示。

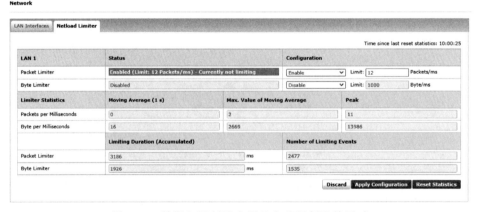

图 4-51 数据包限制器启用且字节限制器禁用时

如果 AXC F 2152 配置了左扩展的 AXC F XT ETH 1TX 以太网模块，则如图 4-52 所示。

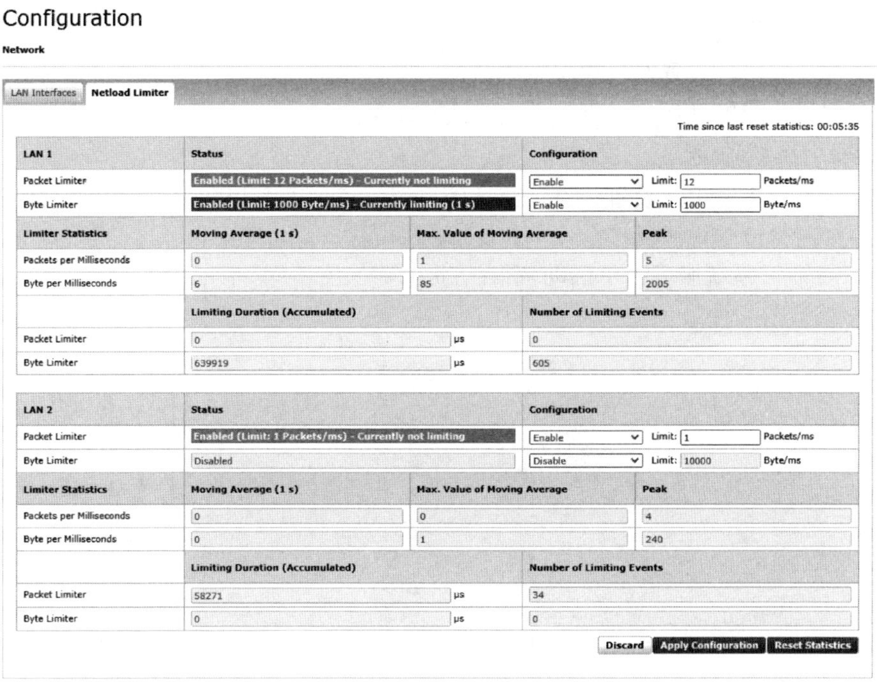

图 4-52　AXC F XT ETH 1TX 以太网模块设置

4.3.4.2　系统服务页面

系统服务页面提供了启用和禁用系统服务的状态信息，以及它们的出厂默认设置。可以在系统界面禁用不必要的系统服务以提高运行程序的性能。

在激活安全配置文件时，这些系统服务中的大多数将在重新启动后变为非活动状态，如图 4-53 所示。

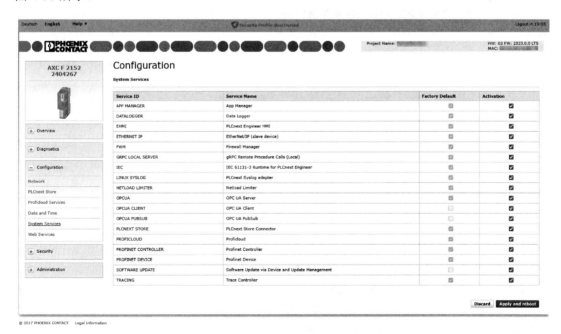

图 4-53　系统服务页面

（1）启用系统服务

如果想使用在出厂设置默认情况下未激活的系统服务，或者想重新启用之前被禁用的系统服务，需启用相应的激活复选框，单击 `Apply and reboot` 按钮，并确认弹出的警告。

（2）禁用系统服务

如果想禁用一个在出厂设置中默认激活的系统服务，或者想禁用一个之前已经启用的系统服务，需禁用相应的激活复选框，单击 `Apply and reboot` 按钮，并确认弹出的警告。

启动 PLC 后，系统服务处于活动/非活动状态，如图 4-54 所示。

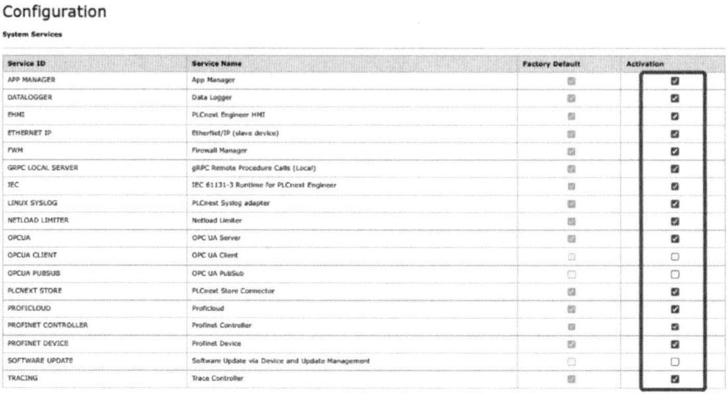

图 4-54　系统服务勾选位置

4.3.4.3　PLCnext Store 页面

PLCnext Store 页面提供控制器与 PLCnext Store 连接的状态信息，还可以指定是否使用 PLCnext Store 连接来操作控制器，如图 4-55 所示。

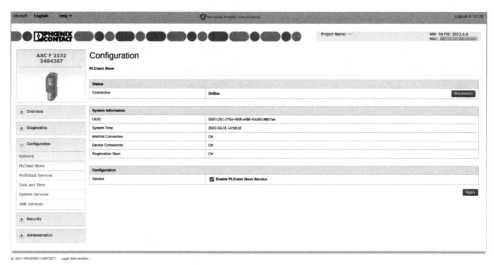

图 4-55　PLCnext Store 页面

（1）启用 PLCnext Store 连接

如果要使用 PLCnext Store 连接操作控制器，必须启用控制器的 PLCnext Store 服务。当控制器的 PLCnext Store 服务启动时，控制器尝试与 PLCnext Store 建立连接。启用方法是勾选"Enable PLCnext Store Service"复选框并单击 `Apply` 按钮。

(2) 禁用 PLCnext Store 连接

如果要在没有 PLCnext Store 连接的情况下操作控制器，需要关闭控制器的 PLCnext Store 服务，方法是取消勾选"Enable PLCnext Store Service"复选框并单击 Apply 按钮。

4.3.4.4　PROFICLOUD 服务页面

"Proficloud Services"（PROFICLOUD 服务）页面提供 PLCnext Control 与 PROFICLOUD 连接的状态信息，还可以指定是否使用 PROFICLOUD 连接来操作控制器。

PROFICLOUD 提供了一种管理和维护远程 PLCnext 设备的简便方法。PROFICLOUD 主要功能有：显示所有连接设备的确切地理位置的设备概述，显示所有连接设备的健康状态，显示所有连接设备的关键信息，连接设备上报日志，通过云检查固件更新和连接设备上的更新，使用时间序列数据（TSD）从连接的 PLCnext Control 传输数据等，将来还会提供其他服务。

(1) PROFICLOUD 设备管理

如果需要在设备上启用 PROFICLOUD 设备管理功能，需启用"Device Management"（设备管理）复选框并单击 Apply 按钮。

(2) PROFICLOUD TSD

时间序列数据（TSD）服务允许将过程数据从 PLCnext Engineer 项目传输到 TSD Proficloud 服务。若要启用 TSD 服务，需启用 Time Series Data（时间序列数据）复选框，单击 Apply 按钮启用该服务。

创建好变量后，数据按照采样间隔进行更新。设备向 PROFICLOUD 发送数据的间隔时间，默认值为 1000ms。

(3) 缓冲

如果启用"Remanent Buffering"（剩余缓冲）复选框，PROFICLOUD 的连接丢失，数据（例如时间序列数据）将被缓冲在剩余介质上；当连接恢复时，缓存的数据将被传输到 PROFICLOUD。

数据的缓冲由 DataLogger（数据记录仪）执行。用于缓冲数据的 DataLogger 会话称为 "Proficloud Buffering"。缓存的数据存放在控制器文件系统的"/opt/plcnext/data/Services/Proficloud/proficloudbuffer .db"目录下。默认情况下，该特性是禁用的，只有启用时间序列数据特性，才能启用剩余缓冲特性。当剩余缓冲特性被禁用时，缓存的数据将从内存中删除，如图 4-56 所示。

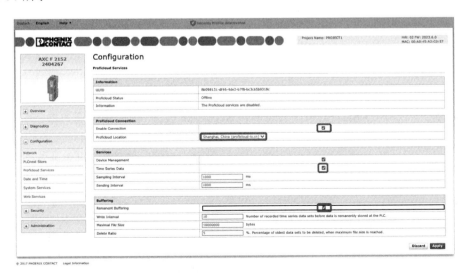

图 4-56　PROFICLOUD 服务配置界面

当启用剩余缓冲时，可以配置写间隔、最大文件大小和删除比率。写间隔（Write Interval）是指记录的个数，这些记录将被收集并从内部数据库写入到 SD 卡中。最大文件大小（Maximal File Size）是内部闪存或 SD 卡上数据库文件的最大字节大小。删除比率（Delete Ratio）是指如果达到最大文件大小，将从数据库中从最早的数据开始删除定义的记录百分率。

4.3.4.5　Web 服务页面

Web 服务页面提供对 Web 服务配置的访问，例如用于 nginx Web 服务器的 HTTPS 证书。

HTTPS 证书及其私钥以文件形式存放在控制器文件系统的以下目录下：

/opt//https/https_cert.pem plcnext/安全/证书

/opt//https/https_key.pem plcnext/安全/证书

可以通过自定义的证书和密钥交换这些文件。

4.3.4.6　日期和时间页面

NTP 客户端可以在 WBM"Date and Time"（日期和时间）页面中通过添加新的 NTP 服务器条目来配置，如图 4-57 所示。在 WBM 页面上的条目将被写入/etc/ntp.conf 配置文件中。若要添加新的服务器条目，单击表左下角的按钮。

图 4-57　日期和时间页面

若使用阿里云对时功能，打开"Add NTP server entry"（添加 NTP 服务器条目）窗口，输入新的 NTP 服务器配置，例如"ntp.aliyun.com"，单击"OK"按钮，将新的 NTP 服务器条目添加到"NTP Client Configuration"列表中即可，如图 4-58 所示。

新的条目，在"NTP Client Configuration"表中可用。使用按钮，可以编辑相应的条目。在该对话框中，表的第一列还显示了配置号。对于按钮，可以从"NTP Client Configuration"表中删

图 4-58　添加 NTP 服务器条目

除相应的条目。要应用配置，请单击"NTP Client configuration"表下面的 Apply 按钮，然后将创建或更改的条目写入配置文件，并重新启动 NTP 进程。

4.3.5 Security 页面

Security（安全）页面包括：证书认证、防火墙、SD 卡（有 SD 卡槽的控制器）、安全配置文件、Syslog 配置、用户身份验证、LDAP 配置页面。

4.3.5.1 证书认证页面

"Certificate Authentication"（证书认证）页面用于管理控制器安全通信所需的证书。证书认证可以为 PLC 信任的设备集成证书，也可以将 PLC 标识为其他设备的 PLC 证书。为此，可以使用"Trust Stores"（信任存储区）和"Identity Stores"（身份存储区）选项卡。信任证书和通信伙伴的撤销列表存储在"Trust Stores"选项卡中。自定义的证书存储在"Identity Stores"选项卡中。每个存储的名称可以与用于 TLS 通信的接口一起使用，例如 IEC 61131-3 中的 TLS_SOCKET 块，或 C++和 C#中的 TLS_SOCKET 类，存储的名称区分大小写。

在信任存储区选项卡上，创建不同的信任存储区，为它们命名并添加证书和撤销列表，如图 4-59 所示。

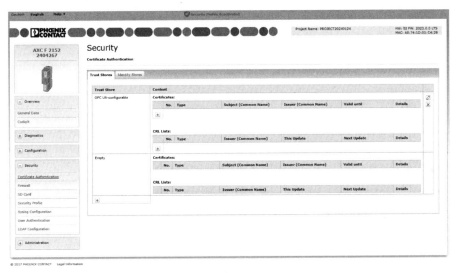

图 4-59　信任存储区选项卡

4.3.5.2 防火墙页面

公共网络甚至私有网络中的危险无处不在，现在私人用户不会在没有适当设置防火墙的情况下将计算机放在网络上。PLC 同样需要防火墙来防护来自网络的危险。这就是为什么每个 PLC 控制器都带有预设防火墙的原因。

可以通过 Web 管理界面配置控制器防火墙。以管理员（admin）身份登录 WBM，展开"Security"区域，单击"Firewall"（防火墙），可以看到配置页面（以 PLCnext Control AXC F 2152 为例），如图 4-60。

4.3.5.3 SD 卡页面

如果 PLC 内部闪存不足以满足项目的应用，AXC F 2152 和 AXC F 3152 控制器可以使用扩展 SD 卡。使用 SD 卡操作控制器时，需要注意 SD 卡可以在任何时候用传统的 SD 读卡器读取。如果没有对 SD 卡进行物理保护以防止未经授权的访问，则可以读取 SD 卡上的敏感数据。确保未经授权的人员无法访问 SD 卡。

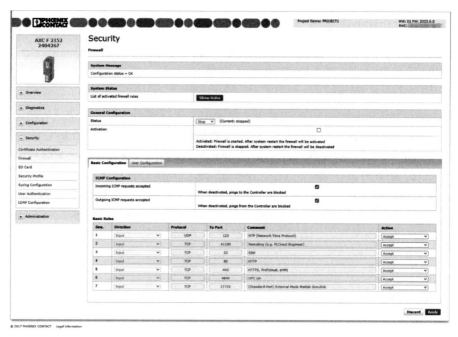

图 4-60　防火墙页面

可以在"SD Card"（SD 卡）页面激活或关闭对 SD 卡的支持。如果激活了对 SD 卡的支持（默认设置），则在控制器初始化阶段会识别 SD 卡。如果不支持 SD 卡，控制器将无法识别该 SD 卡。SD 卡在控制器的初始化阶段被识别，应用程序的数据将从内部闪存中删除，任何 PLCnext Engineer 项目和存储的 IP 配置将不可用，如图 4-61。

图 4-61　SD 卡页面

在"Status"（状态）区域中，可以查看控制器当前是否正在使用 SD 卡。如果使用 SD

卡操作控制器［状态区域显示为"External SD Card"（外置 SD 卡）］，则任何与应用相关的数据都存储在 SD 卡上。当不带 SD 卡操作控制器［状态区域显示为"Internal SD card"（内置 SD 卡）］时，所有与应用相关的数据都会保存到控制器的内部闪存中。

在"Configuration"区域中激活或关闭对 SD 卡的支持（默认设置为"已激活外置 SD 卡支持"），启用或禁用"Support external SD Card"（支持外接 SD 卡）复选框。若要应用该设置，单击 Apply 按钮，该设置需要重新启动控制器才能生效。若要删除设置，单击 Reset 按钮。

4.3.5.4　安全配置文件页面

在"Security Profile"页面中，"Status"区域显示了安全配置文件激活的当前状态，如图 4-62①所示。如果激活了安全配置文件，无论用户正在查看哪个 WBM 页面，它总是在 WBM 的标题中可见，如图 4-62②所示。

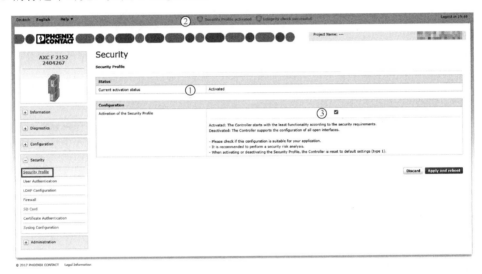

图 4-62　安全配置文件页面

（1）激活安全配置文件

选中图 4-62 中"Configuration"区域③所示的复选框，通过 Apply and reboot 按钮将更改应用到系统。系统重新启动并重置为出厂默认类型 1，但保留 IP 配置。激活安全配置文件后，用户 admin 将不再可用，取而代之的是用户 securityadmin，该用户最初使用控制器外壳上打印的密码。

（2）取消激活安全配置文件

"取消选中配置"区域中复选框的标记，通过 Apply and reboot 按钮将更改应用到系统，系统重新启动并重置为出厂默认类型 1，但保留 IP 配置。

4.3.5.5　Syslog 配置页面

在"Syslog Configuration"（Syslog 配置）页面中，如图 4-63，可以通过 Syslog -ng 配置日志记录的连接。Syslog -ng 是一个系统范围的实时日志管理工具。如果存在配置，则 Syslog Server Destinations 表显示了出现日志的服务器。该表提供了以下信息：

Hostname：发送日志信息的 Syslog-ng 服务器的主机名或 IP 地址。

Port：Syslog-ng 服务器等待 Syslog 消息的端口。确保在传出请求的防火墙设置中启用了该端口。

Protocol：到服务器的传输协议。为了安全传输，建议使用依赖于信任存储的 TLS。

Facilities：指定要记录的消息的系统类型。

Severity Level：要记录的消息的严重性级别。

这些级别可用：

```
>= Internal (debug)
>= Information (info)
>= Warning (warning)
>= Error (err)
>= Critical Error (crit)
>= Fatal Error (alert)
Emergency (emerg)
```

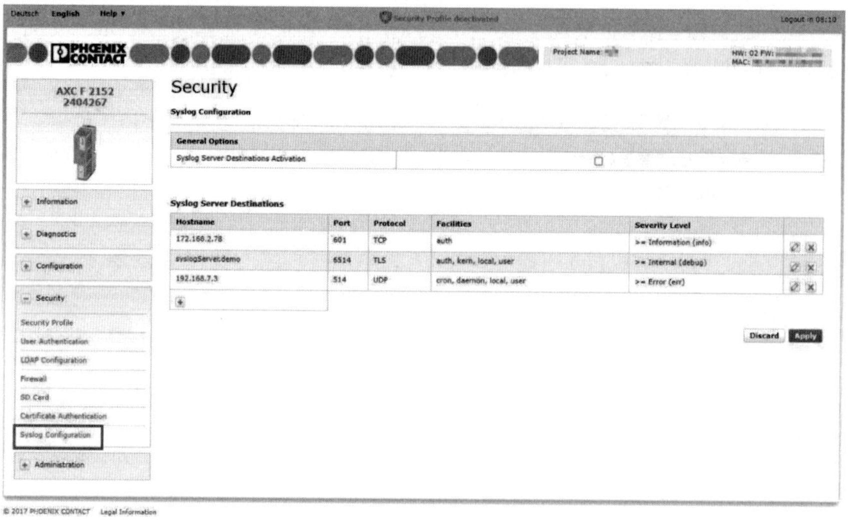

图 4-63　Syslog 配置页面

4.3.5.6　用户身份验证页面

如果启用了"User Authentication"（用户身份验证），如图 4-64 所示，则需要使用用户名

图 4-64　用户身份验证页面

和密码进行身份验证才能访问控制器的某些组件和 PLCnext Engineer 中的某些功能。如果禁用"User Authentication",则访问 WBM、控制器的 OPC UA 服务器或使用 PLCnext Engineer 访问控制器不需要进行身份验证。但是,即使禁用了用户身份验证,通过 SFTP 访问文件系统和通过 Secure Shell(SSH,安全外壳协议)访问文件系统仍需要身份验证(具有管理员权限)。默认情况下,用户身份验证功能开启。在默认状态下,已创建具有管理员权限的 admin 用户。

(1) 启用/禁用用户身份认证

启用/禁用用户身份验证,步骤如下:单击"User Authentication"(用户身份验证)复选框旁边的 Enable/Disable 按钮,打开启用/禁用用户身份验证对话框,如图 4-65 所示。

若要启用用户身份验证,选中用户身份验证复选框。若要禁用用户身份验证,取消选中用户身份验证复选框,单击 Save 按钮应用设置。

(2) 系统使用通知

每次用户想要通过 WBM、PLCnext Engineer 或通过 SFTP 和 SSH 登录控制器时,都会显示系统使用通知。系统使用通知与 WBM 和 PLCnext Engineer 的用户界面语言无关。因此,在编辑时应考虑到所有必需的语言。

编辑系统使用通知,步骤如下:单击 Edit Notification 按钮,在打开的输入窗口中编辑系统使用通知,单击 Save 按钮确认输入,然后将文本传输到控制器并存储,如图 4-66 所示。

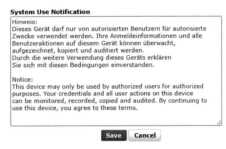

图 4-65 启用/禁用用户身份验证对话框　　图 4-66 编辑系统使用通知

(3) 添加用户

添加用户步骤如下:单击表下面的 Add User 按钮,即打开添加用户对话框,在相应的输入栏中输入用户名和密码,如图 4-67 所示。

(4) 修改用户密码

在用户身份验证页面上单击所需用户所在行的 Set Password 按钮,即打开设置用户密码对话框,在"New Password"和"Confire Password"输入框中输入新密码,如图 4-68 所示。

图 4-67 添加用户　　图 4-68 设置用户密码

（5）移除用户

在用户身份验证页面中，单击待移除用户所在行的 Remove User 按钮，即打开删除用户对话框，打开时已经预先输入了该用户的名称。

（6）删除用户对话框

在用户身份验证页面中单击 Remove 按钮，永久删除该用户。

4.3.5.7　LDAP 配置页面

LDAP 服务器可以集中管理网络中的用户（例如 Microsoft Active Directory）。PLCnext 用户认证可以连接 LDAP 服务器。LDAP 配置可以通过配置文件或在控制器的 WBM 中进行。最多可以配置 10 个 LDAP 服务器连接，如图 4-69 所示。

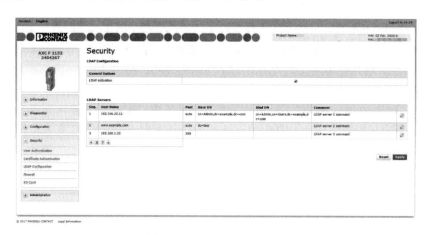

图 4-69　LDAP 配置页面

可以使用 Apply 按钮接受当前配置并将其传输到控制器，使用 Reset 按钮丢弃当前配置，重新加载并显示以前保存的配置。

编辑 LDAP 服务器配置和添加新的 LDAP 服务器配置菜单的结构方式相同。若要添加新的 LDAP 服务器配置，单击"LDAP Servers"表底部的添加 LDAP 服务器配置按钮即可。若要编辑现有的 LDAP 服务器配置，单击"LDAP Servers"表相应列中的编辑 LDAP 服务器配置按钮。如图 4-70 所示为添加一个新的 LDAP 服务器配置窗口。

4.3.6　Administration 页面

Administration（管理）页面包括：PLCnext Apps、固件升级、许可证管理页面。

（1）PLCnext Apps 页面

在 PLCnext Apps 页面可以安装和卸载应用程序，安装完成后可以启动或停止应用程序。要注

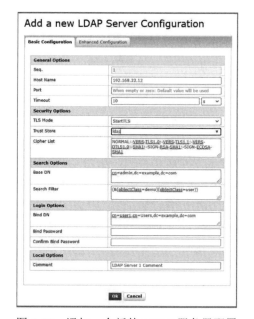

图 4-70　添加一个新的 LDAP 服务器配置

意的是，额外的应用程序可能会对实时行为产生不利影响，当控制器处于生产运行状态时，不要操作 PLCnext Apps 页面，如图 4-71 所示。

第 4 章 软件应用实例

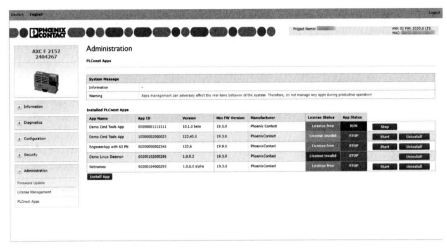

图 4-71　PLCnext Apps 页面

在该页面可以安装 APP，首先点击 `Install App` 按钮，在打开的文件资源管理器中选择要安装的应用程序（*.app），单击"Open"按钮，选定的应用程序容器已安装在控制器上。安装成功后，在"Installed PLCnext Apps"表中显示已安装的应用程序。若要卸载应用程序，单击 `Uninstall` 按钮。

已安装 PLCnext Apps 表列出了所有已安装的应用程序，并提供了进一步的应用程序特定信息。这个信息是从 app_info 中读出的。Json 文件是每个应用程序容器的一部分。该文件包含应用名称、唯一的应用 ID、应用版本、最低固件版本、应用制造商和许可证（license）状态等信息。

许可证状态表明应用程序是免费的，部分或完全限制。一个完全受限的应用程序在使用前必须获得许可，没有有效的许可证，APP 将无法启动。部分受限的应用程序可以部分使用，例如使用时间受限或功能受限。它可以在没有有效许可证的情况下启动，但必须注册才能无限制地使用。免费应用程序可以免费使用，没有任何限制。免费或部分受限的应用程序以及具有有效许可证的应用程序都可以通过点击 `Start` 按钮启动。需要注意，一些应用程序的启动可能需要重新启动控制器，将会提示打开一个对话框，通知即将重新启动，在"App Status"列中显示 APP 状态"RUN"。若要停止应用程序，可单击 `Stop` 按钮，在 App Status 列中显示 APP 状态"STOP"。

（2）固件升级页面

　PLCnext 控制器固件升级

PLCnext 支持用户通过 WBM 进行固件升级。显示在 General Data WBM 页面上的当前安装的固件版本可用于查看当前版本以及检查固件更新是否成功。

首先需要下载固件文件，可以在 WBM 页面头部的"Help"菜单中找到一个链接，点击该链接将进入控制器的固件下载页面，如图 4-72 所示。

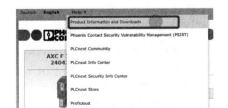

图 4-72　下载固件文件

下载完成后，解压缩*.zip 固件文件，运行*.exe 安装文件，按照安装向导中的说明操作。更新文件（*.raucb）和包含设备特定信息的文件将被复制到所选的目标目录，从解压缩的文件夹中，复制*.raucb 文件，将容器文件更新到选定的目标目录。需要记住*.raucb 文件存放位置，方便查找使用。点击 Browse... 按钮，在打开的文件资源管理器中选择*.raucb 待安装的固件文件，单击"Open"按钮，待安装的固件文件现在会显示在 WBM 中，如图 4-73 所示。

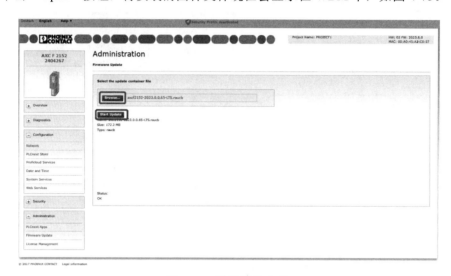

图 4-73　选择固件文件

单击 Start Update 按钮即开始固件更新。升级文件传输到控制器，开始传输文件读条。一旦文件被成功传输，固件更新就开始了，如图 4-74 所示。

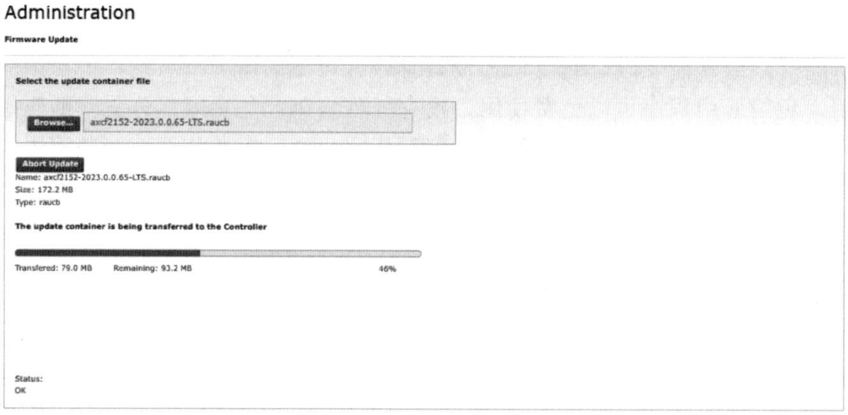

图 4-74　固件文件更新

文件传输的状态和更新进程的状态以进度条的形式显示在 WBM 中。整个过程不要刷新页面。升级固件后，控制器会自动重启，如图 4-75 所示。

刷新显示此 WBM 页面的浏览器选项卡并再次登录 WBM。打开"General Data"页面。检查固件版本是否正确。如果升级后固件版本仍然显示为之前安装的固件版本，则说明升级固件过程中出现错误，在这种情况下需要重复固件更新。

（3）许可证管理页面

"License Management"（许可证管理）页面的"View Containers"（查看容器）选项卡

显示控制器上安装的 PLCnext Store 应用程序的许可证，如图 4-76 所示。许可证管理下查看容器选项卡中显示序列号、固件代码、产品代码、特征图谱等信息。可以使用 PLCnext Store 提供的许可证文件离线激活和取消激活许可证。

图 4-75　固件版本正在更新

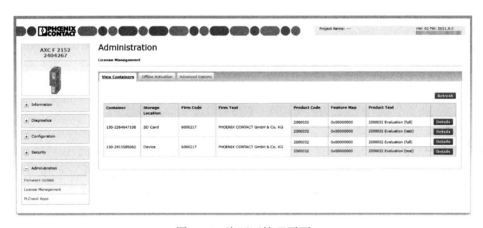

图 4-76　许可证管理页面

4.4　调试工具

本节将介绍在使用 PLCnext 控制器过程中常用的调试工具，如 NetNames+、Putty 和 WinSCP。

4.4.1　NetNames+

NetNames+是由菲尼克斯开发的用于管理 PROFINET 设备的 IP 配置。该软件支持 Windows 操作系统。将设备和 PC 用网线相连，打开该软件，选择网卡并点击"Refresh"按钮，如图 4-77 所示，即可扫描到所连接的 PROFINET 设备，可以看到该设备的设备名称、IP 地址、子网掩码、默认网关和 MAC 地址，如图 4-78 所示。

选择扫描到的设备，可以修改该设备的设备名称、IP 地址并点击"Send"按钮，即可将参数写入设备。

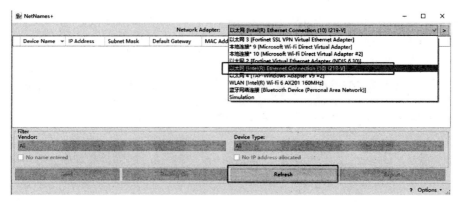

图 4-77　选择网卡和扫描

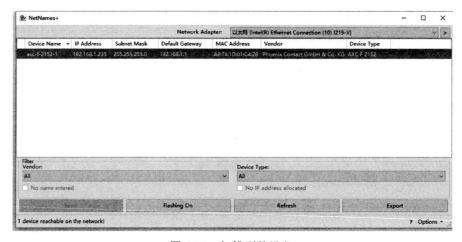

图 4-78　扫描到的设备

4.4.2　Putty

Putty 可以用于远程访问服务器，它支持多种协议如 SSH、Telnet、rlogin 等，常用于通过 SSH 安全地访问 PLC。打开 Putty 如图 4-79 所示，在 Host Name 中输入 PLC 的 IP 地址并点击 "Open" 按钮，即可打开一个新的会话。

图 4-79　Putty 配置

在打开的 Putty 窗口中，先登录 admin 用户，密码为打印在控制器上的默认密码，输入后即可得到如图 4-80 所示内容。

输入命令"sudo passwd root"用于设置 root 用户的密码（在 Linux 操作系统中，默认存在一个名为 root 的用户，但是没有密码）。在出现的消息提示中设置 root 用户的密码，需要重复两次确认，直至出现消息"passwd：password updated successfully"，表示 root 用户密码设置成功，如图 4-81 所示。

图 4-80　admin 登录

图 4-81　设置 root 密码

在此会话窗口中，可以输入其他 SSH 命令以设置控制器的参数。

4.4.3　WinSCP

打开 WinSCP 软件，主机名为 PLC 的 IP 地址，输入用户名"admin"，密码为打印在控制器上的默认密码，点击登录，如图 4-82 所示。

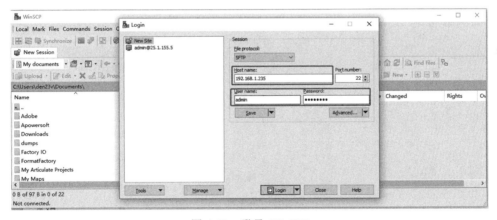

图 4-82　登录 WinSCP

登录后，WinSCP 左侧窗口中为 PC 的文件夹，右侧为登录到的 PLCnext 文件夹，如图 4-83 所示。

可以将右侧 PLCnext 系统中的 PLC 日志文件读取到 PC 中。在图 4-84 右侧路径中找到对应的 logs 文件，将"logs"文件夹里的"Output.log"文件拖拽至左侧桌面或固定文件夹即可。

在此窗口中，可以进行其他的文件操作。

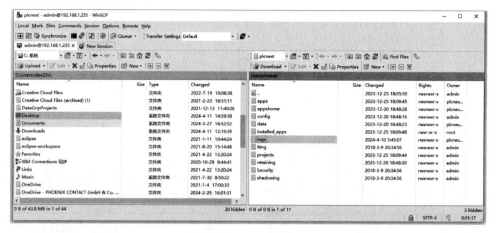

图 4-83　WinSCP 窗口

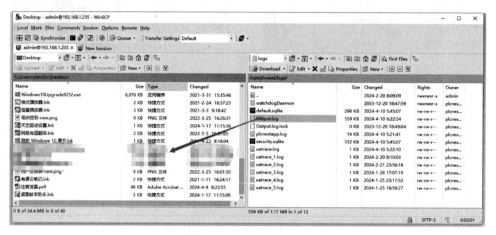

图 4-84　拖拽日志文件至左侧指定文件夹

PLCnext

第 5 章
高级语言编程

5.1 概述

随着工业领域的数字化智能化的进程不断加速，自动化技术的需求正在高速增加。灵活性、智能性、数据连通性以及计算能力对于现代、灵活和高效的生产越来越重要，自动化系统及其控制器必须变得更具适应性，并且能够更快地响应新的需求。

为了满足不断变化的工业需求，菲尼克斯开发了 PLCnext 技术。作为新的开放式控制平台的基础，PLCnext 技术将传统 PLC 世界的通信特性和优势与智能设备的开放性和灵活性相结合，其控制平台和云架构都基于开源组件，这些组件正在被不断地进行独立开发与升级。

（1）优势一览

❑ 高效率：与传统控制平台相比，PLCnext 技术提高了开发效率，多个开发人员可以使用不同的编程语言并行但彼此独立地处理一个程序。

❑ 友好的开发环境：PLCnext 技术使用了高级语言程序开发者熟悉的开发环境和工具，如 MATLAB Simulink、Eclipse 或 Visual Studio 等，保证开发人员可快速掌握 PLCnext 高级语言技巧。

❑ 可靠的操作：无论编程语言如何，PLCnext 技术都能确保确定性、实时性和周期一致的数据交换。

❑ 更具灵活性和适应性：PLCnext 技术使用了开源社区免费提供的软件，具有更高的成本效益和更好的灵活性，并且可以快速轻松地集成新功能和未来新技术。

（2）使用 C++创建程序

使用 PLCnext Technology，可以在 C++中创建程序并将其导入 PLCnext Engineer 里，将

程序实例化后，采用与传统 IEC 61131-3 程序相同的方式使用。同时，可以与其他高级语言程序或 IEC 61131-3 程序进行数据交换，通过 GDS 端口来确保数据一致性。这样，保证了多个程序可以在相同的任务中一起运行。

PLCnext Engineer 提供了 Eclipse 插件、SDK（软件开发工具包）以及 LibraryBuilder。这些工具支持 PLCnext Technology 在控制器上使用 C++程序。其中，Eclipse 开发环境可在 Windows 和 Linux 环境下使用，其通常用于 C++编程。

（3）使用 C#创建功能块和功能

IEC 61131 控制器运行时系统（eCLR）是一个基于.NET 的中间件，同时支持 IEC 61131-3 和 C#代码。PLCnext Technology 允许开发者在 Microsoft Visual Studio 中使用 C#开发 eCLR 固件库，进而在 PLCnext Engineer 中调用 eCLR 固件库，来实现对基于 C#开发的库的使用。

（4）使用 MATLAB 创建仿真模型

MATLAB Simulink 中可创建仿真、控制、流程等程序，并通过 PLCnext Target for Simulink 将其转换为库，然后在 PLCnext Engineer 中进行直接调用。

（5）使用 Python 创建并运行程序

PLCnext 中 Python 的使用方法

Python 可直接安装于 PLCnext 控制器的非实时区并安装相关依赖包，在命令行运行 PY 脚本；也可以利用容器化部署的方式通过 APP 安装至 PLCnext 控制器，具体实现方式在第 7 章 PLCnext APP 里介绍。

5.2　C/C++集成介绍

使用 PLCnext 技术，可以在 PLCnext 环境中创建和使用 C++程序。由 C++开发的程序可以和传统的 IEC 61131-3 程序一样循环执行，也可以作为系统组件单独提供服务。菲尼克斯电气提供了工具和插件，帮助用户轻松地将 C++程序集成到 PLCnext 系统中。

5.2.1　C/C++特点

目前 C 语言主要用来开发底层模块（比如驱动、解码器、算法实现）、服务应用（比如 Web 服务器）和嵌入式应用（比如微波炉里的程序）。在绝大多数情况下，C++是可以兼容 C 语言的。

C++更适合比较复杂但又特别需要高效率的设施，可以用来开发系统软件、应用软件、高性能的服务器、客户端应用程序以及视频游戏。

C++的优点：

① 可扩展性强；
② 可移植性；
③ 面向对象的特性；
④ 强大而灵活的表达能力；
⑤ 支持硬件开发；
⑥ 程序模块间的关系更为简单，程序模块的独立性、数据的安全性有良好的保障；

⑦ 通过继承与多态性,可以大大提高程序的可重用性,使得软件的开发和维护都更为方便。

经过多年的发展历程后,C/C++的优点使其保持了强大的生命力。C/C++开发者秉持开放精神在互联网上公开了数十万个功能库的源代码。这些开源的功能库涵盖了数据通信、数值计算、计算机视觉、云服务等前沿方向。将 PLCnext 与开源功能库结合,能够丰富控制器的功能扩展,实现传统 PLC 无法完成的任务。

用户根据不同的项目需要开发实用功能。为了帮助用户更好地使用 C/C++语言,PLCnext 技术提供了多种集成 C/C++代码的方法,如表 5-1 所示。

表 5-1　PLCnext 集成 C/C++代码的方法

C++实时程序	C++功能扩展程序	C++运行时程序
C++ real-time apps	C++ Function Extension	C/C++ native Linux apps
PLM(program library manager,程序库管理器) C++实时应用程序在可以与其他语言(IEC 61131-3 语言、MATLAB Simulink)的程序任意组合,在系统中被实时执行	ACF(application component framework,应用组件框架) C++功能扩展可以使用现有的服务组件,并通过服务管理器向 PLCnext 系统添加新服务	Runtime(运行时程序) 通过 OPC UA 或 GRPC 数据接口获取数据。并在 Linux 操作系统上直接运行的 C++程序

5.2.2　C/C++集成

PLCnext 中 C++的使用方法

5.2.2.1　开发环境配置
（1）交叉编译简介

交叉编译是在 PLCnext 控制器上集成 C/C++代码必不可少的过程。C/C++代码的编译分为本地编译和交叉编译,如图 5-1 所示。本地编译是指在程序开发和编译平台上进行本地编译,编译

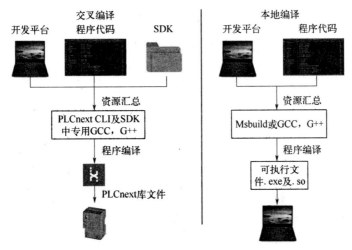

图 5-1　交叉编译与本地编译

出来的程序或库文件只能在当前平台下运行。交叉编译是指在当前的程序开发和编译平台下,编译出来的程序或库文件在另一个目标平台下可以运行,但开发平台本身却不能运行该程序。

交叉编译能够实现程序编译和应用的分离。用户在 PC 端完成 C/C++程序的编写和编译,无须借助实际的 PLCnext 控制设备,编译成功的程序功能库在 PLCnext 平台上运行。为了进行交叉编译,菲尼克斯提供了交叉编译的工具链程序 PLCnext CLI,并且为每个控制器都提供了 SDK 文件。

(2) PLCnext CLI

PLCnext CLI 是实现 C/C++集成的关键。PLCnext CLI 可用于生成元数据、C++头文件、在 PC 平台上构建和编译 PLCnext 工程。PLCnext CLI 可以安装到 Windows 系统或者 Linux 系统,可以在命令行输入指令调用 PLCnext CLI 功能,同时它也可以作为插件添加到 Visual Studio 和 Eclipse 等通用的 IDE 中,如图 5-2 所示。PLCnext CLI 命令行功能被隐含在人机交互操作中,表 5-2 是其包含的功能。

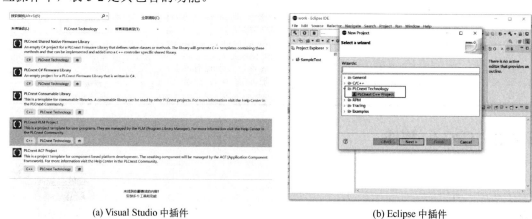

(a) Visual Studio 中插件　　　　　　(b) Eclipse 中插件

图 5-2　作为插件调用

表 5-2　PLCnext CLI 包含的功能

命令	含义
build	编译项目
generate	生成配置文件和代码文件
get	查询有关项目、控制器、设置等信息
set	更改设置,例如设置项目控制器
update	当前项目中控制器的更新
install	安装 SDK
show-log	打开 CLI 日志文件的位置
migrate-old-cli	迁移旧 CLI 安装中的所有缓存和用户设置
new	创建新文件/项目
deploy	部署文件
help	调用有关特定命令的其他信息
version	显示版本信息

这些功能是分层结构的,对于每个命令,都有另一个级别的命令来更详细地指定所需的功能。如果需要有关参数或其他命令级别的信息,使用"help"命令调用单个函数的描述。例如:plcncli new project –help。

（3）PLCnext 设备 SDK

菲尼克斯为支持高级语言的 PLCnext 设备提供了相应的 SDK。SDK 中包含了 PLCnext 设备资源，包括头文件、动态库、静态库以及专用程序。PLCnext CLI 程序在交叉编译时识别 SDK 中的资源，将开发平台的环境变量替换成 SDK 中的环境变量，利用 SDK 内的专用 GCC 和 G++ 编译出目标 PLCnext 平台上的程序。

5.2.2.2 程序开发步骤

PLCnext 提供了 PLM、ACF 程序模板，用户还可以自行构建 Runtime 程序。

（1）PLM 程序

PLM 程序是 PLCnext 实时应用程序的具体实现。它的最大特点是能够和 IEC 61131-3 程序或其他高级语言一起被执行和同步管理器 ESM（execution and synchronization manager）调用，按照指定的循环周期（最小 1ms）执行任务。全局数据空间（global data space，GDS）将全局变量、程序的输入输出等数据统一管理并同步，保障了各个程序之间的数据交互的完整性。

PLM 程序适用于执行速度较快的实时任务，例如中小型矩阵计算、先进控制算法等。如果 PLM 程序阻塞，那么 PLM 程序后续的 MATLAB 程序无法执行，PLC 无法完成周期扫描任务。为此，ESM 设置了 watchdog（监视定时器）监视 PLM 程序的运行时间，超过规定的执行时间会触发报警，保障了 PLC 任务的实时性。如果确实需要执行复杂计算任务，可以在 PLM 程序中开辟新的线程，将耗时任务放在新线程中执行。新线程的计算结果返回到 PLM 程序后，PLM 程序再通过输入输出接口与全局数据空间和其他程序完成数据交互。

PLCnext 技术为 PLM 程序提供了开发模板，标准的 PLM 程序开发流程如图 5-3。

PLCnext CLI 程序贯穿 PLM 程序开发的全部步骤。包括生成程序模板、指定目标控制器的 SDK、生成配置、编译和发布。PLM 程序最终会生成标准 PLCnext 库文件，PLCnext Engineer 编程软件将库文件导入并应用其功能。

PLCnext CLI 指令实际上是对 GCC、G++、CMake、Make 等通用编译的程序的进一步封装，熟悉 C/C++ 编程的用户可以快速地掌握。同时，PLM 程序使用 CMakeLists.txt 来控制编译行为。用户开发的 *.c、*cpp、*.h、*.hpp 等文件和引用的静态或动态功能库可以很方便地加入 PLCnext 系统中。

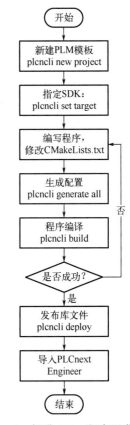

图 5-3　标准 PLM 程序开发流程

（2）ACF 程序

ACF 程序一般作为功能扩展添加到 PLCnext 系统中，图 5-4 是开发示例。它与 PLM 程序最大的不同在于 ACF 程序不参与定时循环任务，而是作为服务在后台运行，处理一些实时性要求不高的任务。例如，在 ACF 程序中实现 TCP 服务接收外界的数据。

ACF 程序通过配置文件向 PLCnext 框架注册，PLCnext 框架动态加载 ACF 程序生成的动态库 *.so 文件，在 PLCnext 运行的不同阶段调用 ACF 中相应的程序。这样设计的目的是使 PLCnext 框架能够合理地控制 ACF 程序的行为。

以 TCP 服务器为例，PLCnext 控制器开机后会通过注册文件加载 ACF 程序的动态库。在定时循环程序的启动阶段，调用 ACF 程序库中的 Start()函数，此时可以在 Start()函数申请资源并启用相应功能，为 TCP 服务器开启线程，创建 Socket 绑定 PLC 端口，开始监听。

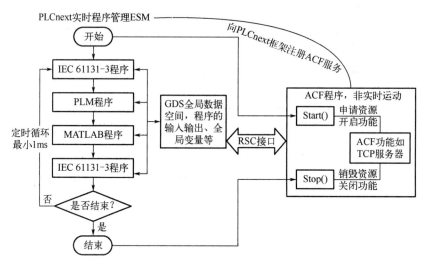

图 5-4　ACF 程序开发示例

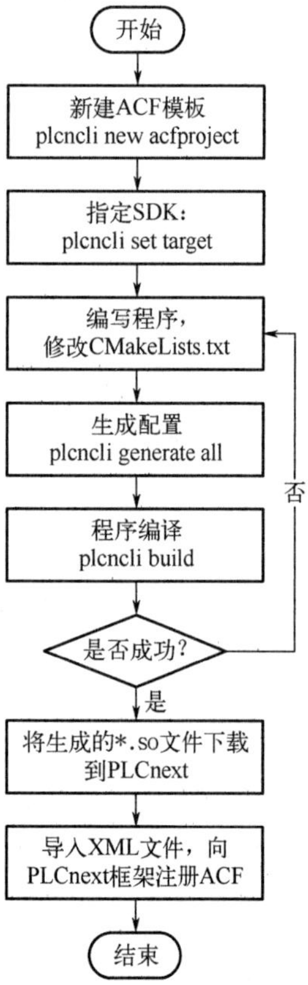

在监听过程获取到的数据可以通过 RSC（remote service call，远程服务调用）接口与全局数据空间进行数据交互。当 PLC 停止定时循环时，PLCnext 框架调用 ACF 程序库中的 Stop()函数，可以在 Stop()函数中释放资源并结束功能，断开 Socket 链接，销毁 Socket，并等待线程安全退出。

图 5-5 展示了开发 ACF 程序的流程。

ACF 程序同样依赖于 PLCnext CLI 工具。与 PLM 程序不同，ACF 程序最终生成的是*.so 文件，不需要发布 PLCnext 库文件，因而不需要最后执行 plcncli deploy。在生成 ACF 程序后，需要将.so 文件部署到 PLCnext 中。部署的步骤如下：

① 登录 PLCnext 并在/opt/plcnext/projects/＜UniqueFolderName＞下创建新的文件夹；

② 将编译生成文件夹下的＜Project＞Library.acf.config 和 LIB 文件夹拷贝到①创建的文件夹中；

③ 按照规范创建 XML 文件并将①中创建文件夹的名字写入 XML 文件：

```
<Includes>
    <Include path="$ARP_PROJECTS_DIR$/<UniqueFolderName>/*.acf.config"/>
</Includes>
```

④ 将③中创建的 XML 文件拷贝到/opt/plcnext/projects/Default 文件夹中。

图 5-5　ACF 程序开发流程图

通过这样的方式，PLCnext 才会识别并调用 ACF 程序。

(3) Runtime 程序

Runtime 程序是运行在 PLCnext 底层 Linux 系统上的程序，图 5-6 是 PLCnext 实时程序管理 ESM 展示。Runtime 程序的运行独立于 PLCnext 框架，因而不需要使用 PLCnext CLI 工具生成模板，可以按照普通 C++程序规范编写 Runtime 程序后直接用交叉编译的方式生成可执行文档，可执行文档的启动和停止由程序员控制。

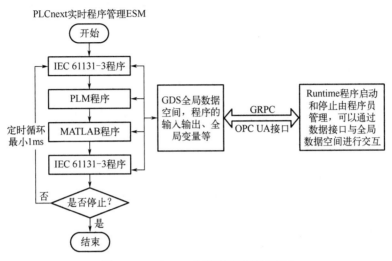

图 5-6　PLCnext 实时程序管理 ESM

Runtime 程序可以通过 GRPC、OPC UA 等接口与 PLCnext 的全局数据空间交互。由于数据接口开发较为复杂，Runtime 程序一般用在与 PLCnext 执行任务交互不多的场合。例如，测试某项功能在 PLCnext 底层的 Linux 系统下能否运行。

与 PLM 和 ACF 相比，开发 Runtime 程序不需要使用 PLCnext CLI 指令，而是使用 CMake、Make 工具来构建和编译程序。在编译之前需要重新配置环境变量，将 Linux 或者 Windows 的开发平台环境变量清除，导入 PLCnext SDK 中的环境变量。配置完成后调用 SDK 中的专用 CMake 和 Make 工具编译出可以在 PLCnext 平台上运行的程序。

Runtime 程序的开发步骤如图 5-7 所示。

（4）不同程序对比

PLM、ACF 和 Runtime 程序的对比如表 5-3 所示。在需要任务保持同步的场合应使用 PLM 程序。同时 PLM 程序的编程和部署的简便性是最高的。ACF 程序适用于实时性要求不高的后台功能，由于需要配置 XML 文件，部署的简便性较低。PLCnext 为 PLM 和 ACF 程序提供了模板，但没有为 Runtime 程序提供模板。Runtime 程序的编程简便性低，尤其是与 PLCnext 的数据接口比较复杂。但 Runtime 编译完成后能直接下载到 PLCnext 系统运行，与实时任务没有耦合关系，它的部署简便性较高。因而，Runtime 程序可用于 PLCnext 系统简单的功能测试环节。

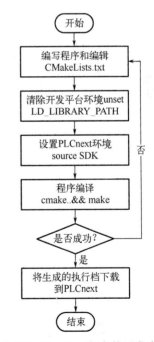

图 5-7　Runtime 程序的开发步骤

表 5-3 PLM、ACF、Runtime 程序特点对比

项目	PLM	ACF	Runtime
任务同步	√		
编程简便性	☆☆☆	☆☆	☆
部署简便性	☆☆☆	☆	☆☆
编译目标	PLCnext 库文件	动态库	执行档

5.2.2.3　PLCnext C++功能库

PLCnext 上支持使用以下众多类型的类库。

（1）STL 标准库

STL 标准库是 C++标准委员会制定的标准程序和类库的集合，包含了标准 C++ I/O 类、STL 容器、算法、多线程等。PLCnext 支持 C++17 版本的 STL 标准库，利用 STL 标准库可以开发基础的 C++程序。

（2）Boost 库

由 Boost 社区维护的为 C++语言标准库提供扩展的程序库的总称。作为 STL 库的补充，Boost 库提供了并发编程库、函数对象和高阶编程库等丰富的功能。其中 ASIO 等异步编程库可以用于开发高性能网络应用。

（3）Eigen 库

Eigen 是一个用于线性运算的 C/C++模板库，支持矩阵和矢量运算、数值分析及其相关的算法。使用 Eigen 库可以方便地在 PLCnext 上实现最优化控制、模型预测控制等先进的控制算法。

（4）GRPC

GRPC 是 Google 公司开发的一个高性能、开源和通用的 RPC（remote procedure call，远程过程调用）框架微服务，实现信息的传输和远程调用。GRPC 底层会做好数据的序列化与传输任务，从而使 PLCnext 在上层更轻松地创建分布式应用和服务。

（5）Hermes 和 CFX

Hermes 标准（IPC-HERMES-9852）可实现先进的机器间通信协议，而 IPC-CFX（IPC-2591）标准则提供了标准化的垂直机器连接。这两种标准专为 SMT 产线量身打造，将其集成到 PLCnext 设备上，助力企业智能工厂的升级。

（6）MQTT

MQTT（消息队列遥测传输协议），是一种基于发布/订阅模式的"轻量级"通信协议，该协议构建于 TCP/IP 协议上。MQTT 利用极少的开销和有限的带宽，为连接远程设备提供实时可靠的消息服务，在物联网、移动应用等方面有较广泛的应用。在 PLCnext 上使用 MQTT 可以将数据接入华为云、阿里云等多种 IoT 平台。

上述的功能库只是 PLCnext 支持功能库的一小部分。用户利用 C/C++丰富的开源资源，可以将更多的功能扩展到 PLCnext 系统中。菲尼克斯在 PLCnext 社区、Github 等网站提供了多样的开发教程和案例，帮助用户更好地掌握 PLCnext C++编程技巧。

5.2.3　C++应用案例

MPC 模型预测控制是一种新型智能控制策略，在过程控制、自动驾驶等领域得到了成功的应用。以典型的温度控制为例：

$$y = \frac{0.003741}{s^2 + 0.04788s + 0.0003731} e^{-60s} u$$

式中，y 为输出温度；u 为加热器内燃烧阀的开度。温度控制系统通常会受到时滞的影响。在上面的模型中，当前的控制输入要经过 60s 才能够反映到输出上。只利用当前的误差进行控制会产生超调或者振荡。MPC 的优势在于能利用模型对未来系统动态进行预测，滞后带来的影响也被包含在预测方程中，从而可以获得最优的控制输入。

MPC 预测和优化的过程需要进行大量的矩阵计算，这在传统的基于 IEC 61131-3 语言的 PLC 上几乎不可能实现。然而，借助 PLCnext 优异的扩展性，在 C++ PLM 工程中引入开源计算库 Eigen，就可以轻松地克服矩阵计算的困难。

在 VSCODE 中创建 PLM 工程并指定控制器类型，依次在命令行输入：

```
plcncli new project -n MPC
cd MPC
plcncli set target --add -n axcf3152 -v 23.0.2
```

由于 Eigen 是一个由头文件组成的库，只需简单地将 Eigen 库复制到工程文件夹下即可调用，如图 5-8 所示。

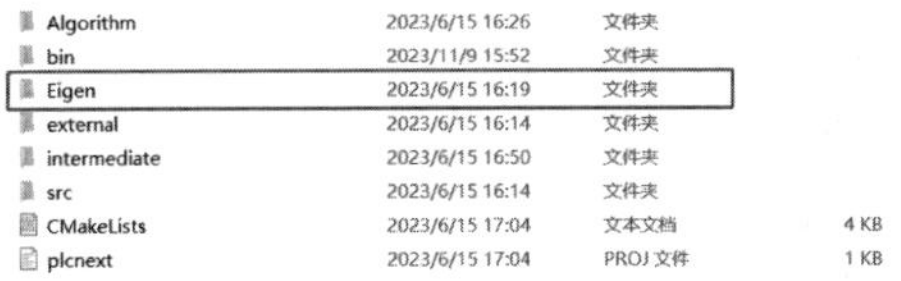

随后创建"Algorithm"文件夹，新建 doMPC.cpp 和 doMPC.h 实现 MPC 算法。在其中引用 Eigen 库定义模型预测方程，完成最优控制输入的计算，如图 5-9 所示。

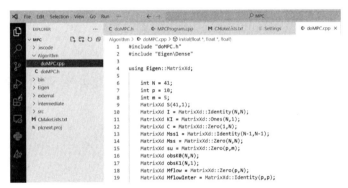

图 5-8　工程文件夹下复制的 Eigen 库文件

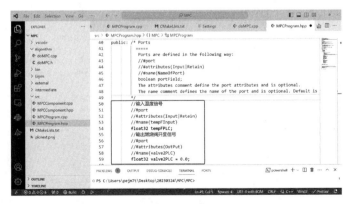

图 5-9　引用 Eigen 库定义模型预测方程

按照指定格式在 PLM 工程的"MPCProgram.hpp"头文件下定义 PLM 工程的输入输出接口。输入输出接口用于和 PLCnext Engineer 等其他程序进行数据交换，如图 5-10 所示。

图 5-10　定义 PLM 工程的输入输出接口

在 PLM 工程的源文件中使用已开发的 MPC 算法，如图 5-11。

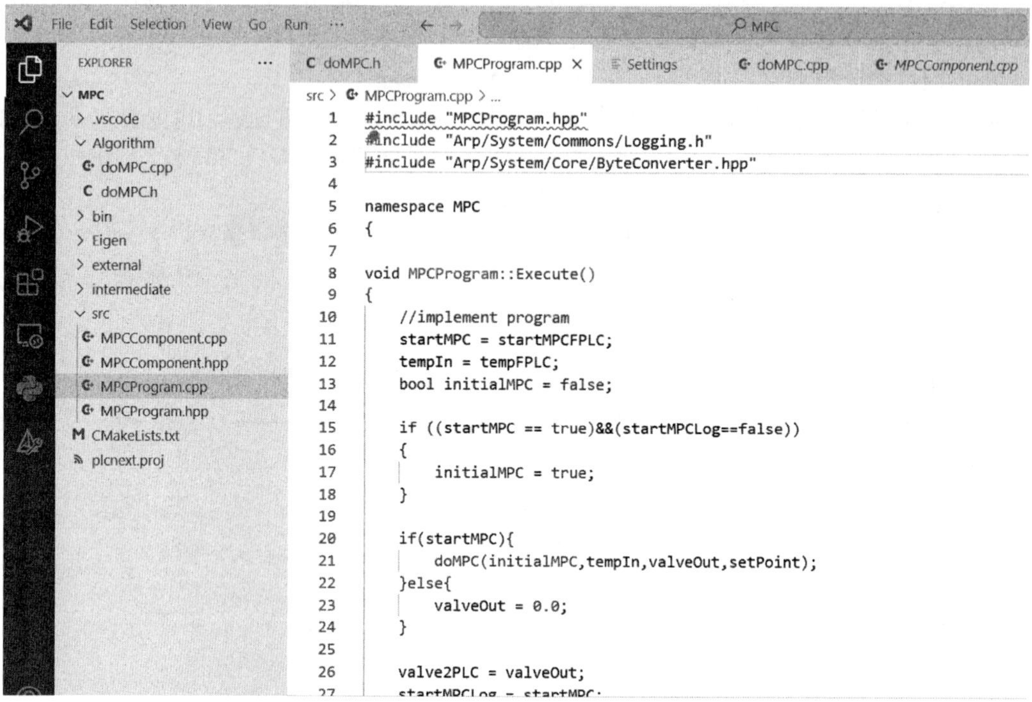

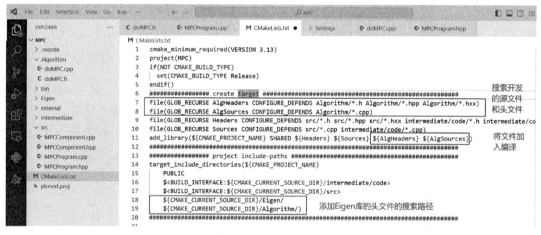

图 5-11　MPC 算法使用

C++ PLM 工程使用 CMakeLists.txt 控制编译行为，将 Eigen 库文件和 MPC 算法文件纳入 PLM 工程的编译中，如图 5-12。

图 5-12　加入编译

修改完 CMakeLists.txt 后，输入：

```
plcncli generate all
plcncli build
plcncli deploy
```

后进行 PLM 工程的配置生成、编译和打包过程。打包完毕后，工程文件夹的"bin"文件夹下生成 MPC.PCWLX 库文件。将 MPC.PCWLX 文件导入 PLCnext Engineer 即可使用功能库文件。运行效果见图 5-13。

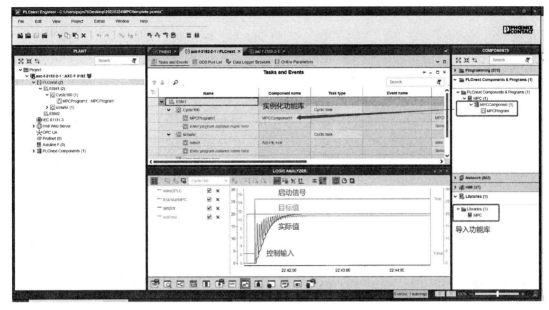

图 5-13　运行效果

5.3　MATLAB 集成介绍

5.3.1　MATLAB 特点

MATLAB 是一款由 MathWorks 公司开发的高级数值计算和可视化软件，以下是 MATLAB 的主要特点和应用领域：

❏ 数值计算：MATLAB 支持矩阵计算、线性代数、积分和微分方程求解等数学计算，可以进行高精度计算和复杂算法的开发。

❏ 数据分析：MATLAB 可以处理各种数据类型，包括数字、文本、图像和视频等。具有丰富的数据可视化和分析工具，可以生成多种图表、图像和动画等。

❏ 算法开发：MATLAB 支持算法开发和测试，可以用于开发各种算法，如图像处理、信号处理、优化和机器学习等。

❏ 应用程序开发：MATLAB 可以用于开发各种应用程序，如工程计算、控制系统、自动化和仿真等。它还支持各种编程语言和硬件平台，如 C/C++、Java、Python 和 FPGA 等。

❏ 开源库：MATLAB 有大量的开源库和工具箱，可以加快开发过程，如信号处理、图像处理、优化和统计等。

综上所述，MATLAB 是一款功能强大的数学计算和可视化软件，可以进行数值计算、数据分析、算法开发和应用程序开发等工作。MATLAB 的优点包括易于使用、灵活性强、开发速度快、开放性强等，因此被广泛应用于如科学研究、工程设计、数据分析、金融和生物医学等领域。依托于 PLCnext 这一开放性的平台，用户可以通过菲尼克斯电气提供的工具和插件，轻松将 MATLAB/Simulink 程序集成到 PLCnext 系统中。本节主要描述如何利用 MATLAB/Simulink 为 PLCnext 赋予更加强大和多样化的功能。

5.3.2 MATLAB 集成

PLCnext 中 MATLAB 的使用方法

5.3.2.1 MATLAB 开发环境

（1）PLCnext/PCWorx Target for Simulink

依托菲尼克斯电气 PLCnext/PC Worx Target for Simulink 插件，如图 5-14 所示，可以将 MATLAB/Simulink 建立的模块导出成适用于 PLCnext Engineer 的库文件的形式，实现 MATLAB/Simulink 在 PLCnext 控制器上的应用。

图 5-14　软件插件 PC Worx Target for Simulink 1.6

（2）安装和注册 PLCnext 控制器的 SDK

在菲尼克斯官网下载 C++工具链，其中包含对应 PLCnext 的 SDK，如图 5-15。在 MATLAB/Simulink 中的"SDK Manager"界面，安装对应的 SDK，如图 5-16。

图 5-15　PLCnext 的 SDK

图 5-16　Simulink 中的"SDK Manager"界面

5.3.2.2 MATLAB 开发步骤

MATLAB 开发过程主要可以分为两方面：

① 开发 PCWLX 库　通过 MATLAB/Simulink 建立系统模型以及进行控制器的设计。利用 PLCnext/PCWorx Target for Simulink 插件把搭建出来的控制器或模型导出 PCWLX 库文件，如图 5-17 所示。

② 应用 PCWLX 库　在 PLCnext Engineer 中导入上一步生成的 PCWLX 库，在 PLCnext 组件和程序中生成对应的程序和功能块，并以与 IEC 61131-3 程序相同的方式在控制器上执行该程序。相关流程如图 5-18 所示。

为了使读者能够详细了解应用 MATLAB/Simulink 开发 PLCnext 程序的流程，以下面项目为例，详细展示开发与使用的步骤。

（1）新建 MATLAB/Simulink 工程

打开 MATLAB/Simulink，选择"Simulink"，命令新建一个工程，如图 5-19 所示。

（2）搭建 Simulink 模型

在 MATLAB/Simulink 中分别建立控制器和被控对象的模型以及输入输出端口。控制器以 PID 控制器为例，如图 5-20 所示。

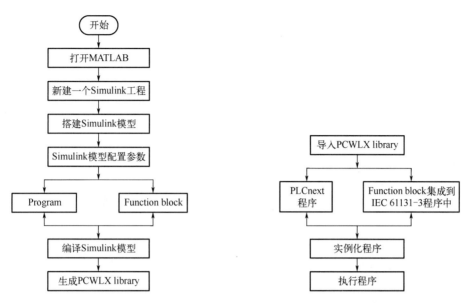

图 5-17　MATLAB/Simulink 开发 PCWLX 库流程

图 5-18　应用 PCWLX 库

图 5-19　新建工程

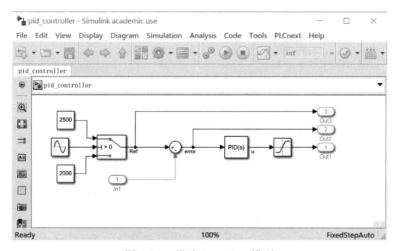

图 5-20　搭建 Simulink 模型

被控对象以发动机模型为例,如图 5-21。

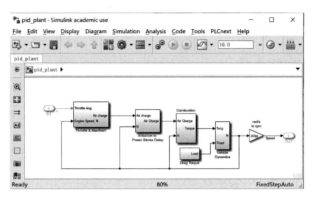

图 5-21　发动机被控对象模型

(3) Simulink 模型配置参数

① 点击"model configuration parameters"图标进入参数设置界面。

② 在"Solver"界面中设置相关参数。终止时间根据需要填写,单位是 s。如果是持续执行可填写"inf"。因为控制器中内含实时时钟,只能选择固定步长,不能选择变步长。求解器类型默认是"ode3",可根据需求进行调整。在"Additional options"中设置步长值,注意要与运行在 PLCnext 控制器中的周期设置保持一致。

③ 在"Code Generation"界面中点击"Browse"按键,在弹出的"System Target File Browser. stepbystep"对话框中选择"pxc_hlli.tlc"并点击"OK"键,如图 5-22 所示。

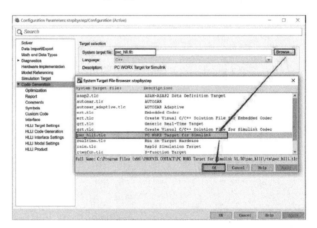

图 5-22　Code Generation 界面

④ Interface 设置:点开"Interface"界面,选中"External mode"复选框,"Transport layer"默认为"tcpip"。在"Mex-file arguments"右侧填入目标 PLCnext 控制器的 IP 地址。注意,在 IP 地址前后要加上单引号(注意使用英文字符),如图 5-23 所示。

⑤ HLLI Target Settings:在"Target type"右侧选择目标控制器的类型,下拉栏中会显示所有已安装的 SDK,注意需要与 PLCnext 控制器中固件版本保持一致的选项,如图 5-24 所示。

⑥ HLLI Code Generation:在代码生成页面,需要在"Output directory"右侧填入模型生成后导出文件的路径位置,注意当完成编译后将在此路径下生成 PLCnext 控制器可识别的.pcwlx 文件,如图 5-25 所示。

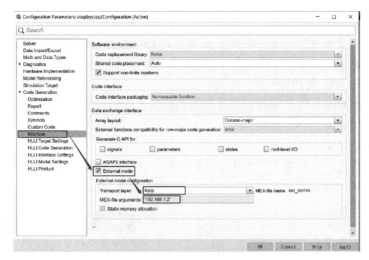

图 5-23　Interface 设置

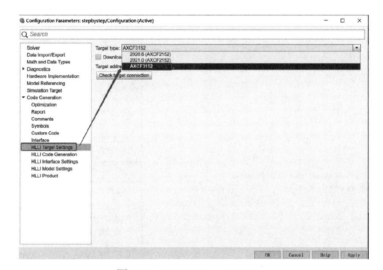

图 5-24　HLLI Target Settings

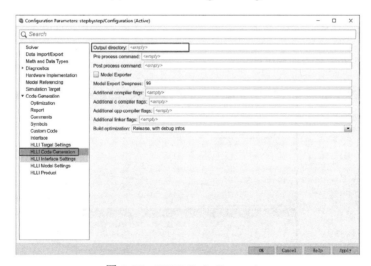

图 5-25　HLLI Code Generation

（4）编译 Simulink 模型，生成 PCWLX library

将模型编译提示无误后，点击如图 5-26 箭头所指的编译按钮，在之前设定好的路径下生成此模型的.pcwlx 文件（控制器和被控对象模型分别打包为两个库文件）。

（5）导入 PCWLX library

PLCnext 组件和程序中生成对应的程序和功能块，功能块需要集成到 IEC 61131-3 程序中，如图 5-27。

（6）程序实例化

将右侧导入的程序文件拖入"Task and Events"中，注意"Interval"需要和 Simulink 中的"step size"一致。完成后可以看到该程序实例化出现在左侧的"PLANT"中，如图 5-28。

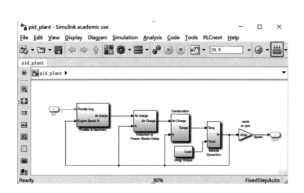

图 5-26　点击编译按钮　　　　　　　图 5-27　导入 Simulink 生成的库文件

图 5-28　将右侧导入的程序文件拖入"Task and Events"

在"GDS Port List"中将模型的 IN 和 OUT 端口连接到对应程序的 IN 和 OUT 端口。在本例中，连接控制器的输出值到被控对象的输入值，连接被控对象的输出值到控制器反馈的输入值，搭建成为完整的闭环控制，如图 5-29。

图 5-29　连接控制器的输出值到被控对象的输入值

（7）执行程序

关联好输入输出变量后，将程序下载安装至 AXC F 3152 中，进入联机监视状态，可以看到此数据的变化。AXC F 3152 中监视到的变量值与 Simulink 数值同步变化。在"LOGIC ANALYZER"中可以看到发动机的输出值及其给定值的对比情况，如图 5-30。

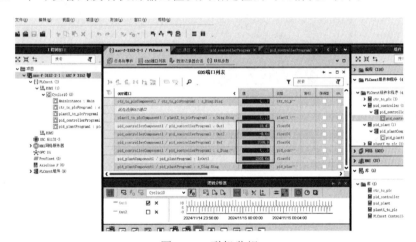

图 5-30　联机监视

Simulink 启用"External"（外部）模式，如图 5-31，与 AXC F 3152 控制器中运行程序进行智能联调，在运行 PLCnext Engineer 中的 Simulink 程序的同时，联合 MATLAB/Simulink 在线调试更改参数等，不需要重新编译 Simulink 程序，下载安装即可完成 PLCnext Engineer 中程序的同步更改，如图 5-32。

图 5-31　Simulink 启用"External"（外部）模式

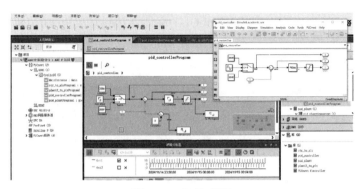

图 5-32　智能联调

注意，不处于 External 模式时，如改动 Simulink 文件需要重新在 Simulink 中进行编译，PLCnext Engineer 中原有的库文件会自动更新，在更新时需要断开在线模式，否则 PLCnext Engineer 软件会崩溃。

库文件自动更新完毕后屏幕右下角会显示图 5-33 所示提示框。

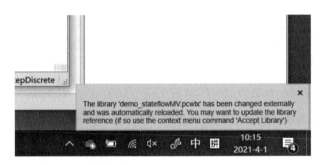

图 5-33　库文件自动更新完毕提示框

5.3.3　MATLAB 应用案例

图像条形码是现代生活中广泛应用的一种数据编码方式，具有快速、准确、方便的特点。条形码在不同宽度的平行线上对数据进行编码。条形码识别原理是根据条形码宽度不同、反射率不同的条和空，按照一定的编码规则（码制）编制成的，用以表达一组数字或字母符号信息的图形标识符，即条形码是一组粗细不同，按照一定的规则安排间距的平行线条图形。常见的条形码是由反射率相差很大的黑条（简称条）和白条（简称空）组成的

在本节，将针对 GTIN-13、EAN-13 以及 UPC 等三种不同的条形码类型，展示一种基于 PLCnext 控制器联合 MATLAB/Simulink 设计的图像条形码识别系统。在算法设计部分，该系统通过在 MATLAB/Simulink 进行图像预处理、特征提取和图像检测等算法的搭建，能够实现对图像条形码的自动识别。由于 PLCnext 控制器的开放性，在实际部署阶段，能够轻松将条形码识别算法移植到 PLCnext 控制器上，达到自动识别条形码的功能，实现在靠近现场的边缘设备层处理图像数据。

在基于 PLCnext 的图像条形码识别案例中，主要的实施步骤如下。

（1）创建图像识别算法

使用 MATLAB/Simulink 搭建图片选择、图像预处理、特征提取、图像检测、条形码识别等模块，如图 5-34；运行算法，测试条形码识别算法的自动识别效果。

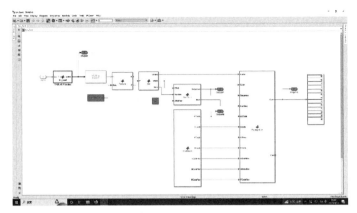

图 5-34　算法搭建及调试

（2）设置参数并导出库

根据使用的 PLCnext 控制器选择相应的 SDK 类型（以下案例根据 AXC F 3152 设定），并按照前文对库的步长值等等多个参数进行配置；设置完成后，编译模型导出条形码识别系统 PCWLX 库，如图 5-35。

图 5-35　部分参数设置

（3）条形码识别库的应用

将条形码识别系统 PCWLX 库导入 PLCnext Engineer，在"PLCnext Components & Programs"中生成了对应的程序。将任务周期设置成与 MATLAB/Simulink 中步长相同的值，将对应的"fun_loadProgram"分配给"PLANT"中"PLCnext"节点中的任务实例化程序，如图 5-36。

（4）条形码识别系统运行和验证

连接 PLC 控制器 AXC F 3152，将程序下载并运行于其中，如图 5-37。若有 Model Viewer 的授权，则点击"fun_load Program"时会呈现与 MATLAB/Simulink 一致的条形码识别系统。任意给条形码图片输入端口写入值，将会快速识别出对应的 13 位条形码数字编号。经过多次验证，识别效果优异，如图 5-38。

上述示例讲述基于 MATLAB 开发 PLCnext 的条形码自动识别算法 PCWLX 库的典型应用，在使用 MATLAB 开发算法库的过程中，发挥 PLCnext 控制器的开放性，利用 MATLAB 这种强大的数据处理工具，能够快速实现对数据分析处理等相关功能的开发。

图 5-36　条形码识别库的应用

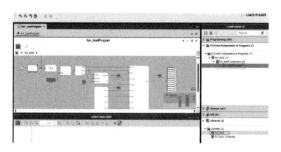

图 5-37　条形码识别系统运行

图 5-38　条形码识别系统验证

5.4　C#集成介绍

5.4.1　C#特点

C#是微软公司发布的一种由 C 和 C++衍生出来的面向对象的编程语言，是一种现代的、面向对象的高级程序设计语言，也是.NET 框架中的新一代开发工具。C#具备很多特点如：通用语言规范、自动内存管理、交叉语言处理、版本支持、安全性强、完全面向对象等。同时简化了 C++语言在类、命名空间、方法重载和异常处理等方面的操作，摒弃了 C++的复杂性，更易使用，更少出错，其编程语法和 C++和 Java 语法非常相似，易上手，开发便捷，在工业自动化领域应用广泛。

PLCnext 支持高级语言开发，其中包括基于 C#语言的开发。在 PLCnext 平台中采用 ProConOS 嵌入式公共语言运行时（eCLR），这是一套实时的、可多任务的、符合 IEC 61131 的快速的 PLC 运行时系统，在执行 C#源代码之前，ProConOS 可以使用通用中间语言（CIL），将其转换为本地机器代码，以实现源代码非常快速且实时地执行。

同时，菲尼克斯提供了一个 Visual Studio 扩展开发工具包，作为 PLCnext SDK 的一部分，允许开发者在 Microsoft Visual Studio 中使用 C#开发 eCLR 固件库，进而在 PLCnext Engineer 中调用 eCLR 固件库，来实现对基于 C#开发的库的使用。eCLR 固件库包括功能、功能块、程序和函数集，这些可以作为实时任务在 IEC 61131 编程环境中进行调用。

以上提到的 Visual Studio 扩展开发工具包和 PLCnext Engineer 各自的功能如图 5-39 所示。

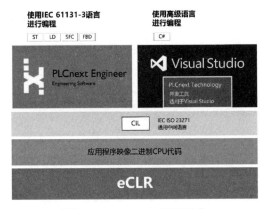

图 5-39　PLCnext 编程语言

5.4.2　C#集成

　　　　　　　　　　　　　　　PLCnext 中 C#的应

（1）C#开发 PLCnext 实时任务的准备

在 PLCnext 平台进行 C#语言开发环境搭建时，需要安装如下所述的两个软件：

❑ Visual Studio：Visual Studio 版本要与 Visual Studio 扩展开发工具包版本相匹配，此处建议安装 Visual Studio 2022，安装包可从 Visual Studio 官网下载。此处以 Community 版本为例，如图 5-40。

图 5-40　Visual Studio

❑ Visual Studio 扩展开发工具包：Visual Studio 扩展开发工具包有两种形式，一种是单独的一个包，一种是和工具链包绑定在一起的（V2020 版本之前是单独安装包，V2020 版本及其之后的版本是绑定到工具链包内的），Visual Studio 扩展开发工具包可从菲尼克斯官网下载，如图 5-41。

图 5-41　Visual Studio 扩展开发工具包

上述两个软件成功安装后，在 Visual Studio 中新建项目时即可看到"PLCnext C# Firmware Library"项目模板选项，表示基于 C#语言开发 eCLR 固件库的开发环境搭建成功，如图 5-42。

（2）C#开发实时任务

基于 C#语言可开发的 PLCnext 实时任务包括如下四种：Function Block、Function、Function

Container、Program。这四种 PLCnext 实时任务的开发步骤是一样的，如图 5-43 所示。

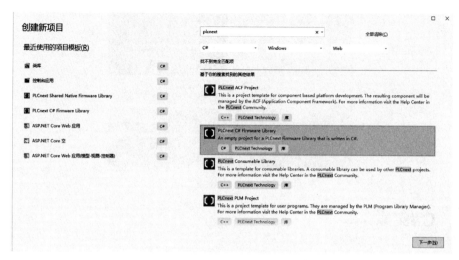

图 5-42　创建新项目

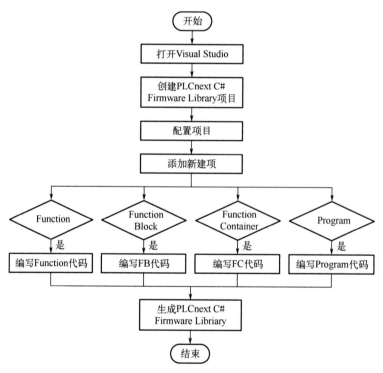

图 5-43　PLCnext 实时任务开发步骤

为了使读者能够详细了解 PLCnext 实时任务的开发过程，下面以 PLCnext Function Block 为例，详细展示 PLCnext 实时任务的开发与使用步骤。

第一步：新建项目工程

打开 Visual Studio，选择"创建新项目（N）"，如图 5-44 所示。

选择"PLCnext C# Firmware Library"项目模板创建项目，如图 5-45 所示。

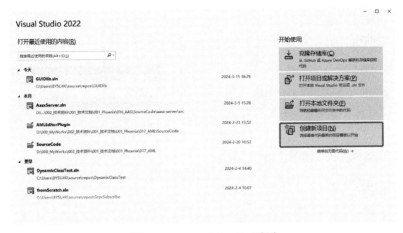

图 5-44　Visual Studio 页面

选择"PLCnext C# Firmware Library"项目模板后，配置新项目，配置内容包括：项目名称、项目存放位置、解决方案名称（勾选"将解决方案和项目放在同一目录中"），解决方案名称和项目名称使用同一名称、框架（选择.NET Framework 框架，如本机已安装.NET Framework 框架，用户可在下拉框中进行选择），如图 5-46 所示。

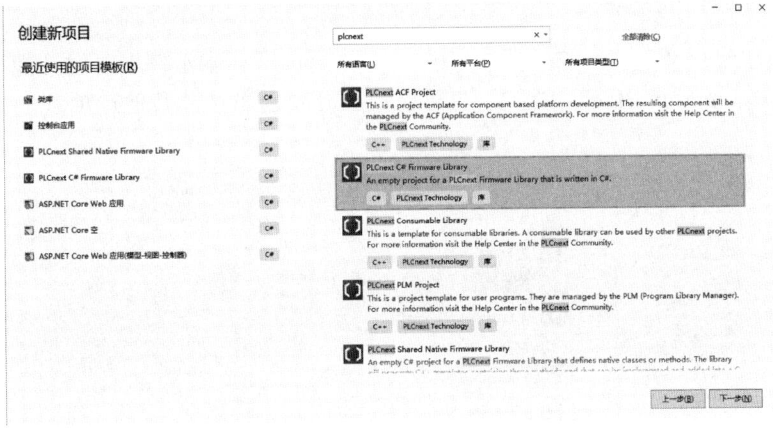

图 5-45　PLCnext 模板项目

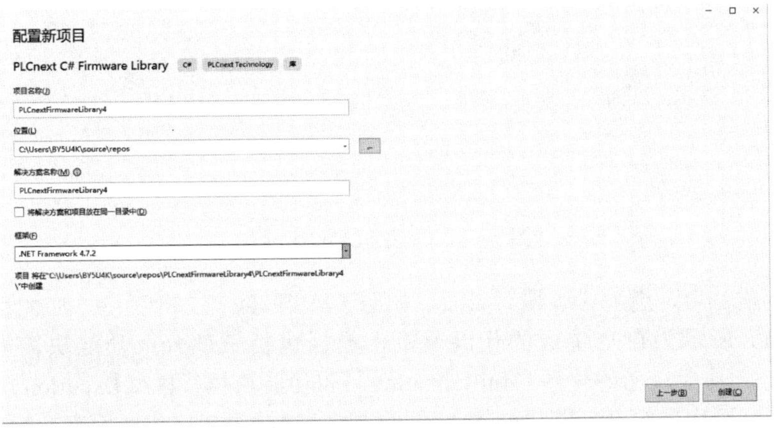

图 5-46　配置新项目

第二步：开发功能块

进入新创建的项目后，添加新建项目，如图 5-47 所示。

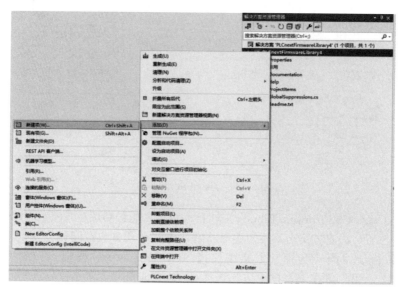

图 5-47 新项目设置

在新建项中选择新建"PLCnext Function Block"选项（本示例以开发功能块为例，所以选择"PLCnext Function Block"选项，也可以根据开发需求选择其他选项），如图 5-48 所示。

图 5-48 新建 PLCnext 项目

添加新建项目后，进入代码编写界面，如图 5-49 所示。

如图 5-50 所示为自动生成的代码模板，模板包括三部分：功能块输入输出定义区（Input/Output）、功能块初始化区（Initialization）和功能块执行区（Excution）。其中，功能块输入输出定义区用来定义功能块的输入输出引脚，功能块初始化区用来初始化功能块创建时要初始化的数据和动作，功能块执行区用来编写功能块在每个扫描周期要执行的动作。

```
FunctionBlock1.cs
杂项文件    PLCnextBAAE.FunctionBlock1

using Iec61131.Engineering.Prototypes.Common;
using Iec61131.Engineering.Prototypes.Methods;
using Iec61131.Engineering.Prototypes.Types;
using Iec61131.Engineering.Prototypes.Variables;
using System;
using System.Iec61131Lib;

namespace PLCnextBAAE
{
    [FunctionBlock]
    public class FunctionBlock1
    {
        [Input]
        public short IN1;
        [Input]
        public short IN2;
        [Output, DataType("WORD")]
        public ushort OUT;

        [Initialization]
        public void __Init()
        {
            //
            // TODO: Initialize the variables of the function block here
            //
        }

        [Execution]
        public void __Process()
        {
            OUT = (ushort)(IN1 + IN2);
        }
    }
}
```

图 5-49 代码编程页面

```
alarm_forBool.cs*
PLCnextBAAE    PLCnextBAAE.alarm_forBool

namespace PLCnextBAAE
{
    [FunctionBlock]
    0 个引用
    public class alarm_forBool : BaseAE
    {
        #region Define the Input of the function block here
        //
        // TODO: Define the Input of the function block here
        //
        [Input, OPC,ReadOnly]
        public bool alarmSource;
        [Input, OPC,]
        public bool trigLevel = true;
        #endregion

        #region Define the Output of the function block here
        //
        // TODO: Define the Output of the function block here
        //

        #endregion


        #region Initialize the variables of the function block here
        6 个引用
        public override void __ExeInit()
        {
            //
            // TODO: Initialize the variables of the function block here
            //
            base.__ExeInit();

        }
        #endregion

        #region Excute the Process of the function block here
        6 个引用
        public override void __ExeProcess()
        {
            //
            // TODO: Excute the Process of the function block here
            //
            base.__ExeProcess();


        }
        #endregion
```

图 5-50 编程代码模板

下面编写功能块功能实现代码。功能块要实现的功能如下：接收 BOOL 类型的数据输入，根据预定条件检测是否满足报警条件，如满足报警条件则触发报警；同时，将报警数据封装成报警对象，通过 OPC UA 通信协议发出。

代码填写完成后，编译项目，生成 PLCnextBAAE.pcwlx 扩展类型文件（默认生成路径在：项目存放位置\bin\Debug），即为功能块库文件，如图 5-51 所示。

PLCnextBAAE.dll	2023-2-22 9:30	应用程序扩展	9 KB
PLCnextBAAE.pcwlx	2023-2-22 9:30	Adobe Acrobat Do...	51 KB
PLCnextBAAE.pdb	2023-2-22 9:30	PDB 文件	30 KB

图 5-51　项目存放

第三步：Function Block 的使用

打开 PLCnext Engineer，在"库"中选择"添加用户库"，选择生成的 PLCnextBAAE.pcwlx 文件，如图 5-52 所示。

导入 PLCnextBAAE.pcwlx 文件后，如图 5-53 所示。

图 5-52　选择库

图 5-53　导入库

在程序中调用功能块"alarm_forBool"：在 PLCnext Engineer 下"编程">"PLCnextBAAE">"功能和功能块"中调用"alarm_forBool"功能块，如图 5-54 所示。

连接 OPC UA 客户端（UA Expert），如图 5-55 所示。

启动控制器程序，如图 5-56，可以看到 alarm_forBool 功能块的数据封装后打包送到 OPC UA 客户端，如图 5-57 所示。

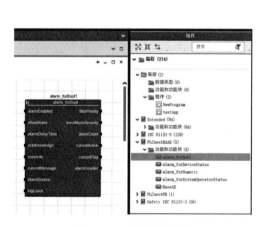

图 5-54　功能块选择

图 5-55　连接 OPC UA 客户端

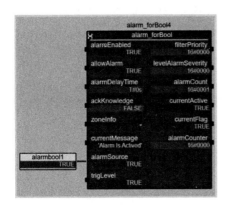

图 5-56 功能块运行

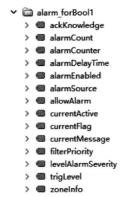

图 5-57 功能块 OPC UA 变量表

5.4.3 C#应用案例

本小节以基于 C#语言开发自动生成 GUID 功能为例,介绍基于 C#语言开发功能块的典型应用。

GUID 全称为全局唯一标识符(globally unique identifier),是一种用于表示唯一标识符的数字标识符。它可用于在工业生产系统中跟踪和标识特定的对象、实体或产品,其主要特点是在全局范围内是唯一的。

GUID 是一种由算法生成的二进制长度为 128 位的数字标识符,为了保证全局的唯一性,用于生成 GUID 的算法通常都加入了非随机的参数(如时间),以保证不会发生重复的情况。它的生成过程使用 IEC 61131 标准语言很难实现,为此,人们可以采用 C#语言,并调用已有的 GUID 生成算法来轻松实现自动生成 GUID 的功能。实现过程如下:

第一步:新建 GUID 功能块库"GUIDlib"。如图 5-58 所示,创建新项目,并以功能块库"GUIDlib"命名项目名称。

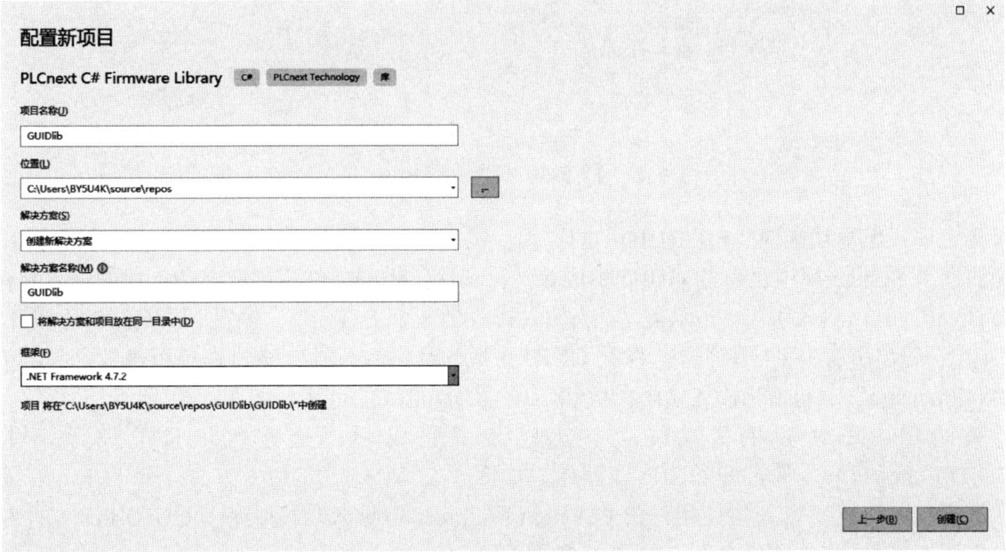

图 5-58 新建 GUIDlib 功能块库

第二步:新建 GUID 功能块 "FB_GUID"。如图 5-59 所示,在项目中添加新项,新项模板选择"PLCnext Function Block",并以功能块"FB_GUID"命名新项名称。

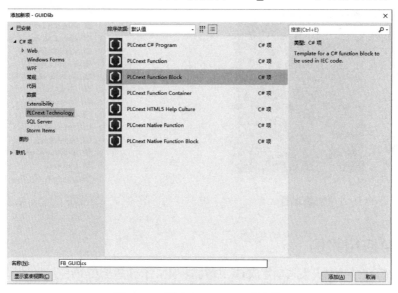

图 5-59　新建 FB_GUID 功能块

上述步骤完成后,可以看到如图 5-60 所示项目视图。

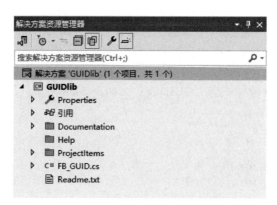

图 5-60　项目视图

第三步:编写功能块"FB_GUID"的实现代码。首先,通过"using System"引用 GUID,以能够调用 System 库中已有的 GUID 生成算法;其次,根据功能规划定义功能块的输入和输出引脚 CreatGUID(输入引脚,布尔类型,当输入接收到一个上升沿时,触发一次 GUID 生成计算)和 GUID(输出引脚,字符串类型,保存 GUID 生成的结果);最后,分别在模板函数"__Init()"和"__Process()"中初始化输入输出参数和实现 GUID 生成的过程,如图 5-61 所示。

第四步:编译和生成功能块。上述步骤完成后,通过对项目的编译,生成"GUIDlib.pcwlx"文件,即 GUID 功能库,如图 5-62 所示。

第五步:功能块导入与使用。在 PLCnext Engineer 中导入功能块库"GUIDlib",并在程序中使用功能块"FB_GUID",如图 5-63 所示。

上述示例介绍了基于 C#语言开发功能块的典型应用,在使用 C#语言开发功能块的过程中,能发挥高级语言开发优势,调用已有的公共资源,快速实现目标功能的开发。

```
using Iec61131.Engineering.Prototypes.Variables;
using System;
using System.Iec61131Lib;

namespace GUIDlib
{
    [FunctionBlock]
    1 个引用
    public class FB_GUID
    {
        [Input]
        public bool CreatGUID;

        [Output, DataType("STRING")]
        public IecString80 GUID;

        bool temp;

        0 个引用
        public FB_GUID()
        {
            GUID.ctor();
            temp = CreatGUID;
        }

        [Initialization]
        0 个引用
        public void __Init()
        {
            //
            // TODO: Initialize the variables of the function block here
            //
            GUID.ctor();
            temp = CreatGUID;
        }

        [Execution]
        0 个引用
        public void __Process()
        {
            if ((temp != CreatGUID) && CreatGUID)
            {
                GUID.Init(GenerateGUID());
            }
            temp = CreatGUID;

        }

        1 个引用
        public string GenerateGUID()
        {
            string rst = null;
            rst = Guid.NewGuid().ToString();
            return rst.Replace("-", string.Empty);
        }
    }
}
```

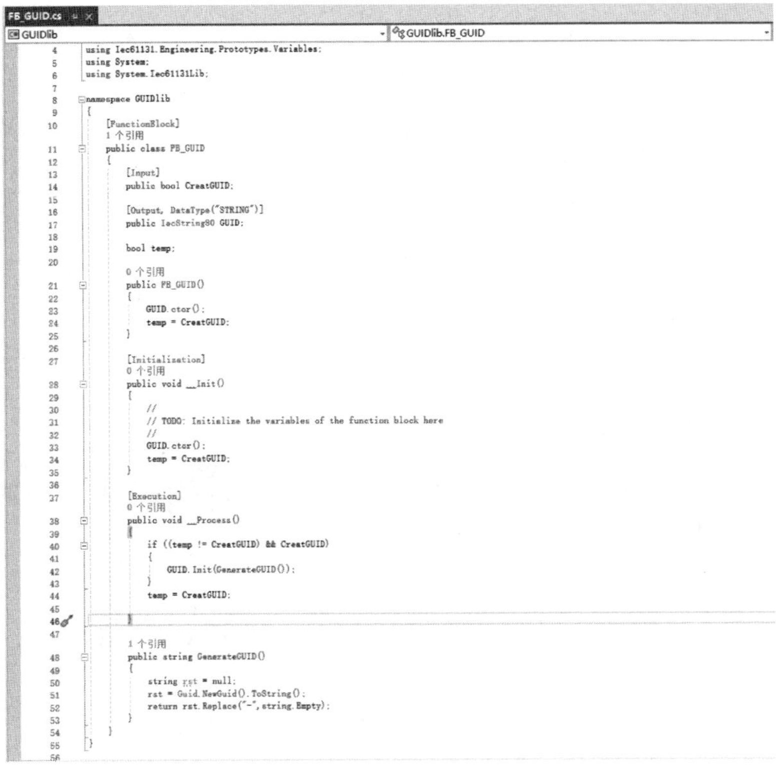

图 5-61　编写功能块代码

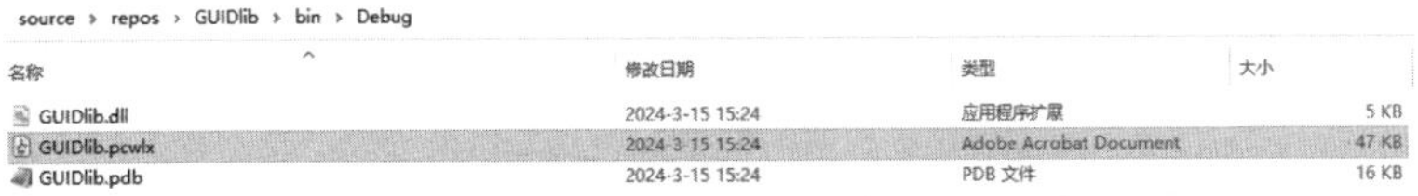

图 5-62　生成 GUID 功能库

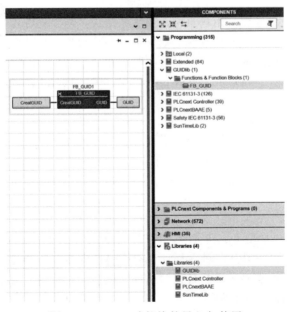

图 5-63　GUID 功能块的导入与使用

PLCnext

第 6 章
通信协议集成

6.1 工业通信网络

在各种各样的工业自动化应用场景中，控制系统经常需要与各种不同的工业设备进行数据通信。在设备层和控制层，PLC 控制器通常需要与执行器、传感器、伺服控制器、机器人等设备进行连接通信，这些通信要求较高的实时性和稳定性，一般采用现场总线和工业实时以太网，如 PROFIBUS、CanOpen、Devicenet、PROFINET、Ethernet/IP 等。

此外，随着工业物联网（IoT）技术和数字化 IoT 技术的发展，工厂和企业之间的交流变得越来越频繁，设备监控、数据采集、生产管理和企业管理信息系统中的 SCADA、MES、ERP 和云服务器也对控制系统有着越来越高的数据通信需求。这类通信通常对实时性的要求不高，但是要求较大的数据流量、支持更复杂的数据结构和良好的互操作性。在监控层和管理信息系统中，常用的通信协议有 MODBUS TCP、SNMP、OPC UA、MQTT 等协议。

为了推动数字化技术的发展，菲尼克斯推出了基于 PLCnext 控制器的 IIoT Framework APP（图 6-1）。通过 IIoT Framework APP，客户可快速开发具有成本效益的物联网解决方案。它具有标准化的接口，可将具体各种各样通信协议的设备连接到 PLCnext 控制器，进行数据的实时采集及存储。它不需要客户具备任何编程知识，只需在网页浏览器中配置即可。后文将详细介绍一些常用的通信接口协议。

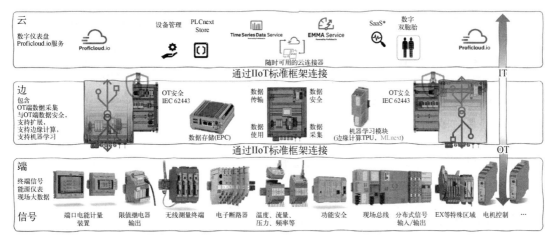

图 6-1　PLCnext IIoT 框架

6.2　MODBUS 通信

　PLCnext 串口通信　

MODBUS 是一种串行通信协议，是莫迪康于 1979 年为使用 PLC 而开发的。MODBUS 是 OSI 模型第 7 层上的应用层报文传输协议，它在连接至不同类型总线或网络的设备之间提供客户机/服务器通信。它已经成为工业领域通信协议标准，现在是工业电子设备之间相当常用的连接方式。

MODBUS 通信模式主要有以下四种，如表 6-1 所示。

表 6-1　MODBUS 通信模式

序号	类型与描述	典型应用特点
1	RTU 模式（串口）	传输大量数据，适合工业应用
2	ASCII 模式（串口）	传输少量数据，适合计算机应用
3	TCP 模式	传输可靠，效率低
4	UDP 模式（网口）	传输效率高

6.2.1　MODBUS RTU 通信

6.2.1.1　MODBUS RTU 通信概述

MODBUS RTU（RTU 指远程终端单元）采用了请求-应答式主从通信模式。MODBUS 标准规定，MODBUS 请求只能由主站发起，主站发送请求数据给从站，从站只有在接收到主站的请求数据后，才能发送应答数据到总线上。主站发送请求，然后请求中指定的从站响应。主站也可以向所有从站发送请求（广播）。如果没有收到主站的请求，从站永远不会传输数据。此外，从站之间不能相互通信。主站一次只发起一个 MODBUS 事务。

6.2.1.2　MODBUS RTU 通信特点

❏ 物理传输介质：最常用的是屏蔽双绞线，基于 RS-485 标准传输。

□ 传输速率：MODBUS RTU 协议支持的波特率范围从 300bps 到 115200bps，通常使用 9600bps 或 19200bps，bps 即 bit/s。

□ 传输距离：使用 RS-485 接口，通信距离最远可达到 1200m。

□ 数据传输方式：半双工，主从通信且一主多从，主站不可同时与多个从站通信，必须挨个轮询，而且一问一答。半双工的特性决定了这种通信方式同一时刻只允许一个节点占用总线。

□ 最大接入点数：使用 RS-485 接口，最多可以拥有 32 个节点，接入更多则需要中继器。

□ 拓扑结构：菊花链结构。

6.2.1.3 MODBUS RTU 协议报文格式

通信过程采用了一种简单的帧结构，每个帧包含一个从站地址、功能码和数据等字段。主站通过串口向从站发送指令，从站接收到指令后执行相应的操作并返回结果。

MODBUS RTU 的报文基本格式是：地址码+功能码+数据区+校验码（十六进制字节）。参见表 6-2。注意事项如下：

表 6-2 MODBUS RTU 报文

项目	地址码	功能码	寄存器起始地址	寄存器数量	CRC 校验码
MODBUS RTU 长度	1 字节	1 字节			2 字节
示例	01	03	00 01	00 04	15 C9

□ 数据字节：高位在前，低位在后；

□ CRC（循环冗余校验）校验码：低位在前，高位在后；

□ 每报文（数据帧）最长为 250 字节，即最多 125 个字。

（1）映射寄存器

MODBUS RTU 内存中存储有四种数据类型：离散输入（位）、线圈（位）、保持寄存器（16 位寄存器）和输入寄存器（16 位寄存器），见表 6-3 描述。

表 6-3 MODBUS RTU 寄存器

设备类型	读写属性	应用定义	功能码（十六进制）	MODBUS 协议地址	内部地址
0X	可读可写	线圈（输出点）	01，05，0F	0000 起到 FFFF	1 到 065535
1X	只读	离散输入	02	0000 起到 FFFF	1 到 065535
3X	只读	输入寄存器	04	0000 起到 FFFF	1 到 065535
4X	可读可写	保持寄存器，写的时候功能码多为 10	03，06，10	0000 起到 FFFF	1 到 065535
5X	可读可写	同 4X，但在 32 位数据类型时数据排放相反	03，06，10	0000 起到 FFFF	1 到 065535
6X	可读可写	同 4X，但在 32 位数据类型时数据排放相反	03，06，10	0000 起到 FFFF	1 到 065535

（2）常见功能码

MODBUS RTU 常见功能码见表 6-4 中描述。

表 6-4 MODBUS RTU 常见的功能码

功能码	名称	功能	对应地址类型
01	读线圈状态	读位（读 N 个 bits），读从机线圈寄存器，位操作	0x
02	读输入离散量	读位（读 N 个 bits），读离散输入寄存器，位操作	1x

续表

功能码	名称	功能	对应地址类型
03	读多个寄存器	读整型、字符型、状态字、浮点型（读 N 个 words），读保持寄存器，字节操作	4x
04	读输入寄存器	读整型、状态字、浮点型（读 N 个 words），读输入寄存器，字节操作	3x
05	写单个线圈	写位（写一个 bit），写线圈寄存器，位操作	0x
06	写单个保持寄存器	写整型、字符型、状态字、浮点型（写一个 word），写保持寄存器，字节操作	4x
0F	写多个线圈	写位（写 N 个 bits），强置一串连续逻辑线圈的通断	0x
10	写多个保持寄存器	写整型、字符型、状态字、浮点型（写 N 个 words），把具体的二进制值装入一串连续的保持寄存器	4x

6.2.1.4 MODBUS RTU 示例

PLCnext 中 MODBUS RTU 通信

（1）硬件及软件

所需硬件见表 6-5，所需软件见表 6-6。

表 6-5 硬件列表

序号	名称	版本
1	AXC F 2152	2023.0
2	AXL F RS UNI	

表 6-6 软件列表

序号	名称	版本	软件功能描述
1	PLCnext Engineer	2023.6	PLCnext 控制器编程软件
2	MODBUS Slave		MODBUS 从站模拟软件
3	MODBUS Poll		MODBUS 主站模拟软件

AXL F RSUNI 模块用于 AXLine 站本地总线，通过串行接口与其他设备通信。电脑与 AXL F RS UNI 模块实现 MODBUS RTU 通信需要借助通信转换器进行。首先，对照 AXL F RS UNI 模块数据表，按照不同的接口类型对 AXL F RS UNI 模块端子进行接线；其次，实例的测试环境为一对一通信，AXL F RS UNI 模块侧应按终端模式按需接入内置终端电阻或短接握手信号；最后，通过通信转换器 USB 线与电脑连接，如图 6-2 所示。在此示例中，MODBUS Slave 软件模拟 MODBUS 从站。

（2）PLCnext 作为 MODBUS RTU Master 的配置方式

① 右键单击"库"添加用户库，导入 MODBUS 通信库文件至项目工程中，如图 6-3 所示。

② 新建工程项目文件，双击"Axioline F"列表，在"Device List"表单中，添加并组态相关硬件设备至项目工程中，如图 6-4 所示。

③ PLCnext 控制器作为 MODBUS RTU Master 时的配置方式：
打开"Modbus Slave"软件，点击<F3>，配置 MODBUS RTU 从站通信方式，如图 6-5 所示。点击<F8>，定义 MODBUS RTU 从站站号，及通信数据区，如图 6-6。

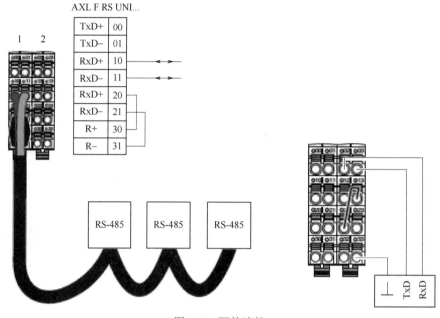

图 6-2　硬件连接

图 6-3　MODBUS RTU 功能库

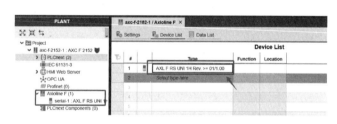

图 6-4　硬件组态

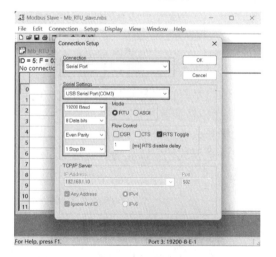

图 6-5　MODBUS Slave 软件通信配置

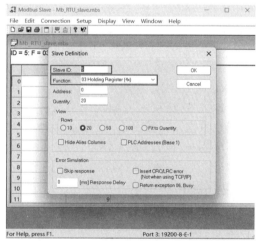

图 6-6　MODBUS Slave 软件从站配置

双击"Axioline F"列表中的"AXL F RS UNI 1H"模块，在"Parameter"列表中配置 RS-485 接口参数，如图 6-7。

图 6-7　AXL F RS UNI 1H 模块参数配置

在"Data List"列表中，将程序中新建的过程数据变量关联到硬件的输入输出接口中，如图 6-8。

图 6-8　AXL F RS UNI 1H 模块过程数据配置

新建程序工作单，将库文件中的 MB_AXL_F_RSUNI_Master_4 拖放到工作单中，并定义相应的变量。MODBUS Slave 中配置的从站站号为 5，03 表示功能码，对应于保持性寄存器，所以在程序中调用 MB_RTU_FC3_7 读取保持寄存器数据区中的数据，配置方式如图 6-9，一次读取 10 个数据（读写其他寄存器方式参照该方式操作）。

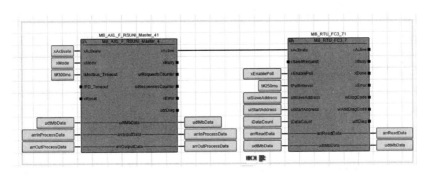

图 6-9　MODBUS RTU 功能块调用

④ 完成上述配置后，编译 PLCnext Engineer 工程并下载至 PLC 中运行，在状态图表中添加相应的地址区域，观察数据交换情况，如图 6-10。

⑤ 新建程序工作单，将库文件中的 MB_AXL_F_RSUNI_Master_4 和 MB_RTU_FC1_8 拖放到工作单中，并定义相应的变量。

此处演示读取 MODBUS 从站的多个输出位，如图 6-11。

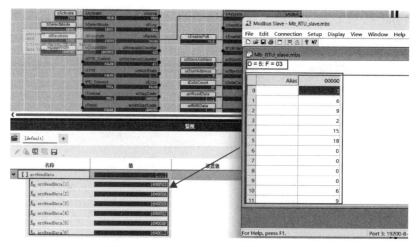

图 6-10　MODBUS RTU 功能码 3 演示

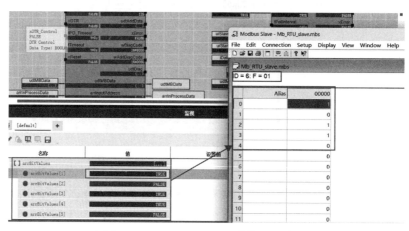

图 6-11　MODBUS RTU 功能码 1 演示

6.2.2　MODBUS TCP 通信

6.2.2.1　MODBUS TCP 通信简介

MODBUS TCP（TCP 为传输控制协议）是运行在 TCP/IP 上的 MODBUS 报文传输协议。IANA（Internet Assigned Numbers Authority，互联网编号管理机构）给 MODBUS 赋予 TCP 编号为 502，允许 MODBUS 设备通过以太网进行无缝通信，从而实现高效可靠的数据交换。

MODBUS TCP/IP 协议模型如图 6-12 所示。

6.2.2.2　MODBUS TCP 报文格式

MODBUS TCP 的数据帧可分为两部分：报文头（MBAP）+ 帧结构（PDU）。如图 6-13。

MBAP 为报文头，由事务处理标识+协议标识符+长度+单元标识符组成，如表 6-7。

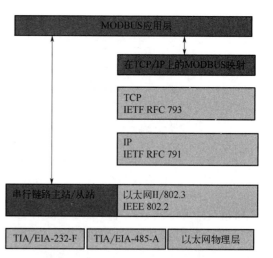

图 6-12　MODBUS TCP/IP 协议模型

第 6 章 通信协议集成

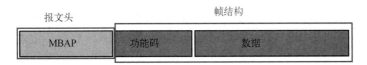

图 6-13 MODBUS TCP 帧结构

表 6-7 MODBUS TCP 报文头

内容	示例	长度	解释
事务处理标识	00 00	2 字节	可以理解为报文序列号，一般每次通信之后就要加 1 以区别不同的通信数据报文
协议标识符	00 00	2 字节	00 00 标识 MODBUS TCP 协议
长度	00 06	2 字节	标识接下来的数据长度，单位为字节
单元标识符	01	1 字节	可以理解为设备地址

PDU 由功能码+数据组成，功能码为 1 字节，数据长度不定，由具体功能决定。MODBUS TCP 寄存器定义和功能码定义与 MODBUS RTU 是一样的，这里不再赘述。

6.2.2.3 MODBUS TCP 示例

 PLCnext 中 MODBUS TCP 主从通信功能

硬件：AXC F 2152。

软件：PLCnext Engineer，MODBUS Slave，MODBUS Poll。

（1）PLCnext 作为 MODBUS TCP Server 的配置方式

① 右键单击"库"添加用户库，导入 MODBUS 通信库文件至项目工程中，如图 6-14。

② 新建程序工作单，将库文件中的 MB_TCP_Server_8 拖放到工作单中，并定义相应的变量，如图 6-15。

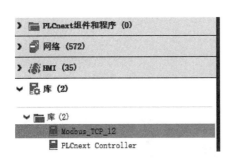

图 6-14 MODBUS TCP 功能库

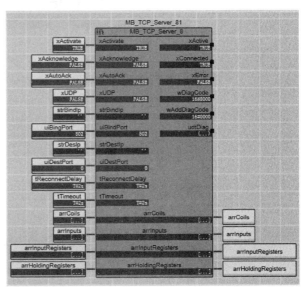

图 6-15 MODBUS TCP 功能块

③ 完成上述配置后，编译 PLCnext Engineer 工程并下载至 PLC 中运行。

④ 打开"Modbus Poll"软件，点击＜F3＞，配置 MODBUS TCP 主站通信方式，如图 6-16 所示。

⑤ 从保持寄存器里读取数据：

点击＜F8＞，根据站号及定义的寄存器从相应的数据区里读取数据，如图 6-17。

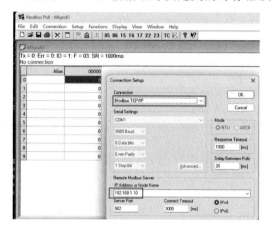 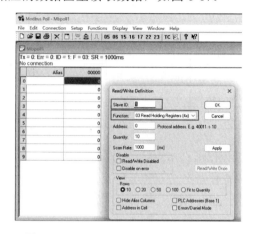

图 6-16　MODBUS Poll 通信连接配置　　　图 6-17　MODBUS Poll 功能码 03 配置

在状态图表中添加相应的地址区域，观察数据交换情况，如图 6-18。

⑥ 点击＜F8＞，向单个寄存器写入数据，如图 6-19。

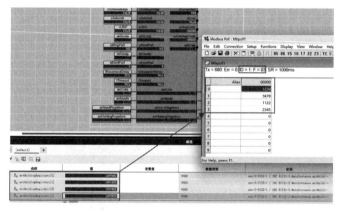

图 6-18　MODBUS Poll 功能码 03 数据读取演示

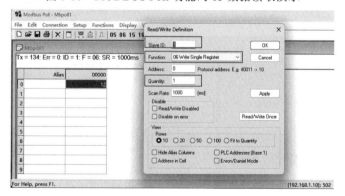

图 6-19　MODBUS Poll 功能码 06 配置

在状态图表中添加相应的地址区域,观察数据交换情况,如图 6-20。

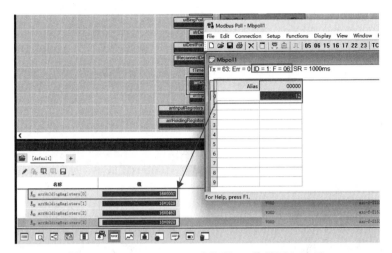

图 6-20 MODBUS Poll 功能码 06 数据写入演示

⑦ 点击<F8>,向多个线圈写入数据,如图 6-21。

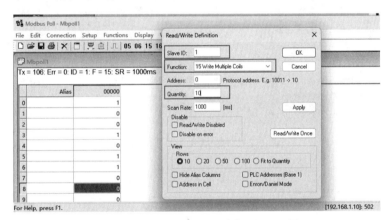

图 6-21 MODBUS Poll 功能码 15 配置

在状态图表中添加相应的地址区域,观察数据交换情况,如图 6-22。

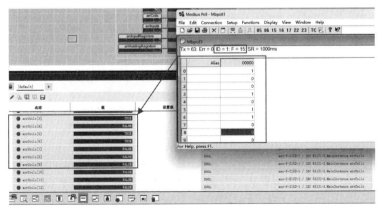

图 6-22 MODBUS Poll 功能码 15 数据写入演示

（2）PLCnext 作为 MODBUS TCP Client 的配置方式

① 右键单击"库"添加用户库，导入 MODBUS 通信库文件至项目工程中，如图 6-23。

② 新建程序工作单，将库文件中的 MB_TCP_Client_9 和 MB_TCP_FC3_3 拖放到工作单中，并定义相应的变量（注意：将 MB_TCP_Client_9 的"xReady"与 MB_TCP_FC3_3 的"xActivate"相连），如图 6-24。

③ 完成上述配置后，编译 PLCnext Engineer 工程并下载至 PLC 中运行。

④ 打开"Modbus Slave"软件，点击＜F3＞，配置 MODBUS TCP 从站通信方式，如图 6-25 所示。

图 6-23　MODBUS TCP 功能库

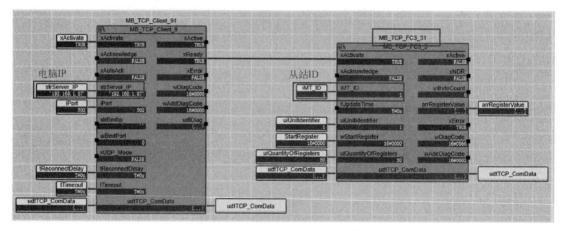

图 6-24　MODBUS TCP 功能块

图 6-25　MODBUS Slave 通信连接配置

⑤ 从保持寄存器里读取数据：

点击＜F8＞，根据站号及定义的寄存器从相应的数据区里读取数据，如图 6-26。

在状态图表中添加相应的地址区域，观察数据交换情况，如图 6-27。

更改起始地址"StartRegister"为 000A，如图 6-28。

第 6 章 通信协议集成

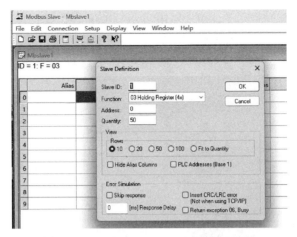

图 6-26　MODBUS Slave 功能码 03 配置

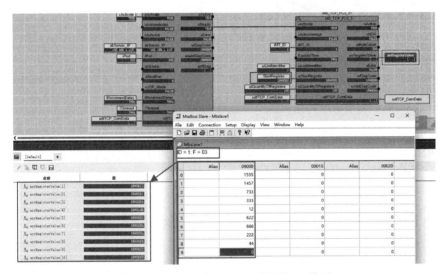

图 6-27　MODBUS Slave 功能码 03 演示

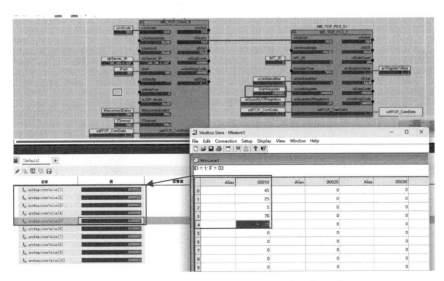

图 6-28　MODBUS Slave 功能码 03 数据修改演示

⑥ 新建程序工作单,将库文件中的 MB_TCP_Client_9、MB_TCP_FC5_1 和 MB_TCP_FC15_1 拖放到工作单中,并定义相应的变量。

向单个线圈写数据,如图 6-29 和图 6-30 所示。

向多个线圈写数据,如图 6-31 所示。

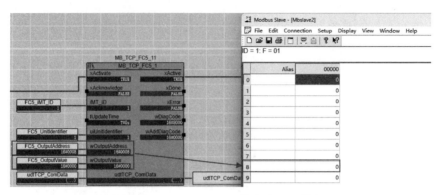

图 6-29　MODBUS Slave 单个线圈写数据 1

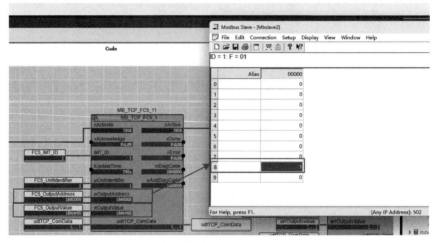

图 6-30　MODBUS Slave 单个线圈写数据 2

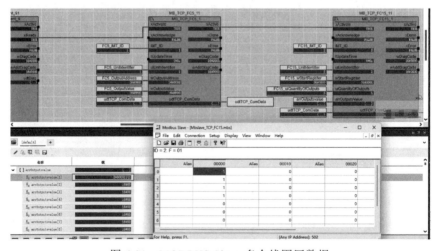

图 6-31　MODBUS Slave 多个线圈写数据

6.3 SOCKET 通信

6.3.1 SOCKET 概述

SOCKET 连接是计算机网络中的一种通信机制，它允许两个程序在不同计算机上通过网络进行通信。在使用套接字进行通信时，一个程序作为客户端（client），另一个程序作为服务器（server），它们通过创建和使用套接字进行数据传输。可以将套接字理解为网络通信的接口，它提供了一种标准的通信方式，使得不同的程序能够在网络上进行数据交换，如图 6-32 所示。

套接字的使用是 SOCKET 连接的核心。在使用套接字进行通信时，需要指定套接字的一些参数，例如 IP 地址、端口号、协议等，常见的传输协议有 TCP 和 UDP 两种，不同的协议对数据传输的方式和效率有不同的影响：

❑ TCP 协议是一种可靠的协议，它保证数据在传输过程中不会丢失或损坏。TCP 协议通过连接的建立、数据的传输和连接的释放等步骤来保证数据的完整性和可靠性。TCP 协议适合于需要数据传输可靠性的场合，例如文件传输、网页浏览等。

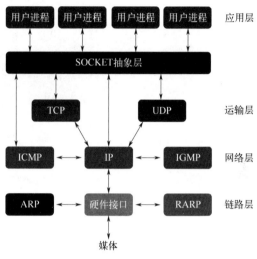

图 6-32　SOCKET 通信架构

❑ UDP 协议（用户数据报协议）是一种不可靠的协议，它不对数据传输的可靠性做出保证。UDP 协议的传输速度比 TCP 更快，但在传输过程中数据可能会丢失或损坏。UDP 协议适用于实时通信，例如视频和音频流的传输。

SOCKET 是面向客户端/服务器模型而设计的，在 SOCKET 通信中，客户端和服务器通过 SOCKET 接口进行通信，一般分为 3 个步骤：

① 服务器监听　服务器监听指定端口号，等待客户端的连接请求。

② 客户端请求　客户端创建一个 SOCKET 对象，并将其连接到服务器套接字的 IP 地址和端口号，然后向服务器提出连接请求。

③ 连接确认　当服务器端接收到客户端连接请求，就会响应客户端套接字的请求，建立一个新的线程，并把服务器端套接字的描述发送给客户端。一旦客户端确认了此描述，连接就建立好了。

6.3.2 SOCKET 应用示例

 PLCnext 中 SOCKET 通信

下面内容介绍了 PLCnext 控制器作为 SOCKET Server（服务器）或者 SOCKET Client（客户端）在 PLCnext Engineer 软件中的编程过程。

（1）PLCnext 作为 SOCKET Server 的配置方式

① 新建程序工作单，将"组件">"编程">"扩展"文件中的 TLS_SOCKET_2 拖放到工作单中，输入参数"xlsServe"设置为"TRUE"，并定义相应的 IP 地址和端口号（如图 6-33），作为服务器，也可不指定监听设备 IP 和端口，即 Dest_IP、DEST_PORT 也可不填。

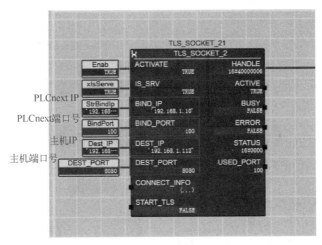

图 6-33　SOCKET 功能块

② 打开网络调试助手，选择协议类型为 TCP Client，设置远程主机地址为 192.168.1.10 与 TLS_SOCKET_2 的输入参数 BIND_IP 设置保持一致；远程主机端口号为 100，同样与 TLS_SOCKET_2 的输入参数 BIND_PORT 设置保持一致。

设置本地主机 IP 和端口号，如果 TLS_SOCKET_2 的输入参数 DEST_IP 和 DEST_PORT 已填，则主机 IP 和 TLS_SOCKET_2 的输入参数 DEST_IP 设置保持一致，主机端口号同样与 TLS_SOCKET_2 的输入参数 DEST_PORT 设置保持一致，如图 6-34 所示。

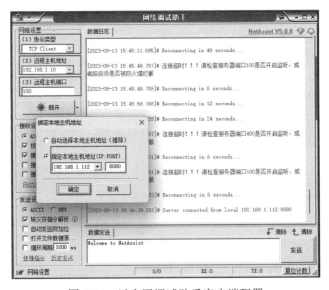

图 6-34　以太网调试助手客户端配置

③ 完成上述配置后，编译 PLCnext Engineer 工程并下载到 PLC 中运行，打开网络调

试助手的连接，此时 TLS_SOCKET_2 的输出参数"ACTIVE"为"TRUE"。

（2）PLCnext 作为 SOCKET Client 的配置方式

① 将"组件">"编程">"扩展"文件中的 TLS_SOCKET_2 拖放到工作单中，输入参数"xlsServe"置"FALSE"，并定义相应的 IP 地址和端口号（如图 6-35）。作为客户端，必须指定目标 IP 和端口号。

② 打开网络调试助手，选择协议类型为 TCP Server，如图 6-35。

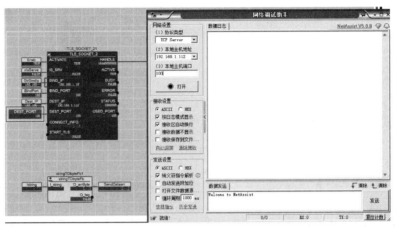

图 6-35　以太网调试助手服务器配置

③ 完成上述配置后，编译 PLCnext Engineer 工程并下载到 PLC 中运行，打开网络调试助手的连接，此时 TLS_SOCKET_2 的输出参数"ACTIVE"为"TRUE"。

（3）PLCnext 作为 SOCKET Client 的数据发送

① 将"组件">"编程">"扩展"文件中的 TLS_SEND_2 拖放到工作单中，并定义相应的变量。

② 在"SendData"中输入"31"，网络调试助手即可接收到数据并以十六进制的形式显示，如图 6-36 所示。

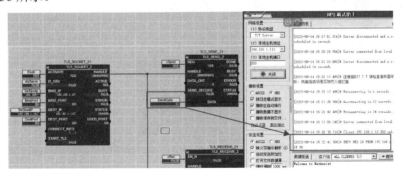

图 6-36　以太网调试助手发送十六进制数据演示

③ 将字符串转化为字节（byte）发送数据。

新建一个数据类型 ARR80_stringConvert，建立一个 81 字节长度的 ARRAY，如图 6-37。

图 6-37　数据类型建立

建立一个功能块，其中 STRING_COPY 是将字符串转为字节数组的功能，如图 6-38 和图 6-39 所示。

图 6-38　变量建立

图 6-39　数据转换代码

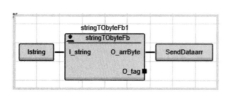

图 6-40　功能块 stringTObyteFb

将功能块 stringTObyteFb 拖放到工作单中，并定义相应的变量，如图 6-40 所示。

将 TLS_SEND_2 的参数"SendDataarr"参数类型设置为 ARR80_stringConvert。完成配置后编译 PLCnext Engineer 工程并下载到 PLC 中运行。将功能块 stringTObyteFb 输入参数"Istring"设置为"123"，在监视窗口观察到"SendDataarr"的相关数据，如图 6-41 所示。

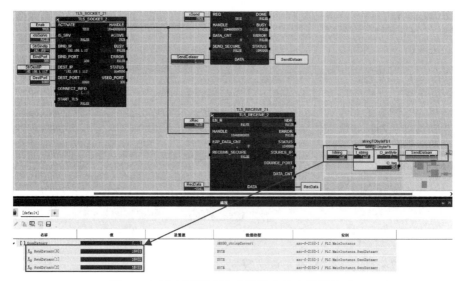

图 6-41　以太网调试助手发送字符串数据演示

将"xSend"置"TRUE"，网络调试助手将会接收到数据。

（4）PLCnext 作为 SOCKET Client 的数据接收

① 将"组件"＞"编程"＞"扩展"文件中的 TLS_RECEIVE_2 拖放到工作单中，并定

义相应的变量。

② 在网络调试助手中输入"3",TLS_RECEIVE_2 的"xRec"即可接收到数据,如图 6-42 和图 6-43 所示。

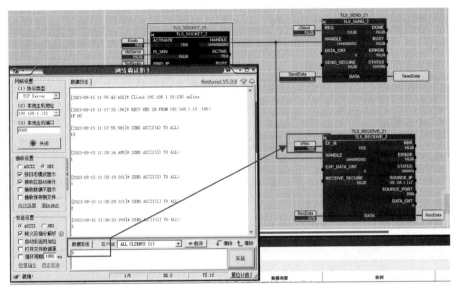

图 6-42　以太网调试助手接收十六进制数据演示

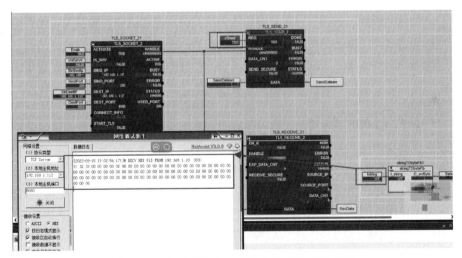

图 6-43　以太网调试工具接收字符串数据演示

6.4　OPC UA 通信

6.4.1　OPC UA 概述

OPC UA(开放平台通信统一体系结构)是一种独立于平台的标准,通过该标准,各种类型的系统和设备可以通过在客户端和服务器之间发送请求和响应消息进行通信,或者通过订阅/发布模型进行通信。

OPC UA 的目的就是提供一种统一的通信协议，方便系统集成、物联网设备接入。它把 PLC 特定的协议（如 MODBUS、PROFIBUS 等）抽象成为标准化的接口，作为"中间人"的角色把其通用的读写要求转换成具体的设备协议。反之亦然，以便 HMI/SCADA 系统可以对接。通过使用 OPC 协议，终端用户就可以毫无障碍地进行系统操作，为工厂和企业之间的数据和信息传递提供一个和平台无关的互操作标准。

❑ OPC UA 服务器定义了可以提供给客户端的服务，可以由客户端动态发现遵循协议本身定义的数据类型的数据模型。

❑ 一个客户端可以与一个或多个服务器通信，一个服务器以相同的方式能够与多个客户端通信。服务器可以充当与其他服务器通信的客户端。

❑ OPC UA 提供了一致且集成的地址空间和服务模型。这使单个服务器可以将数据、警报和事件集成到该地址空间中，并使用其集成服务对它们进行访问。该集成服务包含用于客户端检测和恢复通信故障的机制。

图 6-44 给出了 OPC UA 通信的请求（request）/应答（response）机制，以及订阅（subscribe）/发布（publish）机制。

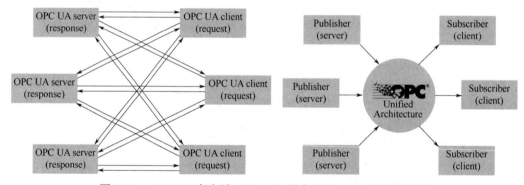

图 6-44　OPC UA 客户端（client）/服务器（server）交互模型

6.4.2　OPC UA 的特点

① 开放性：OPC UA 是一种开放的技术标准，可以应用于不同的设备和系统。无论是传感器、控制器还是各种工业设备，只要支持 OPC UA，它们就可以相互通信，实现无缝集成。

② 统一架构：OPC UA 提供了一种统一的架构和数据模型，使得不同设备的数据能够以统一的方式进行表示和交换。这样一来，设备之间的数据传输变得更加简单和可靠。

③ 跨平台和跨语言：OPC UA 支持多种操作系统和编程语言，无论是 Windows、Linux 还是嵌入式系统，无论是 C++、Java 还是 Python，都可以使用 OPC UA 进行通信，降低了集成的复杂性。

6.4.3　OPC UA 通信模型

OPC UA 是 PLCnext Technology 的一个组成部分，因此能够长期兼容地连接到第三方系统。PLCnext Technology 控制器支持以下 OPC UA 通信模型：

❑ OPC UA 服务器；
❑ OPC UA 客户端；
❑ OPC UA PubSub（订阅/发布模式）。

OPC UA 通信模型由 PLANT 中的"OPC UA"图标表示。通过树状节点，可以在

PLCnext Engineer 中配置通信模型。OPC UA 配置数据是 PLCnext Engineer 自动化项目的一部分，并随项目一起写入控制器。OPC UA 服务器在控制器启动期间加载项目并自动执行服务。

6.4.4　PLCnext 控制器作为 OPC UA 服务端的使用

菲尼克斯 PLCnext 控制器集成了 OPC UA 协议，支持作为服务端（服务器），与其他设备或系统进行 OPC UA 通信。PLCnext 控制器作为 OPC UA 服务器时，需在 PLCnext Engineer 中进行配置，具体配置信息如下。

配置 OPC UA Server：PLCnext 控制器作为 OPC UA 服务端时，需要对 OPC UA Server 进行参数配置，以创建 OPC UA 服务器。主要配置内容包括"Basic settings"（基础配置）和"Security"（安全）配置。

① 基础配置如图 6-45 所示。

❑ DNS name / IP address：标识 OPC UA 服务器的名称，在 OPC UA 通信网络中可被 OPC UA 客户端访问；可以使用控制器的 IP 地址，同时支持将 DNS 名称映射到控制器的 IP 地址中（注意：此信息将包含在 OPC UA 服务器安全证书中。如果使用证书，此处做了修改后，则需要重新生成和导入证书；如果证书中的信息与服务器 URL 不匹配，OPC UA 客户端将拒绝服务器证书访问）。

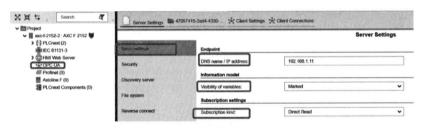

图 6-45　OPC UA 服务端基本参数配置

❑ Visibility of variables：指定程序变量被 OPC UA 客户端访问的方式，有三种属性可被选择："All""Marked""No"。"All"：应用程序的 GDS（全局数据空间）中包含的所有端口和变量对于 OPC UA 客户端是可见和可访问的。"Marked"：只有在变量声明表中勾选"OPC"属性的端口和变量才对 OPC UA 客户端可见和可访问。使用此选项并在声明表中选择所需的变量，可以减少 OPC UA 服务器的负载以及通信流量。"No"：客户端不能通过 OPC UA 服务器订阅任何端口或变量。

② 安全配置主要用于指定 OPC UA 服务器将向其客户端提供的加密算法以保护传输的数据，以及进行有关证书和身份验证的设置；客户端对应的设置必须与服务端正确匹配，才可以在 OPC UA 客户端和 OPC UA 服务器之间建立安全连接，如图 6-46 所示。

❑ Certificate：用于指定服务器端的证书签名方式，主要包含三种方式："File on controller""Self signed by controller""Provided by OPC UA GDS"。"File on controller"：证书文件（包括私钥）存储在控制器设备上的 Identity Store 中。证书文件可以是 CA 签名的证书，也可以是自签名的证书。"Self signed by controller"：由服务器生成且使用服务器自己的私钥签名的证书。"Provided by OPC UA GDS"：证书由 OPC UA GDS（OPC UA 全球发现服务器）提供，即使用市场上 OPC UA 全球发现服务器工具为 PLCnext 控制器提供证书。

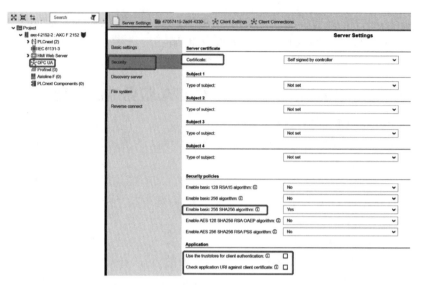

图 6-46　OPC UA 服务端安全参数配置

❑ Security policies：用于指定服务器和客户端通信时使用的加密算法；

❑ Application：用于设置客户端身份验证方式和应用程序 URL 的检查方式；"Use the truststore for client authentication"：用于指定是否使用信任列表（可以通过控制器的 WBM 查看和编辑）来验证该 OPC UA 服务器的 OPC UA 客户端的连接；当此选项设置为"Yes"时，客户端的证书存储在信任列表中才可建立连接，否则，则不能建立连接。此选项建议采用默认设置项"No"。"Check application URL against client certificate"：用于指定是否根据客户端证书检查应用程序 URI，当此选项设置为"Yes"时，OPC UA 服务器将检查 Application Description 中的 Application URI 与客户端证书中包含的 URI 之间的差异，如 Application URI 与客户端证书中包含的 URI 不同，则当服务器和客户端连接启动时，这两个 URI 都从客户端传递到服务器。为"NO"时，忽略 OPC UA 服务器 Application Description 中的 Application URI 与客户端证书中包含的 URI 之间的差异。此选项建议采用默认设置项"Yes"。

配置 OPC UA Server 服务端变量，当"Visibility of variables"设置为"Marked"时，需要将变量属性标记为"OPC"，变量才可被客户端访问。新建 2 个变量，并将变量标记为 OPC 属性（在变量属性栏里勾选 OPC），以使其可以通过 OPC UA 服务器访问，如图 6-47 所示。

图 6-47　OPC UA 服务端变量的属性配置

上述步骤实现了对 OPC UA 服务端的配置，下面将工程项目下载到 PLCnext 控制器，并使用 OPC UA 测试工具 UaExpert 测试 PLCnext 控制器作为 OPC UA 服务端与客户端的通信。

使用 UaExpert 创建 OPC UA 客户端，并设置 OPC UA Client 连接参数，通信参数根据 PLCnext 控制器中 OPC UA Server 的设置进行配置，如图 6-48 所示。

第 6 章 通信协议集成

图 6-48　OPC UA 客户端连接参数配置

成功连接好后，数据交换，PLCnext 控制器（OPC UA Server）端如图 6-49 所示。

图 6-49　OPC UA 服务端变量

UaExpert（OPC UA Client）端，如图 6-50 所示。

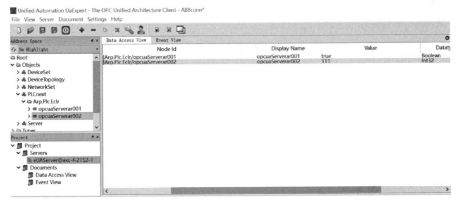

图 6-50　OPC UA 客户端读取变量

6.4.5　PLCnext 控制器作为 OPC UA 客户端的使用

菲尼克斯 PLCnext 控制器集成了 OPC UA 协议，支持作为客户端，与其他设备或系统进行 OPC UA 通信。PLCnext 控制器作为 OPC UA 客户端时，需在 PLCnext Engineer 中进行配置（注意：PLCnext 控制器作为 OPC UA 客户端的通信功能需要在 PLCnext Store 购买授权，且 PLCnext 控制器的固件版本要求为 2023.0 或更新版本，PLCnext Engineer 软件版本要求为

189

2023.3 或更新版本），具体配置步骤如下：

（1）开启 OPC UA Client 服务

登录 WBM 管理界面，进入 System Server 页面，选择启用 OPC UA Client，如图 6-51 所示。

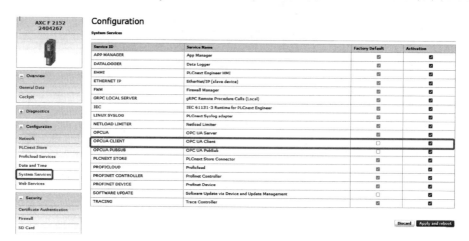

图 6-51　启用 OPC UA Client 服务

（2）配置 OPC UA Client

PLCnext 控制器作为 OPC UA 客户端时，需要对 OPC UA Client 进行参数配置，以创建 OPC UA 客户端。主要设置内容为"Certificate store""Security"和"Timeouts"。

① Certificate store（证书存储）　当"Override Certificate Store Names"设置为"Yes"时，默认使用以下存储：

❑ Self-signed identity store：OPC UA Client Self-signed（注意：只有当 OPC UA 客户端标识存储区为空时，才会使用此标识存储区中的证书）；

❑ Given identity store：OPC UA Client；

❑ Trust store：OPC UA Client；

当"Override Certificate Store Names"设置为"No"时，不启用证书。

② Security（安全）　主要用于设置是否启用某些安全检查，安全检查内容主要包括如下：

❑ Application Authentication：是否启用服务器证书验证，如选择关闭，连接 OPC UA 服务器时，忽略服务器证书验证失败。

❑ Application URI Check：是否启用服务器证书应用 URI，如选择关闭，将忽略无效的服务器证书应用程序 URI，即使服务器的 URI 与客户端证书中输入的 URI 不匹配，也可以建立与 OPC UA 服务器的连接。

❑ Certificate Hostname Check：是否启用证书主机名检查，如选择关闭，无效的服务器证书主机名将被忽略。即使服务器的主机名与客户端证书中输入的主机名不匹配，也可以建立与 OPC UA 服务器的连接。

❑ Certificate Time Check：是否启用对证书时间的检查，如选择关闭，无效的证书时间将被忽略。即使服务器的证书已经过期或无效，也可以建立与 OPC UA 服务器的连接。

❑ Certificate Issuer Time Check：是否启用对证书颁发者时间的检查，如选择关闭，无效的证书颁发者时间将被忽略。即使服务器的颁发者证书已经过期或无效，也可以建立与 OPC UA 服务器的连接。

❏ Password Encryption Check：是否启用密码加密检查，如选择关闭，对 Server Nonce 和 Password Encryption Mode 的检查将被忽略。

禁用安全检查会降低通信的安全性，故不建议在生产环境中禁用安全检查；在本例演示环境中，Security 设置如图 6-52 所示。

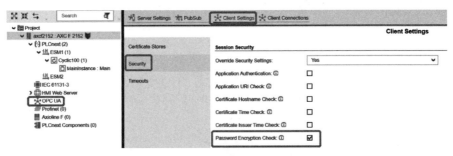

图 6-52　客户端安全参数设置

③ Timeouts（延时）　主要对一些延时的设置，包括如下内容：

❏ Session Timeout：会话超时时间，以毫秒为单位，由服务器使用，支持在连接丢失后重新使用会话。

❏ Connect Timeout：连接超时时间，以毫秒为单位，用于连接建立过程中的呼叫。

❏ Watchdog Timeout：看门狗超时时间，以毫秒为单位，用于连接检查，当连接检查到错误后进行重新连接。

❏ Call Timeout：调用超时时间，以毫秒为单位，界定客户端和服务器之间消息的一般超时时间。

具体设置如图 6-53 所示。

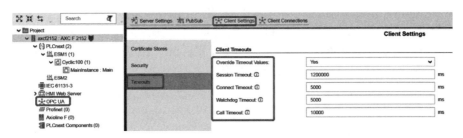

图 6-53　客户端延时参数设置

（3）创建客户端连接

创建客户端后，需要在客户端中配置与 OPC UA 服务器的连接，具体操作如下：

在"Client Connections"的"Configuration"下创建客户端连接（连接对象为"OPC UA Server"，且可以同时创建多个连接），并为连接设置名称。根据要连接的服务器对象的信息，设置 URL、Username、Password、Security mode、Security policy url，如图 6-54 所示。

其中，URL 用于设置要连接的服务端的 UPL 终结点，Username 用于设置服务端的用户名，Password 用于设置服务端的密码，Security mode 用于设置连接服务端的安全模式，Security policy url 用于设置连接服务端的加密策略。

（4）创建客户端变量

客户端从服务端读取数据，读取到的数据需映射到客户端本地变量才能供用户使用，客

图 6-54　客户端与服务器连接参数设置

户端本地变量的创建方法如下：在客户端创建两个变量（opcVar001、opcVar002），分别映射到 OPC UA Server 端的变量。其中，opcVar001 订阅 opcServerVar001，opcVar002 写入到 opcServerVar002。需注意，opcVar001、opcVar002 要标记为 OPC 属性，且"Visibility of variables"应设置为"Marked"。创建变量如图 6-55 所示。

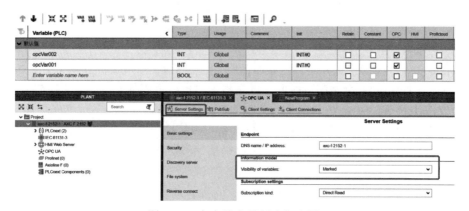

图 6-55　客户端变量创建与配置

（5）创建客户端变量与服务端变量的映射

可以根据业务需求创建写入和订阅变量组。在本示例中，opcVar001 订阅 opcServerVar001，为 opcVar001 创建一个订阅变量组；opcVar002 写入到 opcServerVar002，为 opcVar002 创建一个写入变量组。如图 6-56 所示。

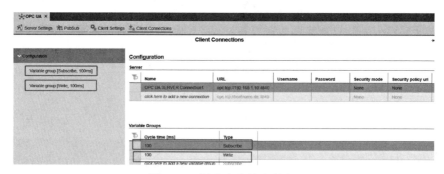

图 6-56　创建客户端变量组

图 6-56 中，"Cycle time"为周期时间，以毫秒（ms）为单位，用于设置客户端向服务端写入或订阅数据的更新间隔时间；"Type"为变量组的类型，有"Write"（写入）或"Subscribe"（订阅）两种方式可选，分别标识客户端向服务端写入或订阅数据。

变量组创建后，将变量组的变量与服务端数据进行映射，客户端变量 opcVar001、opcVar002 分别与服务端变量 opcServerVar001、opcServerVar002 进行映射，如图 6-57 所示。

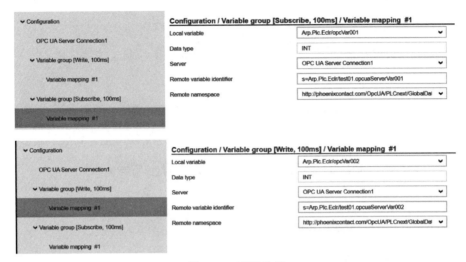

图 6-57　变量映射

"Local variable"用于填写本地（客户端）变量的地址；"Data type"用于显示本地（客户端）变量的数据类型；"Server"用于指定要连接的 OPC UA Server，可以从创建的连接中选择；"Remote variable identifier"用于设置远程（服务端）变量地址；"Remote namespace"用于设置 OPC UA Server 变量节点隶属的名称空间。可以借助 UA Expert 获取 Remote variable identifier 和 Remote namespace，如图 6-58B、A 所示。

图 6-58　服务端变量 ID 和名称空间获取

上述所有工作正确配置完成后，可以将客户端程序下载到 PLCnext 控制器中，同时以另外一台 PLCnext 控制器作为服务端。如两台控制器 OPC UA 端通信连接成功，在客户端控制器信息日志中可以看到连接成功的记录，如图 6-59 所示。

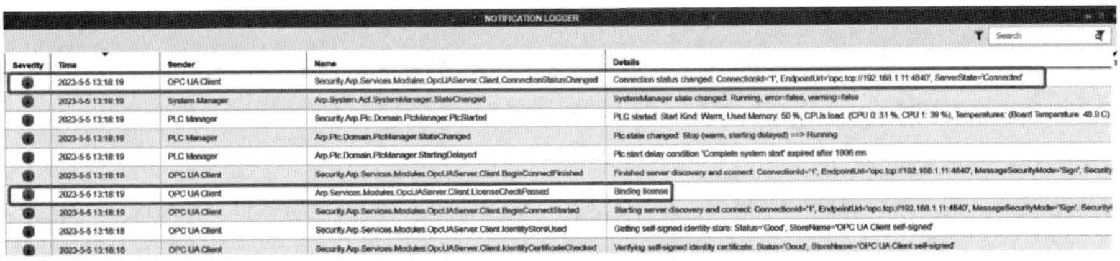

图 6-59　客户端连接成功日志

两台控制器间数据交换如图 6-60、图 6-61 所示。

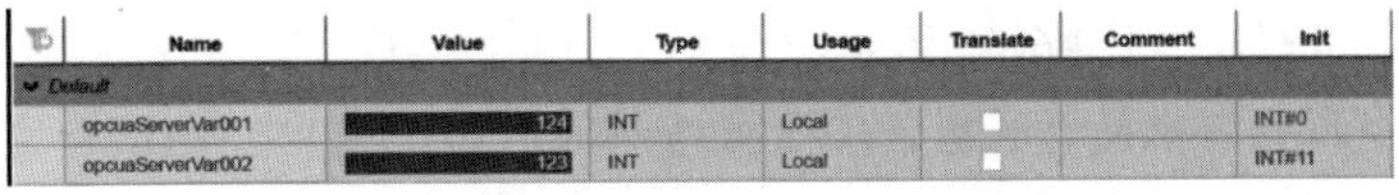

图 6-60　服务端变量监视

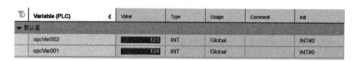

图 6-61 客户端变量监视

上述步骤演示了 OPC UA Server 与 OPC UA Client 之间的通信（无证书）；在生产环境中如对信息安全性要求较高，需要在 OPC UA 服务端和客户端配置证书，下面介绍两台 PLCnext 控制器之间的证书配置。

（6）PLCnext 控制器的 OPC UA 证书生成、导出与导入

① OPC UA 证书的导出

服务端：登录 WBM 界面，进入 Certificate Authentication 页面，在"Identity Stores"选项卡下的"OPC UA-self-signed"中下载"Certificate"，如图 6-62 所示。

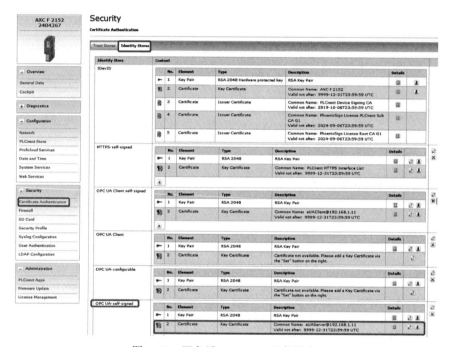

图 6-62 服务端 OPC UA 证书导出

客户端：登录 WBM 界面，进入 Certificate Authentication 页面，在"Identity Stores"选项卡下的"OPC UA Client self-signed"中下载"Certificate"，如图 6-63 所示。

② OPC UA 证书的导入

服务端：登录 WBM 界面，进入 Certificate Authentication 页面，在"Trust Stores"选项卡下的"OPC U-Configurable"中导入 OPC UA Client self-signed_certificate.crt（在"OPC UA Client self-signed"中下载的"Certificate"），如图 6-64 所示。

客户端：登录 WBM 界面，进入 Certificate Authentication 页面，在"Trust Stores"选项卡下的"OPC UA Client"中导入 OPC UA-self-signed_certificate.crt（在"OPC UA-self-signed"中下载的"Certificate"），如图 6-65 所示。

上述操作步骤完成后，服务端和客户端之间即具备安全证书。需注意：每次证书导入后，需要重启控制器，新导入的证书才能生效；服务端的 DNS name / IP address 信息包含在 OPC

UA 服务器安全证书中,如果服务端的 DNS name / IP address 信息做了修改,则需要从服务端重新生成证书,并将新生成的证书重新导入到客户端;否则,如果导入客户端的证书中的 URL 信息与服务器 URL 不匹配,OPC UA 客户端将会在检查服务端证书时验证失败。

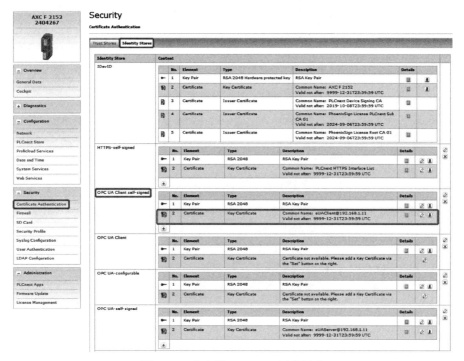

图 6-63　客户端 OPC UA 证书导出

图 6-64　服务端 OPC UA 证书导入

(7) 证书的启用配置

证书导入后,还需要在 OPC UA 的服务端和客户端启用证书验证,才能开启基于证书的安全保护策略,具体操作如下:

服务端:在"OPC UA"节点的"Server Setting"下设置"Security"项(Security 的子项具体含义请见前述 6.4.5 节内容),启用对客户端 OPC UA 证书验证如图 6-66 所示。

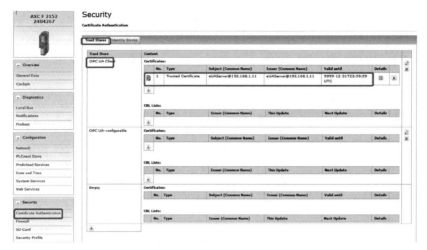

图 6-65　客户端 OPC UA 证书导入

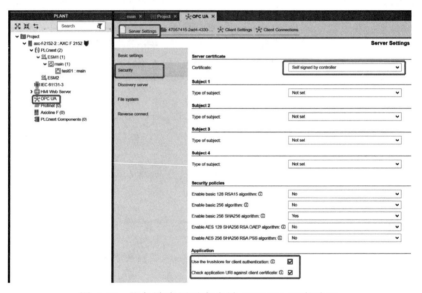

图 6-66　服务端启用对客户端 OPC UA 证书验证

客户端：在"OPC UA"节点的"Client Setting"下设置"Certificate Stores"和"Security"项（Certificate Stores 和 Security 的子项具体含义请见前述 6.4.5 节内容），启用对服务端 OPC UA 证书验证，如图 6-67、图 6-68 所示。

图 6-67　客户端启用对服务端 OPC UA 证书存储设置

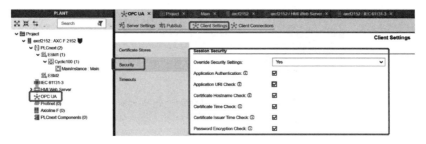

图 6-68　客户端启用对服务端 OPC UA 证书安全设置

6.5　SNMP 通信

6.5.1　SNMP 概述

SNMP（simple network management protocol，简单网络管理协议）使用户能够使用网络管理软件（设备）管理整个网络，如图 6-69。这也意味着可以从网络中读取大量参数，并且还可以系统地更改这些参数。此外，网络设备还能够独立地生成事件消息，以便向用户指示网络中的某些状态。SNMP 基于 UDP 方式，使用端口号 161 和 162（SNMP Trap，SNMP 陷阱）。

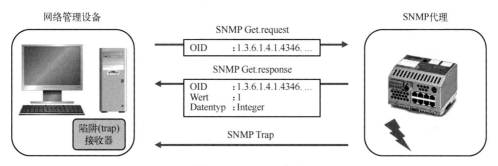

图 6-69　SNMP 应用

使用 GET 命令，SNMP 代理使用 OID（对象标识符）请求数据记录的值。然后，SNMP 代理在响应数据包中返回所请求的值。OID 是一系列数字，用于为所有设备寻址相同的数据记录。要接收 SNMP 陷阱，必须在网络管理软件中运行陷阱接收器。它在 162 端口上永久侦听传入的 SNMP 陷阱。162 端口是为 SNMP Trap（SNMP 陷阱）保留的。如果没有陷阱接收器正在运行，则会发回 ICMP 类型 3、代码 3 消息。这意味着 162 端口没有打开并且消息不能被传递。

通过 SNMP 使网络设备可用的可变参数存储在所谓的 MIB（管理信息库）中。这些 MIB 定义了用于配置网络设备的数据库。MIB 由代理管理。代理是在任何支持 SNMP 的组件上运行的独立软件包。该软件能够通过 SNMP 协议系统地读取和设置设备中的参数，代理表示 SNMP 协议和设备中 MIB 之间的接口。代理执行来自 SNMP 协议的命令。根据这些命令，在相应的 MIB 参数中输出值或用新的值覆盖值。每个管理对象都可以通过对象标识符（OID）进行唯一寻址，如图 6-70。为了从网络设备请求数据记录，必须知道相应的 OID。OID 总是能够准确地标识某个数据记录。代理还可以通过所谓的 SNMP 陷阱独立生成事件消息。以这种方式，网络管理代理可以指示故障设备状态，而不必循环地读出该信息。

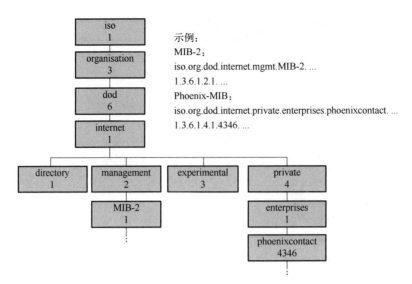

图 6-70　OID 对象命名

6.5.2　PLCnext Engineer 中 SNMP 功能库应用

PLCnext Engineer 软件有专门的 SNMP 功能库可供调用。SNMP 库包含 4 个功能块，用于在控制程序中实现简单网络管理协议（SNMP），参考表 6-8 中描述。4 个功能块分别为 SNMP_Agent、SNMP_Client、SNMP_TSend、SNMP_TRecv。

SNMP_Agent 功能块表示一个服务器（代理），它允许通过 SNMP 访问控制程序的信息。支持的 MIB（management information base，管理信息库）对象与 SNMP_Agent 功能块通信。根据协议版本 SNMP V2c 发送的请求由代理接收，代理检查请求内容并向控制程序查询请求对象，然后，将响应传递到创建和传输 SNMP 响应的块上。SNMP_Agent 功能块支持 Get-Request、Get- next -Request、Get- bulk- Request 和 Set-Request 类型的请求，其中多个变量绑定可以包含在一个请求中。

SNMP_Client 功能块用于与远程 SNMP 代理通信。控制程序发送一个请求到 SNMP_Client 功能块，此时功能块将根据 SNMP 协议版本（V1、V2c）创建一个 SNMP 的数据包，并将当前数据包转发给 SNMP 的代理。SNMP_Client 功能块接收到 SNMP 代理的响应包，检查响应是否正确，若正确则将响应包转发给控制程序。SNMP_Client 功能块支持 Get-Request、Get-Next-Request、Get-Bulk-Request 和 Set-Request 类型的请求，其中多个变量绑定可以包含在一个请求中。

SNMP_TSend 功能块用于 SNMP 代理主动发送 trap 信息（即告警信息）给网管系统。SNMP_TSend 功能块根据协议版本 V2c 将提供的数据放入 SNMP trap 信息中并传输。各种不同的附加信息，变量绑定可以添加到 trap 信息中。

SNMP_TRecv 功能块用于监听传入的 trap 信息，检查 trap 信息并将数据转发给控制程序。根据协议版本 V2c，此功能块可以处理来自 trap 的各种不同数量的附加信息，即所谓的变量绑定。

在使用 SNMP 库时，需同时使用 IP_Com 库。

要注意的是，需始终使用 Phoenix Contact 网站上提供的当前 IP_Com 库。将 SNMP 和 IP_Com 库集成到项目中，并确保将当前的 IP_Com 库集成到 SNMP 中。如果集成了当前 IP_Com 库，但 SNMP 无法传输，应检查集成库的路径。如果路径与当前库的存储位置不匹配，需修改。

表 6-8 SNMP 功能块

功能块	说明	协议版本	授权
SNMP_Agent	在控制器中实现 SNMP 服务器（代理）的功能块	2	无
SNMP_Client	向 SNMP 代理发送请求和接收响应的功能块	2	无
SNMP_TSend	发送 SNMP Trap 信息的功能块	2	无
SNMP_TRecv	接收 SNMP Trap 信息的功能块	2	无

SNMP 功能块的启动说明示例如下：

```
SNMP_3_EXA.pcwex
```

这个示例位于库的解压缩 MSI 文件的"Examples"文件夹中，主要介绍了 SNMP_Agent、SNMP_Client、SNMP_TSend 和 SNMP_TRecv 功能块的使用方法。

该项目为每个功能块展示一个启动示例，如图 6-71 所示。它们可以在 ExampleMachine_1 功能块中找到。当使用一个功能块时，可手动触发每个功能块。

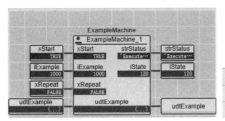
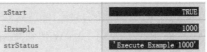

图 6-71 SNMP 功能块调用

为了开始这个示例，必须进入每个代码表，并根据实际情况调整功能块的设置。

随后，通过将"xStart"设置为"TRUE"来启动功能块，执行所需的示例。

修改 ExampleMachine_1 功能块的输入参数"iExample"可执行 SNMP 库中相应的功能块，"iExample"输入的值与执行功能块的关系如表 6-9 所示。

表 6-9 SNMP 功能调用表

功能	iExample 值	代码单
使用 SNMP_Agent 功能块接收请求并发送响应	1000	SNMP_Agent
使用 SNMP_Client 功能块发送请求和接收响应	2000	SNMP_Client
使用 SNMP_TSend 功能块发送 SNMP Trap 消息	3000	SNMP_TSend
使用 SNMP_TRecv 功能块接收 SNMP Trap 消息	4000	SNMP_TRecv

6.6 MQTT 通信

6.6.1 MQTT 概述

MQTT（message queuing telemetry transport，消息队列遥测传输协议）是一种基于发布/订阅（publish/subscribe）模式的"轻量级"通信协议，该协议构建于 TCP/IP 协议上，由 IBM

在 1999 年发布。MQTT 最大优点在于，可以以极少的代码和有限的带宽，为远程连接设备提供实时可靠的消息服务，作为一种低开销、低带宽占用的即时通信协议，在物联网、小型设备、移动设备等方面有较广泛的应用。

MQTT 是一个基于客户端-服务器的消息发布/订阅传输协议。MQTT 协议具有轻量、简单开放和易于实现的特点，这使它适用范围非常广泛，甚至包括一些受限的环境，如机器与机器（M2M）、通信和物联网（IoT）。

6.6.2 MQTT 特点

① TCP/IP 模型基于 TCP/IP 提供网络连接，是 TCP/IP 应用层协议。

② 通信模式：使用发布/订阅消息模式，提供一对多的消息发布，解除应用程序耦合（时间/空间/同步），且根据信息的重要性提供 3 种 Qos 等级的服务质量。

Qos0:"至多一次"，消息发布完全依赖底层 TCP/IP 网络，可能会发生消息丢失。

Qos1:"至少一次"，确保消息送达，但是消息可能会重复发生。

Qos2:"只有一次"，确保消息只送达一次，消息不会重复/丢失。

③ 对负载（协议携带的应用数据）内容屏蔽的消息进行传输。

④ 基于 TCP/IP 网络连接，提供有序、无损、双向的连接。主流的 MQTT 是基于 TCP 连接进行数据推送的，但是同样有基于 UDP 的版本，叫作 MQTT-SN。

⑤ 1 字节固定报头，2 字节心跳报文，最小化传输开销和协议交换，有效减少网络流量。因此它适合应用在物联网领域，用于传感器与服务器的通信及信息的收集。

⑥ 在线状态感知，使用 Last Will 和 Testament 特性通知有关各方客户端异常中断。

Last Will 即遗言机制，用于通知同一主题下的其他设备，发送遗言的设备已经断开了连接。Testament 即遗嘱机制，功能类似于 Last Will。

6.6.3 MQTT 原理

MQTT 应用架构如图 6-72。

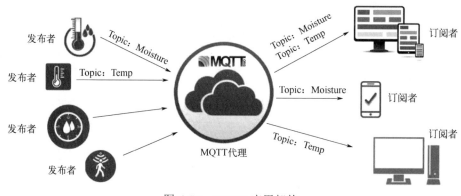

图 6-72 MQTT 应用架构

（1）MQTT 实现方式

实现 MQTT 协议需要客户端和服务器端通信完成，在通信过程中，MQTT 协议中有三种身份：发布者（publisher）、代理（broker）、订阅者（subscriber）。其中，消息的发布者和订阅者都是客户端，消息代理是服务器，消息发布者可以同时是订阅者，如图 6-73。

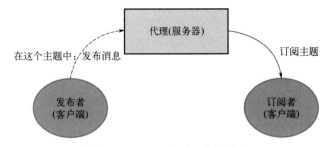

图 6-73 MQTT 订阅/发布模式

MQTT 报文格式参考表 6-10。

表 6-10 MQTT 报文格式

内容	固定报头	剩余数据长度	可变报头	有效载荷
长度	1 字节	4 字节	$0\sim x$ 字节	$0\sim y$ 字节

（2）MQTT 服务器端

MQTT 服务器称为代理（broker），可以是一个应用程序或一台设备，它位于消息发布者和订阅者之间，它可以：

① 接收来自客户的网络连接。
② 接收客户发布的应用信息。
③ 处理来自客户端的订阅和退订请求。
④ 向订阅的客户转发应用程序消息。

（3）发布/订阅、主题、会话

MQTT 是基于发布（publish）/订阅（subscribe）模式来进行通信及数据交换的，与 HTTP 的请求（request）/应答（response）的模式有本质的不同。

订阅者（subscriber）会向消息服务器（broker）订阅一个主题（topic）。成功订阅后，消息服务器会将该主题下的消息转发给所有订阅者。

主题（topic）以"/"为分隔符区分不同的层级，包含通配符"+"或"#"的主题又称为主题过滤器（topic filters），不含通配符的称为主题名（topic names），例如：

```
sensor/10/temperature
sensor/+/temperature
$SYS/broker/metrics/packets/received
$SYS/broker/metrics/#
```

其中"+"：表示通配一个层级，例如 a/+，匹配 a/x、a/y。

发布者（publisher）只能向主题名发布消息，订阅者（subscriber）则可以通过订阅主题过滤器来匹配多个主题名称。

每个客户端与服务器建立连接后就是一个会话（session），客户端和服务器之间有状态交互。会话存在于一个网络之间，也可能在客户端和服务器之间跨越多个连续的网络连接。

（4）MQTT 中的方法

MQTT 中定义了一些方法（也被称为动作），用于表示对确定资源所进行的操作。这个资源可以代表预先存在的数据或动态生成的数据，这取决于服务器的实现。通常来说，资源指服务器上的文件或输出。主要方法有：

CONNECT：客户端连接到服务器；
CONNACK：连接确认；
PUBLISH：发布消息；
PUBACK：发布消息确认；
PUBREC：发布的消息已接收；
PUBREL：发布的消息已释放；
PUBCOMP：发布完成；
SUBSCRIBE：订阅请求；
SUBACK：订阅确认；
UNSUBSCRIBE：取消订阅；
UNSUBACK：取消订阅确认；
PINGREQ：客户端发送心跳；
PINGRESP：服务端心跳响应；
DISCONNECT：断开连接；
AUTH：认证。

6.6.4 PLCnext & MQTT 应用示例

本节示例展示了两个 MQTT 客户端经过 MQTT 服务器的一个字符串信息的传送。PLCnext 控制器作为其中一个 MQTT 客户端，另一个 MQTT 客户端和 MQTT 服务器运行在电脑上，共分为以下三个步骤进行描述。

（1）搭建 MQTT 服务器（本地服务器 Node.js 搭建）

① Node.js 安装：Node.js 是一个开源的 JavaScript 运行平台。Node.jis 作为一个底层平台，拥有超过数千个库。通过 Node.js 平台及其依赖库，可以尝试搭建不同的服务器及实现不同的功能。

根据自身系统在官方网站下载对应的安装包并安装 Node.js。

② 通过命令提示符（CMD）窗口新建文件夹，如图 6-74。

图 6-74　CMD 窗口

③ 在 CMD 窗口输入 "nmp install aedes" 进行依赖库的安装，结果如图 6-75。

图 6-75　MQTT 依赖库安装

④ 新建文本文档，输入如下代码，保存后关闭文档。并通过修改后缀名，将文档改为 JS 类型的文件，如图 6-76。

```
const aedes = require('aedes')()
const server = require('net').createServer(aedes.handle)
const port=18808
server.listen(port, function(){
console.log('server started and listening on port ', port)
})
```

⑤ 启动服务器：在图 6-76 路径下打开 CMD 窗口并输入"node MQTTtest.js"，如图 6-77。

图 6-76　MQTT 新建文本文档

图 6-77　MQTT 服务器启动命令

（2）代理客户端测试

下载 MQTTX 作为客户端，可以发布和订阅消息。其中 MQTTX 连接方法如图 6-78 所示。由于服务器部署在电脑上，这里服务器 IP 地址是电脑无线网卡的 IP 地址。在使用 PLCnext 作为客户端且 PLCnext 与电脑有线连接时也可以使用电脑以太网端口的 IP 地址。

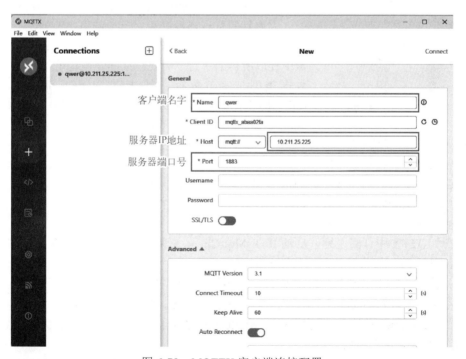

图 6-78　MQTTX 客户端连接配置

连接成功，用户可以发布并订阅消息，如图 6-79。

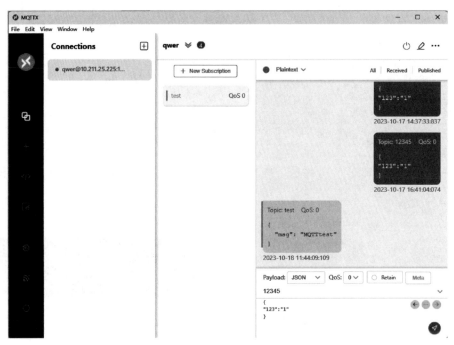

图 6-79　MQTTX 客户端订阅/发布信息

（3）通过 PLCnext Engineer 建立发布客户端

① 打开 PLCnext Engineer，导入库"IIoT_Library_4"，如图 6-80。

② 选择 IIoT_MqttClient_5 功能块并进行参数设置。

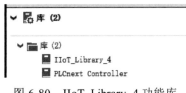

图 6-80　IIoT_Library_4 功能库

因为目的是传递没有头字节或结束字节的字符串数据，所以应该使用 STRING_TO_BUF 功能从 string（字符串）变量中提取所需的字符。需要注意的是，这里"arrBuffer"的数据类型是字节数组，且 IIoT_MqttClient_ 5.Connect、IIoT_MqttClient_5.IsConnected 和 IIoT_MqttClient_ 5.Connect. Publish 都需要进行如图 6-81 所示的设置。

此外，注意功能块的顺序，需要先建立客户端进行连接再发布。

③ 启动服务器和 MQTTX。

④ 启动并向 AXC F 2152 写入程序，具体参数设置如图 6-82～图 6-84 所示。

其中 IIoT_MqttClient_5 的"strServerUri"需要选择 TCP 连接，而且由于电脑与控制器为有线连接，IP 地址为电脑以太网口。

⑤ 在 MQTTX 中订阅主题，启动 IIoT_MqttClient_5 和 STRING_TO_BUF 的使能端进行信息发送，MQTTX 接收到信息，如图 6-85 所示。

（4）通过 PLCnext Engineer 建立订阅客户端

① 在 PLCnext Engineer 中导入"IIoT_Library_4"库，如图 6-86 所示。

② 在 Subscriber 代码区中选择 IIoT_MqttClient_5 功能块并进行参数设置，参数类型参考各功能块的输入输出参数介绍。

注意功能调用顺序：Connect — Subscribe — StartConsuming — MQTTX Publish — TryConsumeMessage。图 6-87 展示了控制器调用 MQTT 协议的主要功能块。

第 6 章 通信协议集成

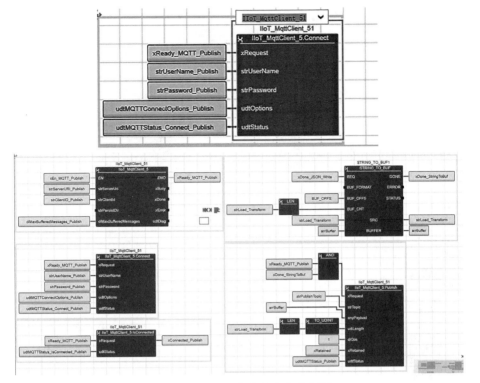

图 6-81 MQTT 客户端功能库调用

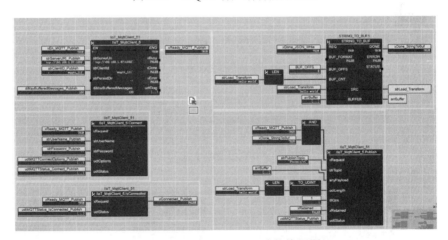

图 6-82 IIoT_Library_4 功能块调用

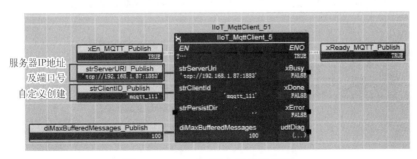

图 6-83 MQTT 客户端参数配置

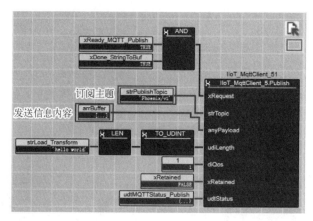

图 6-84 MQTT 客户端主题发布

图 6-85 MQTTX 客户端数据订阅接收

图 6-86 IIoT_Library_4 功能库

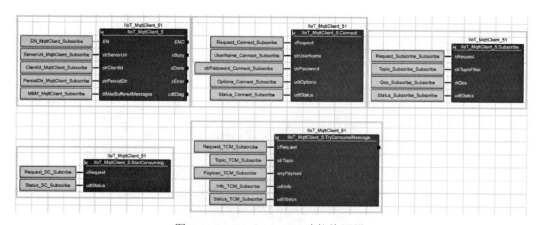

图 6-87 IIoT_Library_4 功能块调用

③ 启动 AXC F 2152,并向其中写入程序。连接并订阅时参数设置如图 6-88。

第 6 章　通信协议集成

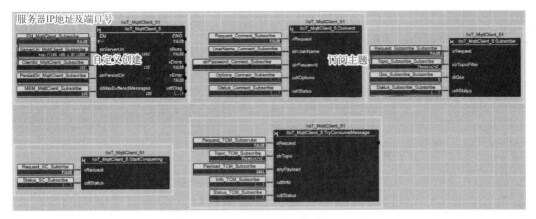

图 6-88　MQTT 客户端订阅数据功能块调用

④ 在 MQTTX 中编写发布的主题与内容，向已启动的服务器发布，如图 6-89。

图 6-89　MQTTX 客户端发布数据

⑤ 先令所有除 IIoT_MqttClient_5.TryConsumeMessage 的模块使能端置于"True"，在 MQTTX 中发布信息后，再令 IIoT_MqttClient_5.TryConsumeMessage 模块使能端为"True"，PLCnext Engineer 接收到该信息，如图 6-90。

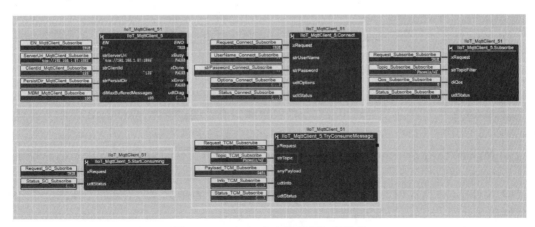

图 6-90　MQTT 客户端数据订阅接收

207

6.7 MySQL 通信

6.7.1 MySQL 概述

要实现对数据的存储就要对数据进行持久化,这意味着把数据保存到可掉电式设备中以供之后使用。大多数情况下,特别是企业级应用,数据持久化意味着将内存中的数据保存到硬盘上加以固化,而持久化的实现过程大多通过各种数据库来完成。持久化的主要作用是将内存中的数据存储在关系型数据库中,当然也可以存储在磁盘文件、XML 数据文件中。

MySQL 是一种关系型数据库管理系统,是基于 SOCKET 编写的 C/S 架构的软件,主要通过表结构来存储数据,每一列称为一个字段,每一行称为一个记录,而每一列的集合称为数据表,每一个表的集合称为数据库。关系型数据库将数据保存在不同的表中,而不是将所有数据放在一个大仓库内,这样就增加了存储速度并提高了灵活性。

DB:数据库,即存储数据的仓库,其本质是一个文件系统,保存了一系列有组织的数据。

DBMS:数据管理系统,是一种操纵和管理数据库的大型软件,用于建立、使用和维护数据库,对数据库进行统一管理和控制,用户通过数据库管理系统访问数据库表内的数据。

SQL:结构化查询语言,专门用来与数据库通信的语言。

数据库管理系统可以管理多个数据库,一般开发人员会针对每一个应用创建一个数据库,为保存应用中实体的数据,一般会在数据库创建多个表,以保存程序中实体用户的数据。

数据库管理系统、数据库和表的关系如图 6-91 所示。

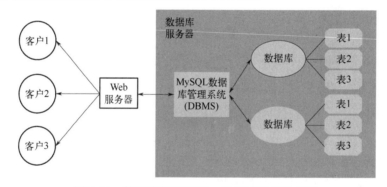

图 6-91 数据库管理系统、数据库和表的关系

MySQL 具有体积小、速度快、总体拥有成本低、开源、支持多种操作系统等优点,因此十分受欢迎。具体优势如下:

❑ MySQL 的核心程序采用完全的多线程编程。线程是轻量级的进程,它可以灵活地为用户提供服务,而不消耗过多的系统资源。用多线程和 C 语言实现的 MySQL 很容易充分利用 CPU。

❑ MySQL 有一个非常灵活而且安全的权限和口令系统。当客户与 MySQL 服务器连接时,它们之间所有的口令传送被加密,而且 MySQL 支持主机认证。

❑ MySQL 兼容 Windows 操作系统上的 ODBC,支持所有的 ODBC 2.5 版本的函数和其他许多函数,可以用 Access 软件连接 MySQL 服务器,扩展应用。

❑ MySQL 支持大型的数据库,可以方便地支持上千万条记录的数据库。作为一个开放源代码的数据库,可以针对不同的应用进行相应的修改。

❑ MySQL 拥有一个非常快速而且稳定的基于线程的内存分配系统,用户可以持续使用而不必担心其稳定性。

❑ MySQL 同时具有高度多样性，能够提供很多不同的使用者界面，包括命令行客户端操作系统、网页浏览器，以及各式各样的程序语言界面，例如 C++、Perl、Java、PHP，以及 Python。使用者可以使用事先包装好的客户端，也可以编写一个合适的应用程序。

❑ MySQL 可用于 Unix、Windows，以及 OS/2 等平台，因此它可以用在个人电脑或者是服务器上。

MySQL 8.0 版本在功能上做了显著的改进和增强，开发者对 MySQL 的源代码进行了重构，最突出的一点是对 MySQL Optimizer 优化器进行了优化，不仅在运行速度上有了提高，还提高了性能，为用户带来了更棒的体验。

MySQL 大多应用于互联网行业，比如，在国内，大家所熟知的百度、腾讯、淘宝、京东、网易、新浪等，国外的 Google、Facebook、Twitter、GitHub 等都在使用 MySQL。社交、电商、游戏产品的核心存储往往也是 MySQL。具体来说，MySQL 适用于以下几种场景。

（1）Web 网站系统

Web 网站开发者是 MySQL 最大的客户群，也是支撑 MySQL 发展的最为重要的力量。MySQL 之所以能得到 Web 网站开发者们的青睐，是因为 MySQL 数据库的安装配置都非常简单，使用过程中的维护也不像很多大型商业数据库管理系统那么复杂，而且性能出色。还有一个非常重要的原因就是 MySQL 是开放源代码的，完全可以免费使用。

（2）日志记录系统

MySQL 数据库的插入和查询性能都非常高效，如果设计得好，在使用 MyISAM 存储引擎的时候，两者可以做到互不锁定，达到很高的并发性能。所以，对需要大量地插入和查询日志记录的系统来说，MySQL 是非常不错的选择。比如处理用户的登录日志、操作日志等，都非常适合。

（3）数据仓库系统

随着现在数据仓库数据量的飞速增长，人们需要的存储空间越来越大。数据量的不断增长，使数据的统计分析变得越来越低效，也越来越困难。下面是几个主要的解决思路。

① 采用昂贵的高性能主机以提高计算性能，用高端存储设备提高 I/O 性能，效果理想，但是成本非常高；

② 通过将数据复制到多台使用大容量硬盘的廉价 PC Server 上，以提高整体计算性能和 I/O 能力，效果尚可，存储空间有一定限制，成本低廉；

③ 通过将数据水平拆分，使用多台廉价的 PC Server 和本地磁盘来存放数据，每台机器上面都只有所有数据的一部分，解决了数据量的问题，所有 PC Server 一起并行计算，也解决了计算能力问题，通过中间代理程序调配各台机器的运算任务，既可以解决计算性能问题又可以解决 I/O 性能问题，成本也很低廉。

在上面的三个方案中，对第二和第三个的实现，MySQL 都有较大的优势。通过 MySQL 的简单复制功能，可以很好地将数据从一台主机复制到另外一台，不仅仅在局域网内可以复制，在广域网同样可以。

（4）嵌入式系统

嵌入式环境对软件系统最大的限制是硬件资源非常有限，在嵌入式环境下运行的软件系统，必须是轻量级、低消耗的软件。MySQL 在资源的使用方面伸缩性非常大，可以在资源非常充裕的环境下运行，也可以在资源非常少的环境下正常运行。它对于嵌入式环境来说，是一种非常合适的数据库系统，而且 MySQL 有专门针对嵌入式环境的版本。并且，MySQL 的定位是通用数据库，被广泛应用到多种类型的应用程序中。

MySQL 可以作为传统的关系型数据库产品使用，也可以当作一个 key-value 数据库产品来使用。由于它具有优秀的灾难恢复功能，因此相对于目前市场上的一些 key-value 数据库产品会更有优势。

6.7.2 PLCnext 控制器结合 MySQL 使用示例

PLCnext 结合 SQL 数据库读写

随着工业技术的发展，近年来数字化、IoT、IT&OT 融合等字眼越来越多地出现在制造业领域。在让人眼花缭乱的同时，也确实让人看到了数字化在工业场景的应用，未来 IT 在工业领域中的应用也将越来越多。

菲尼克斯电气 PLCnext Engineer 软件提供了专门的功能库和 MySQL 通信（图 6-92）可以从 PLC 中获取工业数据，并将数据写入到 MySQL 数据库中，为下一步的数据分析提供数据源。

图 6-92　PLCnext 控制器与 MySQL 数据库通信

通过在 PLCnext Engineer 中添加库文件，即可调用功能块，直接连接到 MySQL 数据库。如图 6-93 所示，通过配置功能块中的用户名、登录密码、IP、端口号以及数据库名即可连接到已创建的 MySQL 数据库，将"xIP_Active"设为"TRUE"即开始连接，连接成功后"xTCP_Ready"和"xSQL_Ready"变为"TRUE"，如图 6-94 所示。

除了用于连接的功能块以外，库文件中还包括可以在数据库中创建表单、导入数据的功能块。在模式（schema）中创建的新的表单包含 6 列：TimeStamp、Mode 以及 Variable1~4。图 6-94 所示为创建表单，将"xActivateCode"变为"TRUE"；在"udtComBuffer.DATA"中写入创建表单命令。导入数据如图 6-95 所示。

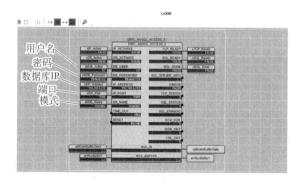

图 6-93　连接到 MySQL

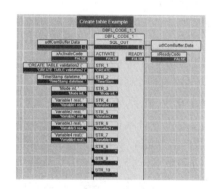

图 6-94　创建表单

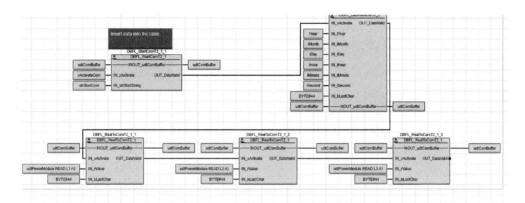

图 6-95　导入数据

在 MySQL Workbench 中右键单击表格名，选择"Select Rows - Limit 1000"，可以看到写入表格的数据，如图 6-96。

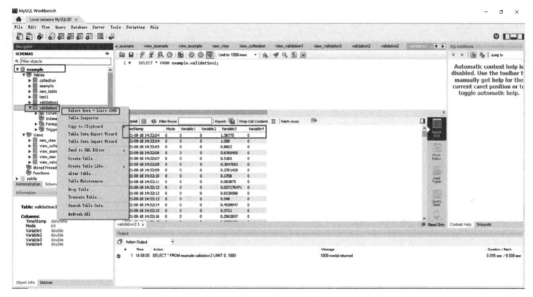

图 6-96　查看数据

PLCnext

第 7 章
PLCnext APP

7.1 APP 概述

7.1.1 APP 的发展历史

随着软件技术日益成熟，适用于各硬件平台的软件应用已经出现在工作和生活的方方面面。在使用一部崭新的智能手机时，初始系统中只包括打电话、发短信等基本功能，用户会打开手机应用商店并从应用商店中下载自己所需的 APP。通过这种方式，用户可以根据个人喜好与需求将各个不同厂商、平台开发的软件应用一键安装至个人智能机以丰富手机的功能。

APP 即应用，也称应用程序，作为软件的主要分类，指针对用户的某种特殊应用目的所开发的程序，例如文本处理器、表格、会计应用、浏览器、媒体播放器、航空飞行模拟器、命令行游戏、图像编辑器等。应用软件能够与计算机及其系统软件相捆绑，直接完成终端用户的工作，以私有、开源或通用项目的形式进行发布、运行。

20 世纪 30 年代，在计算机出现之前，已有众多理论诞生，为计算机软件的出现打下了坚实的数学理论基础，著名的"图灵机"理论，便是其发展历程的代表之一。20 世纪 40 年代，第一台电子管计算机被成功研制，作为硬件发展的开始标志，后续计算机硬件不断发展，发展成为软件的重要载体。20 世纪 50 年代，第一个高级语言 Fortran 问世为应用程序开发打开了新世界的大门。随后不断发展的各项技术，如数据库、UNIX、结构化程序设计语言、CS 架构、中间件，以及 C/C++、C#、Java、Python 等更多高级语言的流行，标志着 APP 逐渐走向多元化、平台化。

APP 的开发涉及技术及工具较多，主要包括以下几方面：

① 操作系统　需要熟悉目标设备的操作系统，如 Windows、Linux、Android、IOS 等，同时了解其特性及限制；

② 编程语言　需要掌握与 APP 开发相关的编程语言，如 C/C++、C#、Java、Python 等，不同操作平台所需编程语言不同；

③ 开发工具　APP 开发需要利用相应开发环境（IDE），如 Visual Studio、Pycharm、Xcode 等，以及其他工具和插件，如 Git、Jenkins 等；

④ 应用程序接口（API）　针对系统与不同应用程序之间的交互，需要了解如何使用相关 API；

⑤ 数据库　APP 需要存储和管理数据，因此需要了解数据库相关技术；

⑥ 前端开发技术　某些 APP 需要使用前端技术，如 HTML、CSS、JavaScript 等，以及相关框架，如 Vue、ReactNative 等。

从目前的计算机应用现状来看应用程序主要包括以下类型及相关应用：

① 业务软件　用于提高业务生产效率或度量业务生产效率的应用软件；

② 内容访问软件　用于访问内容而不具有编辑功能的应用程序；

③ 教育相关软件　用于教学或自学的计算机软件；

④ 仿真软件　以研究、操作、娱乐为目的，模拟真实场景的物理仿真系统或数据仿真系统的应用程序；

⑤ 工业自动化软件　用于对工业生产线、工艺流程、生产机器进行控制，在减少人工干预的情况下，提高生产效率及生产质量，节能降本，为企业创造价值。

7.1.2　工业 APP 的基本特点和类型

工业 APP 面向工业生产全生命周期的业务需求，把工业产品及相关技术过程的知识、最佳实践及技术诀窍封装成应用软件，是工业技术软件化的重要成果。在当前工业 4.0 背景下，工业 APP 通过将工业知识和技术诀窍的模型化、模块化、标准化和软件化，能够有效促进知识的显性化、公有化、组织化、系统化，极大地便于知识的应用和复用。用户复用工业 APP 而被快速赋能、机器复用工业 APP 而快速优化、工业企业复用工业 APP 实现对于制造资源的优化配置，从而创造并保持竞争优势。

工业 APP 作为一种新型的工业应用程序，与传统工业应用软件相比，具有以下 6 个典型特征：

① 完整地表达一个或多个特定功能，解决特定问题　每一个工业 APP 都可以完整地表达一个或多个特定功能，解决特定具体问题。

② 特定工业技术的载体　工业 APP 中封装了解决特定问题的流程、逻辑、数据与数据流、经验、算法、知识等工业技术，每一个工业 APP 都是一些特定工业技术的集合与载体。

③ 小规模，轻灵，可组合、可重用　工业 APP 目标单一，只解决特定的问题，不需要考虑功能普适性，相互之间耦合度低。因此，工业 APP 一般小巧灵活，不同的工业 APP 可以通过一定的逻辑与交互进行组合，解决更复杂的问题。工业 APP 集合与固化了解决特定问题的工业技术，因此，工业 APP 可以重复应用到不同的场景，解决相同的问题。

④ 结构化和形式化　工业 APP 是对流程与方法、数据与信息、经验与知识等工业技术的进行结构化整理和抽象提炼后的一种显性表达，一般以图形化方式定义这些工业技术及其相互之间的关系，并提供图形化人机交互界面，以及可视的输入输出。

⑤ 轻代码化　工业 APP 的开发主体是具备各类工业知识的开发人员。工业 APP 具备轻

代码化的特征，以便于开发人员快速、简单、方便地将工业技术知识进行沉淀与积累。

⑥ 平台化可移植　工业 APP 集合与固化了解决特定问题的工业技术，因此，工业 APP 可以在工业互联网平台中不依赖于特定的环境运行。

在我国，仍然有相当多的工人从事着重复、低端、枯燥乃至危险的研发、操作、检测和检修等工作。将已有的工业技术转换为工业 APP，人的工作将从复杂地直接控制机器和生产资源转为轻松地通过工业 APP 控制机器，甚至是由工业 APP 自主控制机器。人的劳动形式将由体力劳动工作逐步转变为更有意义的知识创造工作，个体劳动价值显著提高。

对于许多中小型企业来说，工业 APP 是采用先进技术的最好途径，它降低了企业购买、构建、维护基础设施和应用程序的"门槛"，只需支出一定的费用，便可享受到相应的硬件、软件和维护服务，成本更低，效率更高，有利于中小企业提升竞争力。工业 APP 是以"工业互联网平台+APP"为核心的工业互联网生态体系的重要组成部分，是工业互联网应用体系的主要内容和工业互联网价值实现的最终出口。工业 APP 可以将工业知识和经验进行封装，通过规模化复用，可以显著提高行业的智能制造水平。

工业 APP 的形态由应用功能决定，主要有如下几类：

（1）面向生产现场的交互型工业 APP

面向生产现场的交互型工业 APP 通常采用原生应用实现方式。这类 APP 主要提供工业数据收集、制造全流程管理、远程操作等服务。由于与原生控制系统交互性强，其主要实现方式是通过原生工业操作系统或平台所提供的特定应用程序接口（API）、软件开发工具包 SDK，以及开发环境（例如 IntelliJ IDEA 和 Eclipse）插件来实现。

（2）面向客户的服务类工业 APP

面向客户的服务类工业 APP 通常使用基于 Web 的实现方式。这类工业 APP 主要提供资产建模、工业数据分析、企业管理等服务，由于与原生工业系统交互性较少，这类 APP 一般使用 HTML、Jscript、Ajax 等 Web 开发技术来实现。

（3）定制型的工业 APP

定制型的工业 APP 由特定的技术实现。这类工业 APP 对运行环境、应用资源等有特定需求，通常需要开发平台和系统提供适配的技术，包括特定运行环境的仿真、应用资源跟踪等在内。

7.1.3　PLCnext Store APP 软件商店

PLCnext Technology 平台作为典型工业自动化软件开发平台，能够驱动赋能全电气社会的菲尼克斯电气，秉承独立自主、创新创造精神，为用户创造所需价值。在 PLCnext Technology 平台，用户可以从 PLCnext Store 中下载具有所需功能的 APP，并一键安装至 PLCnext 控制器中。在有配套硬件设备的前提下，无须额外编程即可完成程序的安装和部署，实现对应的功能。在有批量部署的情况下也可以将项目打包为 APP 进行方便的一键部署。

PLCnext Store 是由菲尼克斯提供的软件商店，用户分为三类：软件用户，可在商店中搜索查找所需的 APP 并按照该 APP 的页面进行免费下载、付费使用或限时试用；菲尼克斯软件开发者，会发布官方 APP；个人或企业开发者，可发布第三方 APP 至 PLCnext Store，并根据其需求标定价格。目前 PLCnext Store 已有 30+开发者以及上百个 APP 供使用者下载安装或购买。

进入 APP 的详情页面，可以看到 APP 的名称、功能描述、开发者、版本、适配硬件型号、帮助文档以及历史版本，并可点击下载按钮获取当前选择的 APP，如图 7-1 所示。

第 7 章 PLCnext APP

图 7-1 AnalogTechnology APP 下载页面

针对 APP 的相关问题，可通过点击"Contact Developer"按钮填写问题描述，PLCnext Store 会把问题推送给对应开发者进行解答。收费 APP 可在线上进行限时试用和购买，如图 7-2 所示。

图 7-2 PLCnext 下载页面

在 PLCnext Store 中，APP 有多种不同分类：
❑ 行业解决方案类 APP（Solution）；
❑ 库文件类 APP（Library）；
❑ 功能扩展类 APP；
❑ 授权类 APP（License）；
❑ 工程项目类 APP（PLCnext Engineer Project）；
❑ 桌面工具类 APP（Desktop Tool）。

其中库文件类 APP 下载后为一个*.zip 压缩文件。解压后可以看到后缀为*.pcwlx 的库文件，在 PLCnext Engineer 软件中直接将此文件导入即可使用该库中的内容。

行业解决方案、功能扩展类 APP 在下载后得到一个*.app 文件，在 PLCnext 控制器的网页管理界面可以直接进行安装并控制程序的启动/停止，如图 7-3 所示。

工程项目类 APP 为独立的 PLCnext Engineer 工程项目文件，可直接在 PLCnext Engineer 中打开。

图 7-3　WBM APP 安装页面

桌面工具类 APP 为 EXE 类型文件，通常是开发者开发的运行于电脑端的软件，可通过此类 APP 赋予 PLCnext 更多的功能并简化部分功能实现的方式。此类 APP 功能丰富，可使用各类语言进行编写，开放程度高。例如，AppCreate 为运行于 Windows 系统的桌面工具，可将与运行此桌面工具 APP 的电脑相连接的 PLCnext 控制器中的程序打包为*.app 文件，后续无须使用 PLCnext Engineer 即可完成批量复制与程序下载安装部署，如图 7-4 所示。

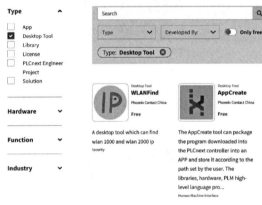

图 7-4　APPCreate 搜索页面

授权类 APP 为部分收费功能的授权，如图 7-5。激活授权时将 PLCnext 设备绑定至 PLCnext Store 账号中并通过在线或离线的方式完成激活。例如，OPC UA Client License 为 PLCnext 控制器 OPC UA Client 功能的使用授权。PLCnext 控制器自带 OPC UA Server 功能，无须授权即可使用；而 OPC UA Client 功能如无授权，连续使用 4 个小时后会自动终止。激活 OPC UA Client License 后即可使用完整功能。

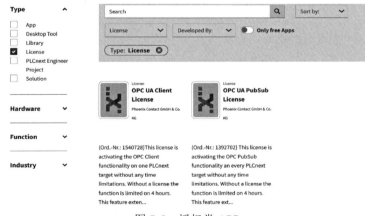

图 7-5　授权类 APP

7.2 行业解决方案类 APP

行业解决方案是指专业咨询机构或个人,根据不同行业的行业特点,制定的一系列或一揽子的从上至下、从内而外的相关理论、方法论和解决方法、实施方案等。菲尼克斯提出的行业解决方案类 APP,属于 PLCnext APP 生态圈内的其中一部分,是指一种适用于某一行业,无须进一步编程即可直接使用的全功能自动化软件解决方案。目前,菲尼克斯针对基础设施、汽车自动化、能源行业等推出相应解决方案类 APP,供用户免费下载使用。常用行业解决方案类 APP 如表 7-1。

表 7-1 常用行业解决方案类 APP

APP 名称	简介
Pump Station Control	完成分布式泵站中的泵控制任务。通过收集相关测量及操作数据,实现泵站的智能液位控制
Starter Kit Demo	用于 AXC F 2152 Starter Kit 的基础项目,包括数字量的输入输出和模拟量输入的读取以及对应显示界面
IIoT Framework Demo	针对 AXC F 2152 Starter Kit 的项目样例
Weather Station	针对菲尼克斯气象站控制柜的软件程序
Tank and Well Control	水缸水井系统程序,实现易于部署的控制系统
DALI2_Lighting	PLCnext DALI2 智能照明解决方案,在网页界面通过简单点击即可完成建筑照明的分组、多功能实现等参数化配置
Blade Intelligence	智慧叶片解决方案 APP,简单安装即可完成针对风机叶片的智能监控
Network_Visualization	网络可视化解决方案 APP,实现网络信息的可视化功能及故障点定位功能
Energy Statistics System	能源采集及统计 APP,实现能耗数据的监控、统计、OEE 计算等功能
Blade Intelligence SHM-S	智慧叶片-结构健康监控 APP,实现风机叶片实时结构完整性监控及预测性维护功能

7.2.1 行业解决方案类 APP 特点

❑ 针对行业特点,如能源行业中的能源统计功能,进行功能封装,用户能够以便捷的方式进行轻量化部署;

❑ 开发者在熟悉 APP 开发流程后,能够从容地针对行业解决方案特点,进行定制化功能开发;

❑ APP 存储在 PLCnext 文件系统中,可轻松使应用程序在 PLCnext 中安装与卸载,同时显著提高应用程序在不同固件版本中正常执行的可能性。

7.2.2 行业解决方案类 APP 在 PLCnext 中的应用

以行业解决方案类 APP——Pump Station Control 为例向读者介绍其使用流程及相关特点。在市政基础设施建设方面,泵站应用十分广泛。比如,地下车库蓄水池在雨水或洪涝等特殊情况下会有积水,应通过高低液位进行排水。在市政管廊配套设施方面,通过泵站抽水、排水也是必备工艺流程。在城市隧道的建设中,泵站也是必不可少的应用。在上述情况下可使用此类解决方案 APP 部署具体应用。

步骤如下:

① 登录 PLCnext Store 官网网站。

② 在该网站下方搜索框内，输入"Pump Station Control"，可找到相应行业解决方案类 APP，如图 7-6 所示。

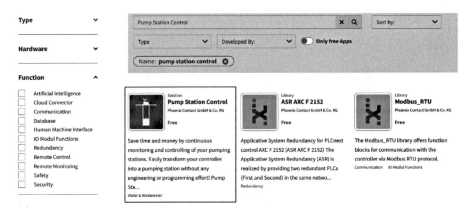

图 7-6　PLCnext APP 页面

③ 点击"Pump Station Control"后，可进入相应 APP 介绍界面，点击"Download"按钮，可将 APP 文件进行下载，同时可在下方 Documents 区域下载相关的使用文档配合使用。

④ 下载前，为保证用户使用 APP 的安全性及提升使用体验感，需要进行用户注册。

⑤ 完成注册登录后，可进行 APP 下载，所下载文件格式为.app，如图 7-7 所示。

📄 60002172000025_PumpStationControl-20181123133007.app

图 7-7　文件格式

⑥ 将 PC 与 PLCnext 通过网线进行连接，并配置两者处于同一网段，在任一浏览器中输入 PLCnext 所设 IP 地址，可弹出网页端配置界面。

⑦ 点击网页中的"Administration"＞"PLCnext Apps"＞"Install App"，将下载好的 APP 进行安装，并点击"Start"按钮，即可使用 APP 内部功能，如图 7-8 所示。

图 7-8　PLCnext 权限操作

⑧ 该行业解决方案类 APP 主要是在无额外工具情况下，通过简单配置，实现分布式泵站中的泵控制任务。此外，该 APP 通过收集相关测量及操作数据，可实现泵站的智能液位控制，具备预测性维护功能，从而保证单泵站或双泵站的经济高效及可靠运行。如图 7-9 所示为实际值显示页面，图 7-10 所示为控制页面，图 7-11 所示为运行状态页面，图 7-12 为推送配置页面，图 7-13 为测量值统计信息页面。

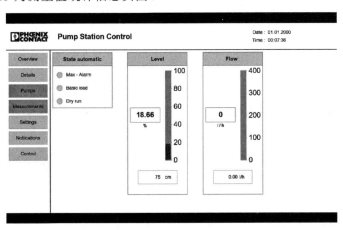

图 7-9　实际值显示

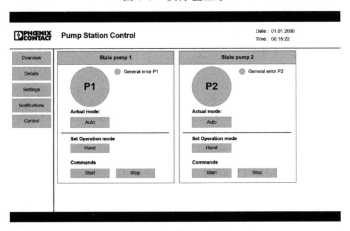

图 7-10　控制页面

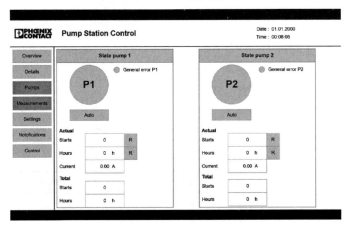

图 7-11　运行状态

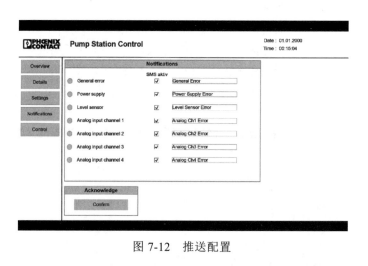

图 7-12　推送配置

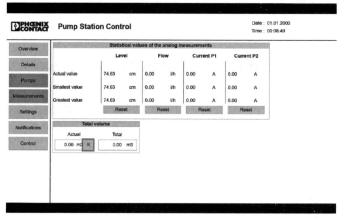

图 7-13　测量值统计信息

7.3　库文件类 APP

库文件作为计算机上的一类文件，能够提供给使用者一些开箱即用的变量、函数或类。作为具有强大拓展性及功能的 PLCnext 系列产品，菲尼克斯支持采用高级语言实现库文件功能，使其能够在 PLCnext 中便捷使用，在节省工作量的同时，扩展更强大的功能，如表 7-2 所示为常用库文件类 APP 列表。

表 7-2　常用库文件类 APP

APP 名称	简介
Modbus_TCP	提供 MODBUS TCP 通信功能块
Modbus_RTU	提供 MODBUS RTU 通信功能块
AXL_Analog	针对模拟量信号的库文件
ReSy10x - RemoteSystem 60870-5	可实现基于 IEC 60870-5-101 和 IEC 60870-5-104 通信；远控站
PLCnextBase	基础固件库，提供基础性功能
Solarworx	针对光热项目的库文件

续表

APP 名称	简介
IIoT_Library	提供 IIoT 相关功能块及程序
DBFL_SQL	针对 Microsoft SQL Server、MySQL 和 MariaDB 进行数据读写及其他数据库操作的功能块
CANbus	提供 CANbus 通信的功能块
Smart Production Library	针对智能工厂的自动化标准

7.3.1 库文件类 APP 特点

❏ 针对某一特定功能，采用高级语言进行功能封装，使用户能够在此功能块基础上，继续利用 IEC 61131-3 进行功能开发；

❏ 具有更高的灵活性，能够实现传统 IEC 61131-3 难以完成的功能；

❏ APP 存储在 PLCnext 文件系统中，可轻松使应用程序在 PLCnext 中安装与卸载，同时显著提高应用程序在不同固件版本中正常执行的可能性。

7.3.2 库文件类 APP 在 PLCnext 中的应用

本节以库文件类 APP——JSON_Library 向读者介绍其使用流程及相关特点。

JSON_Library 通过高级语言编写，可通过库中的功能块方便快捷地将 IEC 61131-3 语言中的自定义结构体变量直接转化为 JSON 字符串，或反向将 JSON 字符串解析赋值到对应的 IEC 61131-3 结构体中。

步骤如下：

① 登录 PLCnext Store 官网网站。

② 在该网站下方搜索框内，输入"JSON_Library"，并进行 Library 分类筛选，可找到相应库文件类 APP，如图 7-14 所示。

图 7-14　APP 搜索

③ 点击"JSON_Library"后，可进入相应 APP 介绍界面，点击"Download"，可将 APP 文件进行下载，同时可在下方 Documents 区域下载相关的使用文档配合使用，如图 7-15 所示。

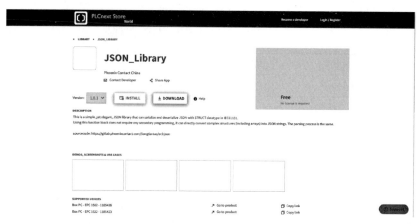

图 7-15　APP 介绍

④ 下载前，为保证用户使用 APP 的安全性及提升使用体验感，需要进行用户注册。
⑤ 完成注册登录后，可进行 APP 下载，所下载文件格式为.zip。
⑥ 将下载的 ZIP 文件解压，得到库文件 JSON_V1.pcwlx，并将其添加至 PLCnext Engineer 默认库文件路径（默认为 C:\Users\Public\Documents\PLCnext Engineer\Libraries），打开 PLCnext Engineer 后，在右下角将所下载库文件添加至用户库。
⑦ 添加完用户库后，可在"组件"处找到相应库文件功能块。
⑧ 通过该库文件帮助文档，可熟悉此库文件功能，以实现 IEC 61131-3 中的复杂结构数据类型与 JSON 字符串之间的序列化和反序列化，如图 7-16 所示为调试界面，图 7-17 所示为仿真运行结果。

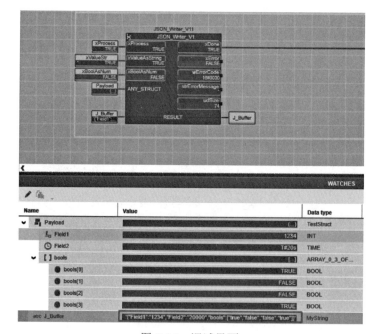

图 7-16　调试界面

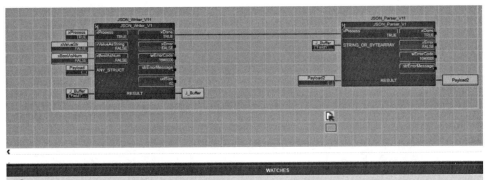

图 7-17　仿真运行结果

7.4　功能扩展类 APP

在当前数字化转型的浪潮中，菲尼克斯电气借助 PLCnext Software 技术的开放性，不仅保留了 IEC 61131-3 编程语言的特性与优势，还实现了其与 C/C++、C#或 Matlab Simulink 等高级语言的自由组合编程。除此之外，PLCnext 可借助多种开放式接口，满足 PLC、DCS、工业机器人、数控机床、工业物联网、人工智能等不同产品设备或场景对于 IEC 61131 软件解决方案的开源需求。功能扩展类 APP 基于不同的需求，可以直接将第三方系统安装至 PLCnext 控制平台进行使用。本节主要介绍了通过功能扩展类 APP 实现的 PLCnext 的扩展功能，主要包括内部通信方式、容器化部署方式及 APP 示例等，具体描述参考表 7-3。

表 7-3　常用功能扩展类 APP

APP 名称	简介
Node-RED for PLCnext ARM/x86	用于在 PLCnext 控制器中安装 Node-RED
balenaEngine-DockerForIOT-ARM/x86	用于在 PLCnext 控制器中安装 balenaEngine
Mosquitto MQTT Broker	用于在 AXC F 2152 和 AXC F 1152 中安装 Mosquitto MQTT Broker
Grafana for PLCnext ARM/x86	用于在 PLCnext 控制器中安装 Grafana 可视化软件
InfluxDB for PLCnext x86	用于在×86 架构的 PLCnext 控制器中安装 InfluxDB 2.0
Portainer for x86	用于在×86 架构的 PLCnext 控制器中安装 Portainer 管理 Docker
Device and Update Management	用于管理 PLCnext 控制器
Alibaba Cloud Connector	用于将 PLCnext 控制器连接至阿里云
AnyViz Cloud Adapter	用于将 PLCnext 控制器连接至 AnyViz 云
MLnext Execution PLCnext x86	用于将 MLnext Execution 部署至×86 架构的 PLCnext 控制器

7.4.1 功能扩展类 APP 特点

❑ 实现如数据库、网页式可视化平台、大数据算法、视觉算法、云平台连接器等功能，以及部分辅助功能如邮件或短信发送等；具有更高的灵活性，能够实现传统 IEC 61131-3 难以完成的功能；

❑ 与实时 PLCnext Runtime 中的变量不要求高实时性，无强关联性，功能较为独立。

7.4.2 内部通信方式

PLCnext 功能扩展内部通信方式包括 gRPC 和 REST。本节将主要介绍这两种通信方式在 PLCnext 控制器上的应用。

PLCnext 的中间件部分实现将 PLCnext Technology 固件与操作系统解耦。GDS（global data space，全局数据空间）是中间件的重要一部分，它实现了不同实时组件之间交互的数据一致性。RSC（remote service call，远程服务调用）接口：function extension（功能扩展）区上运行的程序通过 RSC 接口可以与 PLCnext Technology 核心组件进行通信。可以通过接口访问各种函数和数据项。例如，可以使用 RSC 服务中"IDataAccessService"获取对 GDS 数据的读写访问权。

部署在 PLCnext 控制器上的 gRPC 服务端用于直接和 PLCnext 控制器中间件的 RSC 服务进行通信，通过调用 RSC 服务实现对控制器的控制。如图 7-18 所示。

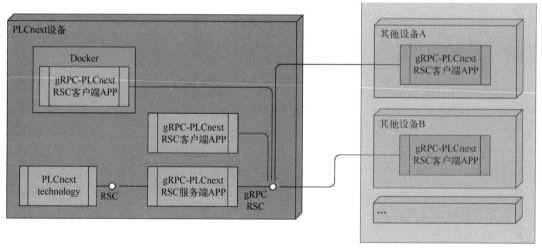

图 7-18 RSC 服务

用户可以开发不同的 gRPC 客户端，调用部署在 PLCnext 控制器上的 gRPC 服务端，客户端通过对服务端的调用从而实现对 RSC 服务的使用。gRPC 服务端已经集成到 FW2022.0 版本中，用户可以到菲尼克斯官网下载最新固件，并将 PLCnext 固件更新到 2022.0。具体安装 gRPC 环境的方式可以参考帮助文档。

REST（representational state transfer，表述性状态转移）是一种软件架构风格，包括网络应用的设计和开发方式。PLCnext Technology 支持基于 REST 的方式通过 HTTP 完成对 PLCnext 控制器固件以及 GDS 中数据的交互。PLCnext REST 数据接口的特征为：

❑ 通过 GDS 端口或 PLC 变量进行数据访问（只有 GDS 端口以及标记为 HMI 的变量可以通过 REST API 进行访问）；

❑ 基于 PLCnext Engineer HMI 用户管理系统进行用户权限管理；

❑ 数据传输加密通过 HTTPS 实现。

REST 数据接口由 PLCnext HMI 组件提供。在 PLCnext 控制器中有嵌入的 nginx 网页服务器,PLCnext Engineer HMI 客户端以及其他 REST 客户端等基于网页的应用,通过调用 REST 数据接口从网页服务器中获取数据,如图 7-19 所示为 PLCnext 架构。

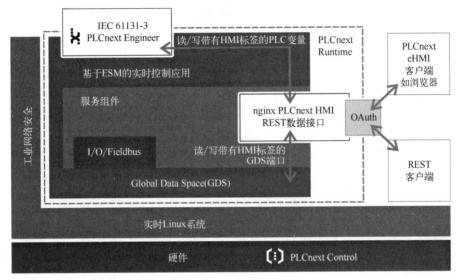

图 7-19　PLCnext 架构

PLCnext REST 接口调用流程为:

① 创建一个 PLCnext Engineer 项目,并添加至少一个 HMI 页面以启用 PLCnext HMI 组件。在 PLCnext Engineer 中将变量或 GDS 端口标定为 HMI 应用可用。

② 请求身份验证令牌,并用令牌信息请求身份验证。通过验证后即可获取标定后的 GDS 端口以及 PLC 变量的 REST 数据接口使用权限。验证及访问过程分为六步:

❑ 客户端发出 REST 数据接口的身份验证的请求至 pxc_api(Phoenix Contact API),参考表 7-4 所示;

表 7-4　身份验证请求

Request URL(HTTP 的 POST 方法)	https://\<ip\>/_pxc_api/v1.2/auth/auth-token
Request body(.json)	{"scope":"variables"}

❑ 服务器将身份验证令牌信息反馈至客户端,参考表 7-5;

表 7-5　身份验证令牌信息

Response(.json)	{"code":"yourAuthToken","expires_in":600}

❑ 当用户尝试登录时,客户端通过加密通道发送用户名、密码至服务器,参考表 7-6;

表 7-6　客户端加密通道

Request URL(HTTP 的 POST 方法)	https://\<ip\>/_pxc_api/v1.2/auth/auth-token
Request body(.json)	{"code":"yourAuthToken","grant_type":"authorization_code","username":"admin","password":"PLCpassword"}

- 当 PLCnext 运行时，系统的安全子系统接收了用户名、密码，发回准入令牌和当前用户的权限等级，参考表 7-7；

表 7-7 发回准入令牌

Response(.json)	{"token_type":"Bearer","access_token":"df3b895e160a92f1","roles":[]}

- 客户端将获取的准入令牌填入 HTTP hearders（HTTP 标头）中并发送变量读取请求；
- 服务器验证准入令牌，并返回变量信息，如图 7-20。

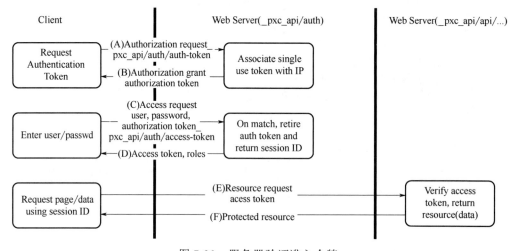

图 7-20 服务器验证准入令牌

身份验证功能默认为启用状态。为保证数据的安全性，建议保持启用状态。如果不需要身份验证，可在 PLCnext Engineer 中将其关闭以直接访问变量，如图 7-21 为安全设置。

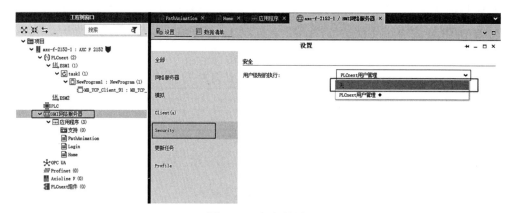

图 7-21 安全设置

③ 变量读取：通过 GET 指令读取变量值，参考表 7-8。
Request:

```
GET
    https://%PlcAddress%/_pxc_api/api/variables?sessionID=%OptionalSession
ID%&pathPrefix=%OptionalVariablesPathPrefix%&paths=%VariablePath1%,...,%Variab
lesPathN%
```

表 7-8 变量含义（一）

变量	含义
%PlcAddress%	PLC 的 IP 地址
%OptionalSessionID%	可选项，填入当前会话 ID，防止会话超时。如无会话 ID 可留空，填入""
%OptionalVariablePathPrefix%	可选项，填入变量的前缀（如 Apr.Plc.Eclr/）
%VariablePath1%	第一个变量的相对或绝对路径（如 Go，Arp.Plc.eclr/Go），或是数组的可选索引，以及索引的范围（如 PartArray[2]，PartArray[2;4]，PartArray[2;4;6-8]）
%VariablePathN%	最后一个变量的相对或绝对路径（如 Go，Arp.Plc.eclr/Go），或是数组的可选索引，以及索引的范围（如 PartArray[2]，PartArray[2;4]，PartArray[2;4;6-8]）

Response：

当成功读取变量时会收到 HTTP 状态码 200（OK）和 JSON 格式的返回信息；相反，如果读取失败，将会收到对应状态码（如：400 = Bad Request，408 = Request Timeout，500 = Internal Server Error）。

代码清单如下，含义参考表 7-9。

```
{
  "apiVersion": "%ApiVersion%",
  "projectCRC": %ProjectCrc%,
  "userAuthenticationRequired": %UserAuthenticationRequired%,
  "variables":
  [
    {
      "path": "%VariablePath1%",
      "value": %VariableValue1%
    },
    …
    {
      "path": "%VariablePathN%",
      "value": %VariableValueN%
    }
  ]
}
```

表 7-9 变量含义（二）

变量	含义
%ApiVersion%	当前使用的 API 版本（如 1.1.0.0）
%ProjectCrc%	校验和，通常用于检测 HMI 项目的变更（如 2373751656）
%UserAuthenticationRequired%	布尔值，显示当前变量或变量组是否需要身份验证后才可访问
%VariablePath1%	第一个变量的完整路径（如路径前缀+相对路径，即 Arp.Plc.Eclr/Go，Arp.Plc.Eclr/PartArray）
%VariableValue1%	第一个变量的当前值（如 True）或第一个数组变量指定索引位的值（如：200，[200;400]，[200;400;600;700;800]）
%VariablePathN%	最后一个变量的完整路径（如路径前缀+相对路径，即 Arp.Plc.Eclr/CycleCount，Arp.Plc.Eclr/ProductArray）
%VariableValueN%	最后一个变量的当前值（如 100）或最后一个数组变量指定索引位的值（如：250，[250;450]，[250;450;650;750;850]）

7.4.3 容器化部署方式 Podman

容器是从一个计算环境移动到另一个计算环境时如何使软件可靠运行的问题的解决方案；Docker/Podman 是一个容器化平台，它们以容器的形式将应用程序及所有的依赖项打包在一起，以确保应用程序在任何环境中无缝运行。Docker/Podman 基于 Go 且都使用客户端-服务器（C/S）架构模式，使用远程 API 来管理和创建 Docker/Podman 容器。Docker/Podman 容器通过 Docker/Podman 镜像来创建。菲尼克斯电气在助力智能制造的进程中，常常采用 Podman 创建包含智能算法和其他依赖项的容器，并将其部署到控制器上，以此实现人工智能算法在设备故障识别、性能预测、运行优化等方面的应用。

（1）在 PLCnext 3152 中使用 Podman

在使用时 Podman 前需要先确认控制器的固件版本。固件版本若小于 2025.0，需要先以 root 权限登录后，再输入 Podman 相关指令；固件版本大于 2025.0 则无需该操作，可直接无根使用。在 PLCnext 上直接使用 Podman 见图 7-22。

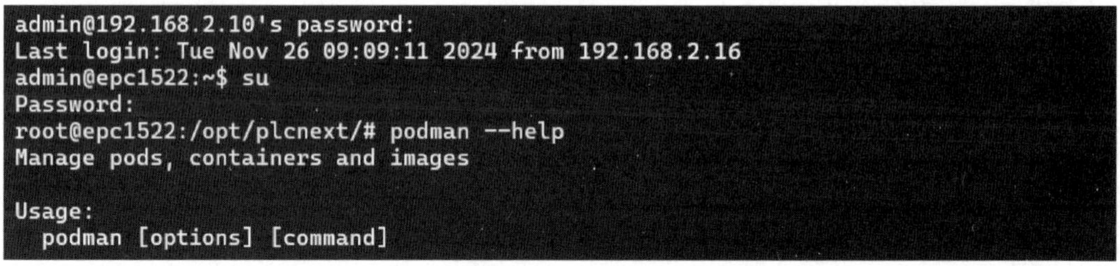

图 7-22　在 PLCnext 上直接使用 Podman

（2）创建容器

在神经网络模型训练完成之后，需要将异常检测的主程序、训练好的模型，以及其他依赖项打包创建为容器，这部分可以在 PC 端使用 Docker 打包完成。

首先下载一个 python 3.8 slim 的镜像，即 docker pull python：3.8.11-slim-bullseye，如图 7-23。

图 7-23　下载镜像

运行：docker run -it python：3.8.11-slim-bullseye /bin/bash。

其中"-it"表示可互动并显示内容，"python：3.8.11-slim-bullseye"为"镜像名称：版本"，"/bin/bash"代表进入容器命令行。也可以使用镜像 ID 的前几位代替"镜像名称：版本"，如：docker run -it 9118 /bin/bash。

使用该镜像生成并打开容器进入容器命令行界面，可以看到下一行已经进入 root@b5530a84a8f9，其中"root@"后面的"b5530a84a8f9"为容器的 ID，如图 7-24。

正常情况下可以通过 Dockerfile 的形式直接生成符合程序运行环境的镜像，也可通过阿里云手动创建环境，如图 7-25。

将训练好的神经网络模型、需运行的 Python 程序文件以及需要引用的文件夹复制粘贴至容器。

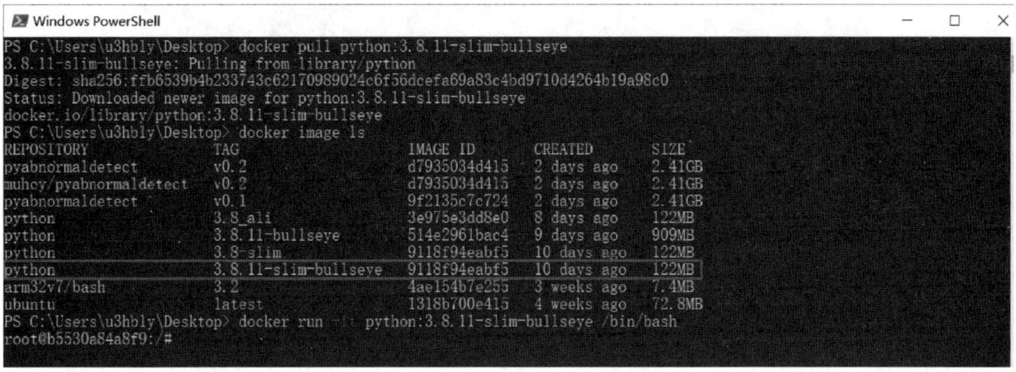

第 7 章　PLCnext APP

图 7-24　生成容器

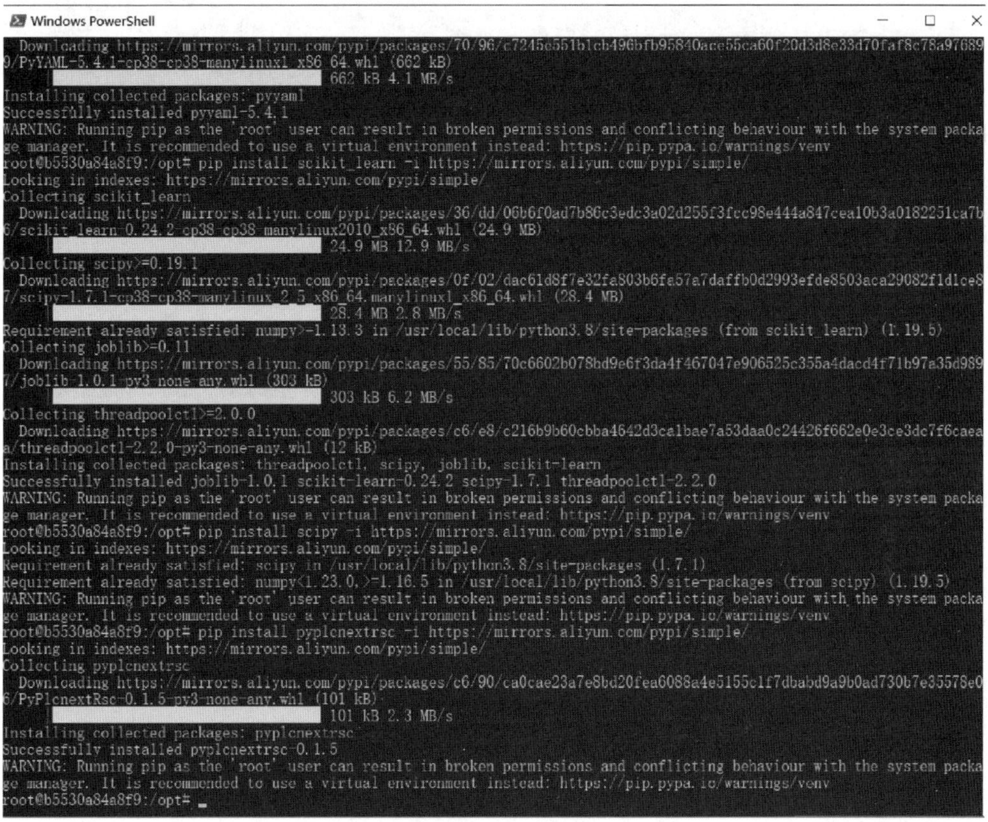

图 7-25　创建环境

（3）部署容器

Podman 的使用方法与 Docker 类似，在 PC 端利用 Docker 创建好容器后，可使用 PLCnext 原生支持的 Podman 完成容器部署。

首先使用 WinScp 将导出的容器压缩文件复制粘贴到"/opt/plcenxt"文件夹，在容器压缩文件 xx.tar 的路径下使用/cat xx.tar | Podman import – xxxx（镜像名），再使用 Podman run -it xxxx（镜像名）/bin/bash 创建容器并运行，在容器的/opt 路径使用 python xxx.py 运行 Python 程序（此时 3152 中的程序已经在运行中，所以 Podman 可以读到该变量）。如图 7-26 可以看到程序运行成功。

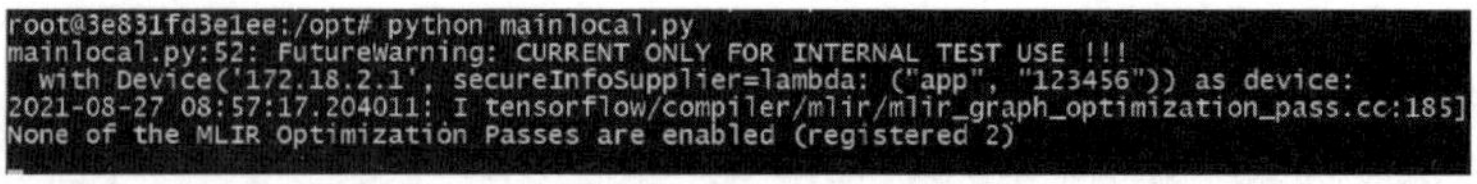

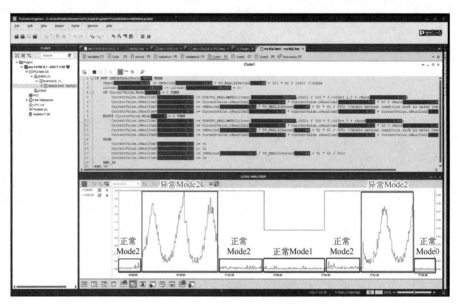

图 7-26 运行容器

进入 PLCnext Engineer 中的在线模式,可以看到 Docker 中神经元网络模型计算出的异常值,如图 7-27 所示。

图 7-27 检测结果

7.4.4 MLnext 使用示例

菲尼克斯电气研发出 MLnext 智能解决方案,包括软件及相关服务。它可以通过 MLnext 挖掘出数据的潜在价值,并与场景相结合,充分发挥数据的作用。使用 MLnext 可轻松创建人工智能算法,链接生产过程中的数据,能够快速、轻松地识别出生产过程或负载中的异常,并实施优化,有助于改善人员规划和设备分配。MLnext 有以下几大特性:

❑ 从数据中提取出有效信息;
❑ 无须编程即可完成建模和部署;
❑ 专为使用场景量身打造的跨平台解决方案;
❑ 可使用于支持 Docker 部署的任一操作系统。

MLnext 包括三大模块:MLnext Framework、MLnext Creation、MLnext Execution。如图 7-28 所示为 MLnext 架构。

MLnext Framework 是使用 Python 和 Docker 进行独立于硬件平台的机器学习算法开发的开源平台。MLnext Framework 包含了数据分析的 Python 库,它提供了多种数据分析和算法开发中需要的功能,使开发过程变得更加便捷。

MLnext Creation 针对工业行业中工程师往往对现场设备、应用场景有深入了解但对程序编写以及模型训练了解较少的现状进行开发,提供了零代码的机器学习建模平台。用户无需编程知识,仅需进行基础的配置,如数据保存位置、数据名称、数据采集频率、模型基本参数等,即可完成全自动的模型训练,生成并获取自动生成的模型训练报告。同时可以在 MLnext

Creation 的 UI 界面上针对当前的训练进度、近期所有的训练使用的配置参数、结果、评分、准确度等进行横向对比，便捷地找到最优的训练结果。

图 7-28 MLnext 架构

MLnext Execution 能够将模型直接部署至现场，针对现场所使用的多种数据源均可适配，如直接来自设备侧 OPC UA 通信的数据、KAFKA 以及来自 MS SQL、MySQL、PostgreSQL、SQLite、InfluxDB 等各主流的数据库中的数据，并持续提供主流通信方式及数据库的兼容和扩展。MLnext Execution APP 能够便捷地将算法部署到现场的 PLCnext 控制器中。同时，在 MLnext Execution 的网页配置界面可选择使用的模型、任务、周期、输出结果、输出方式等内容，将现场实时产生的数据，按照任务的设置进行周期性的分析计算，而后输出至数据库或与其他系统进行交互。

本节主要描述如何在 AXC F 3152 上安装 MLnext Execution Demo PLCnext APP，并通过 Grafana 制作仪表盘，实现数据监控。

用户可以根据此步骤可以实现网页登录控制器并对 AXC F 3152 控制器进行相关配置，在控制器中安装与启动 APP，配置 Grafana 界面，设计 Dashboards（仪表盘）界面，展示数据。

（1）下载 APP

登录 PLCnext 商城下载 MLnext Execution Demo PLCnext APP，如图 7-29。

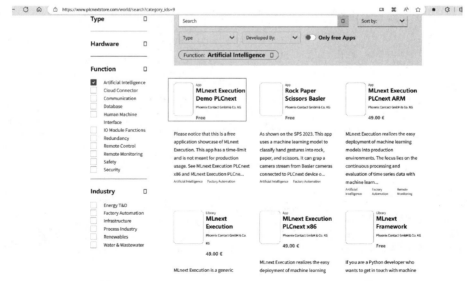

图 7-29 MLnext Execution Demo PLCnext APP 下载

（2）安装软件：PLCnext Engineer 2022.6，PuTTY

（3）安装 APP

登录 PLCnext 控制器网页，在左侧导航栏中找到"PLCnext Apps"，进入后点击"Install App"按钮，选择文件"mlnextdemo.app"后安装，如图 7-30。需要注意，由于此文件较大，若是控制器中有其他 APP，需要停止 APP 运行后安装，否则会报错。安装完成后点击"Start"按钮启动 APP，由于 APP 较大，启动时间会较长。

图 7-30　APP 运行

安装完成后可通过 PuTTY 检查是否连接成功。

（4）进入 MLnext Execution 前端界面

在网页上输入"192.168.1.10：8811"，如图 7-31 所示，进入 MLnext Execution 前端界面，点击界面上方"here"链接，可以获得关于"Demo PLCnext APP"的更多信息。

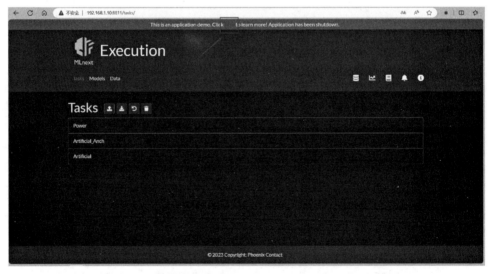

图 7-31　MLnext Execution 前端界面

从图 7-32 可以看出，数据从 Generator 中传输到 MySQL，并通过 MLnext Execution 进行处理之后再次传到 MySQL，在 Grafana 界面进行数据监控。

（5）配置 Grafana 界面

在控制器配置完成后，打开浏览器，输入"192.168.1.10:3000"登录 Grafana 界面，如图 7-33。账号和密码默认都为"admin"，登录后可点击"Skip"按钮跳过修改密码步骤。

点击 Home 可打开功能列表栏。

（6）设计 Dashboards 界面

进入 Data Sources 界面，选择符合自己的数据库类型，填入相关信息。注意修改时区。从左侧功能栏中点击"Dashboards"并选择"Artifical"进入此仪表盘界面，如图 7-34，在此页面可以观察到不同变量的数据变化。界面中可以根据展示效果调整想要观察的时间段以及数据的刷新间隔。点击单个 Panel 模块的右上角，可以进入编辑界面。

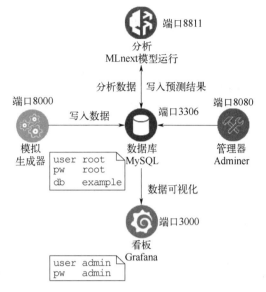

图 7-32　Demo PLCnext APP 的介绍

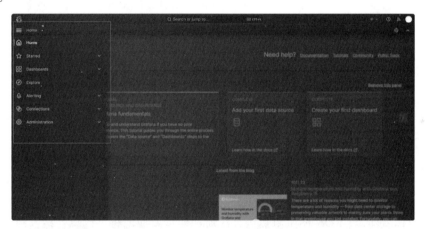

图 7-33　Grafana 界面介绍

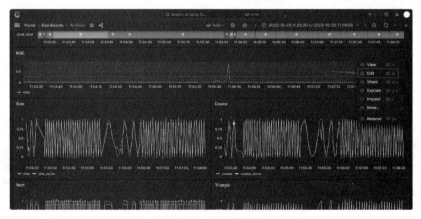

图 7-34　仪表盘界面

7.4.5 ROS 使用示例

ROS 机器人操作系统可轻松部署到 PLCnext 平台中，借助于 ROS 背后强大的生态系统和丰富的资源库，众多机器人领域的基础工具和应用功能将不断融入 PLCnext Store，使得 PLCnext 控制器在运动控制、机器人，甚至无人驾驶等领域的大规模应用成为可能。

ROS 基于功能把整个系统分成多个模块，当模块需要联调时，通过框架可以把各个模块快速地集成到一起，建立复杂的系统以实现复杂的功能。ROS 框架中有数千个基础库，能够支持应用的快速开发，很多现存的开源项目的代码都已集成到 ROS 平台中，例如 OpenCV（视觉）、Player（驱动、运动控制和仿真）、OpenRAVE（轨迹规划）、SLAM（定位、建图、导航）等。ROS 中的软件以包（package）的方式组织起来，每个包由节点（node）、依赖库、数据套、配置文件、第三方软件或者任何其他逻辑构成。ROS Package 是一种便于软件重复使用的结构。目前，工业机器人领域对于机器视觉、自主路径规划等智能化功能需求日益增长。然而，在传统的工业机器人系统中添加智能化功能模块时需要修改大量的源码，要耗费大量的人力资源和成本投入。通过部署 ROS 系统，PLCnext 用户可以直接从海量的 ROS 软件池中获取 ROS 功能包，从而实现智能工业机器人系统的快速开发。

ROS 系统中的主节点对各个模块进行管理，提供了节点间的相互查找、建立连接、管理全局参数等功能，如图 7-35。模块之间可以通过话题（topic）、服务（service）进行通信。服务通信机制是一种双向同步数据传输模式，基于客户端/服务器模型，需要两个节点之间建立点对点连接。话题通信机制则更为自由，当节点发布某一主题的数据后，所有订阅该主题的节点都可以收到数据。发布者和订阅者相互之间不需要建立特定的连接，信息的发布和订阅时都是基于话题名称。多个节点可以往同一个话题上发布信息，同样地，多个节点也可以订阅同一个话题。

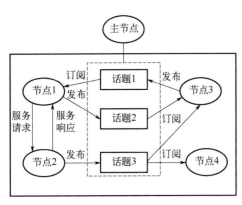

图 7-35 看板设置

分布式的结构保证了节点之间的数据共享而无须让各个节点耦合在一起，确保每个节点能够处理特定的功能。更值得注意的是，ROS 系统的各个节点可以被部署到不同的设备上，只需要通过网络通信向 ROS 的主节点进行注册，即可方便地将不同设备纳入到同一个 ROS 框架中，如图 7-36 所示。

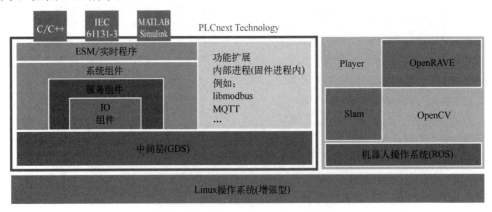

图 7-36 PLCnext Technology 架构

第 7 章 PLCnext APP

PLCnext Technology 架构兼具 RT-Linux 系统的灵活性和开放性，可以很轻松地将 ROS 部署在 PLCnext 上。图 7-37 展示了菲尼克斯基于 ROS 研发的 SLAM 导航 AGV 小车。PLCnext Technology 能够保证程序的实时性，其中 GDS（global data space，全局数据空间）作为中间件的重要一部分，实现了不同实时组件之间交互的数据一致性。ROS 系统作为一种功能扩展，通过 RSC 接口可以与 PLCnext Technology 核心组件进行通信，从而实现通过接口访问各种函数和数据项。

下面将以基于 ROS 与 SLAM 导航技术的 AGV 解决方案为例，详细阐述如何通过 ROS 系统实现对 AGV 的自主导航控制。

首先，需将 ROS 系统以容器化的形式部署在 PLCnext 平台上。这一步骤是后续所有操作的基础，确保了 ROS 系统能够在 PLCnext 上稳定运行。

图 7-37　PLCnext 部署 ROS

接下来，需要创建两个关键的节点：ROS Node 与 Instruction Node。ROS Node 的主要职责是与 PLCnext 的应用层进行数据交换，确保信息的实时性和准确性；而 Instruction Node 则负责从本地的 I/O（输入/输出）设备中读取相关指令，如前进、后退及速度控制等。这两个节点所获取的数据将被进一步封装成话题的形式进行发布，以便其他节点能够订阅并获取这些信息。

在 AGV 端设有指令接收节点 Motion Node Group（为便于理解，也将其称为 Node Group，实际上可能包含多个节点）。该节点组负责订阅由 PLCnext 中 Instruction Node 发布的话题。当 Instruction Node 通过本地 I/O 接收到相关指令时，会立即通过 TCP/IP 协议将这些指令发送给 AGV 端的 Motion Node Group。Motion Node Group 在接收到指令后，会进行相应的解析和执行，从而控制 AGV 车轮转动。详细的系统框架图如图 7-38 所示。

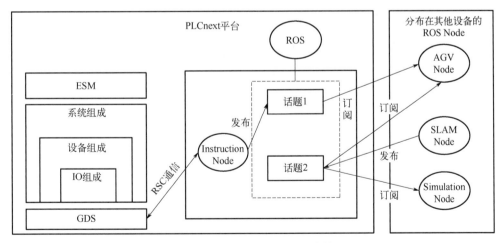

图 7-38　PLCnext 与 ROS 连接

同样，在 AGV 移动的过程中，SLAM Node 会基于激光雷达传来的数据，进行即时的定位与地图的构建，并将定位和建图数据封装成话题的格式，然后发布。PC 端仿真软件的节点 Simulation Node，订阅这个类型的话题，于是在 AGV 移动的过程中，能够在 PC 端的仿真软件中看见即时的定位与地图的更新。

当然，可以将 SLAM 算法，差速轮、舵轮驱动算法等功能包直接部署在 PLCnext 控制器中，从而实现 PLCnext 控制器对 AGV 小车的本地控制。

为便于在 PLCnext 设备上使用，PLCnext-ROS2-Bridge 演示以.app 的形式部署。可通过基于 Web 的管理离线安装或 PLCnext 商店在线安装。Podman ROS2 应用程序部分通过 docker-compose.yaml 文件（Docker Compose 概述）对 Podman ROS2 应用程序部分进行参数化，以轻松扩展解决方案。该文件包含 ROS2 与主机系统之间交换套接字的信息。此外，还可以配置环境变量。要更改系统参数 PLCnext-ROS2-Bridge 演示文件的内容可通过文件压缩器（如 7-Zip）进行访问。

该 APP 的具体应用步骤如下：

（1）安装 PLCnext-ROS2-Bridge APP

首先，进入 PLCnext 商城并下载该应用程序，如图 7-39。

图 7-39　在 PLCnext 商城下载 APP

在浏览器中打开基于网络的管理（WBM），导航至管理下的 PLCnext Apps 并安装 PLCnext-ROS2-Bridge 应用程序，如图 7-40。

图 7-40　安装并启动 APP

启动应用程序后，控制器将自动重启。之后必须重新启动设备，以便加载存储的应用程序。

（2）从 PLC 发布数据

用户设备与 PLCnext 控制器的 ROS2 环境连接，如图 7-41，可以从 PLCnext 设备中看到可用的 ROS 下的主题。

在终端中键入以下命令，发布主题为"/pub_stNumOutput"的消息。终端中键入命令"-s ros2 topic echo /pub_stNumOutput"。

点击"stVar"按钮更改 eHMI 上的值。之后，变量"stNu-mOutput"开始计数，用户在 ROS 环境中也能观察到这些变化，如图 7-42 所示。

图 7-41　设备连接　　　　　图 7-42　点击事件后的人机界面

（3）发布来自 ROS 的数据

向 ROS2 环境中的"/sub_stNumInput"主题发送信息，并查看 eHMI 中的值变化。

（4）调用 ROS 服务获取/设置实例布尔值

要获取实例化布尔变量的值，可以调用"/single_get_IO"服务，其数据路径如图 7-43。

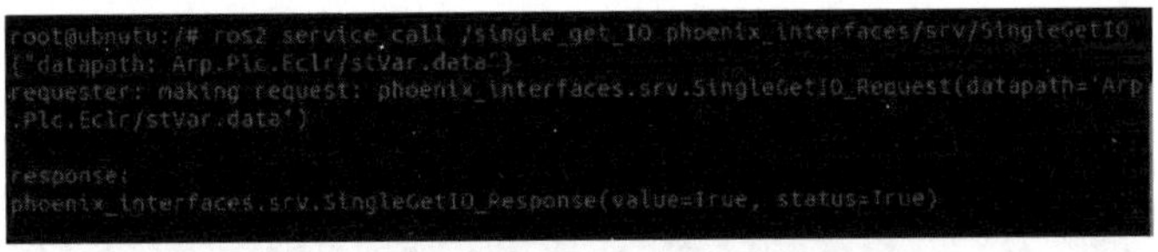

图 7-43　调用/single_get_IO 服务

要操作已实例化的布尔变量，可以调用"/single_set_IO"服务，如图 7-44，并按如下方式输入数据路径和值，在 PLCnext 设备的人机界面上可以看到变量 stVar 的变化。

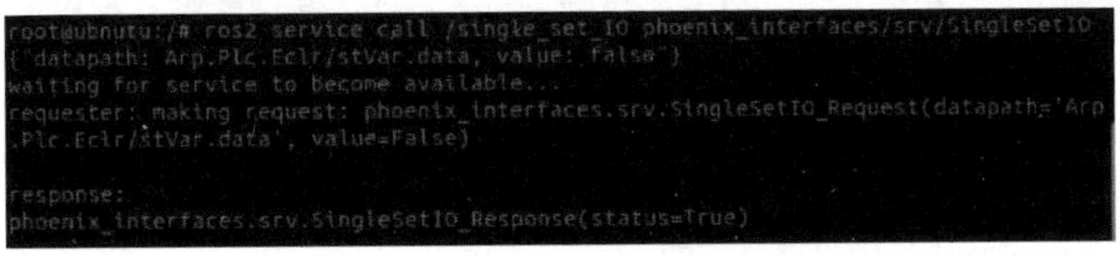

图 7-44　调用/single_set_IO 服务

（5）定制 PLCnext-ROS 桥接器

启动 PLCnext Engineer 并打开 AXC F 3152 的项目模板。设置设备的 IP 地址和 LAN 端口以建立连接。从控制器读取项目源代码，关闭当前项目并打开存档项目，在项目中实例化一个新变量。

（6）使用新变量自定义界面描述文件

建立与 PLCnext 设备的 SSH 连接并以 root 用户身份进入 podman 容器，如图 7-45。

图 7-45 进入容器

自定义接口描述文件。该文件存储在以下路径下：/root/ws/src/phoenix_bridge/config/interface_description.yml。可以使用 vim 编辑器。

需要确保新实例化变量的数据类型与主题的 MSG 类型相匹配。

在本例中，程序 main 中添加了一个名为 uiNewVar 的变量，该值应被发布到主题 pub_NewVar 中，如图 7-46。

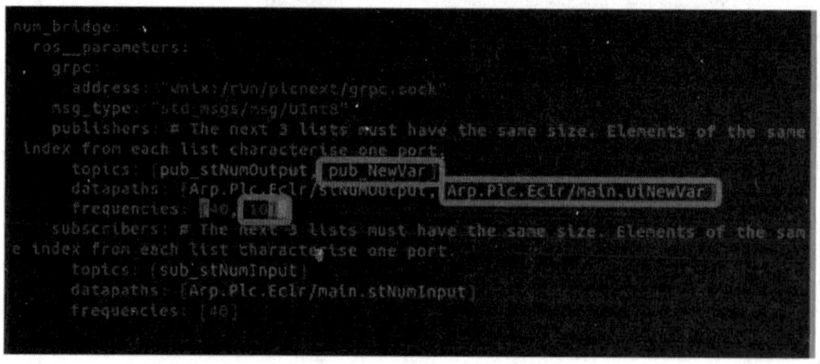

图 7-46 界面说明文件代码片段

切换到工作区目录，开始编译。编译过程完成后，将工作区作为源文件，并启动文件以执行自定义版本的 PLCnext-ROS2 桥接器，如图 7-47。

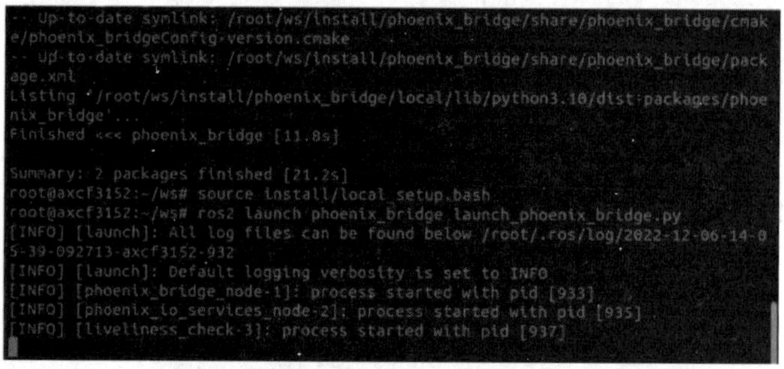

图 7-47 启动桥接器

7.4.6 Node-RED 使用示例

Node-RED 是一款基于流程编程的开源物联网开发工具，它提供了一个直观且易于使用的可视化界面，使得物联网应用的开发变得更加简单和高效。Node-RED 的设计理念是通过连接各种硬件设备、服务和应用程序，通过可视化的方式构建和管理数据流，从而实现物联网应用的快速开发和部署。

PLCnext 系列控制器可以通过多种方式安装并运行 Node-RED 程序，其中 EPC 系列设备更是在固件中预安装了 Node-RED 程序，并可通过网页管理器进行配置管理。本节介绍如何在 Node-RED 中使用 PLCnext REST API。所示示例涉及内部通信，即 IEC 61131 编程和 Node-RED

之间的数据交换，但示例均在同一 PLC 上。Node-RED 中的 REST 客户端也可用于通过其自身的 REST API 访问来自任何 Web 服务的数据，例如来自另一个 PLCnext Control 的数据。

（1）PLCnext REST 服务器的配置

步骤如下：

① 为 PLCnext Control 创建一个 PLCnext Engineer 项目。
② 将现有的总线模块添加到项目树中。
③ 配置网络服务器并将"用户级别的执行"设置为"无"。
④ 创建一个 HMI 页面，可以留空。
⑤ 添加一个 IEC 61131 程序。
⑥ 作为端口声明的一部分，为那些应该可以通过 REST 访问的数据设置 HMI 选项，如图 7-48。

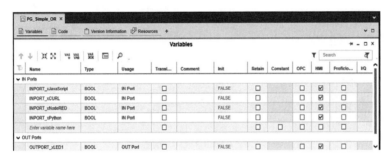

图 7-48　PLCnext 变量表

⑦ 创建代码并实例化程序，如图 7-49。

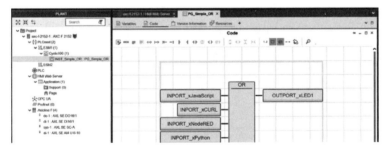

图 7-49　PLCnext 程序

⑧ 将项目下载到 PLC。

（2）通过 GET 读取值

步骤如下：

① 使用 URL 在浏览器中打开 Node-RED：http://192.168.1.10:1880。
② 创建一个新的流程工作表并将其命名为：REST 客户端。
③ 添加一个注入节点以能够触发 HTTPS 请求。
④ HTTP 请求节点中的 GET 方法检索 OUTPORT_xLED1 的状态，网址：http://192.168.1.10/_pxc_api/api/variables?paths=Arp.Plc.Eclr/INST_Simple_OR.OUTPORT_xLED1。
⑤ 解析接收到的 JSON 字符串，将得到的值写入调试区，如图 7-50 所示。各节点配置如图 7-51 所示，代码参考图 7-52。

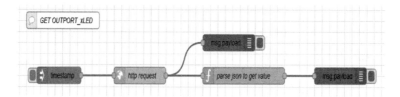

图 7-50　JSON 调试

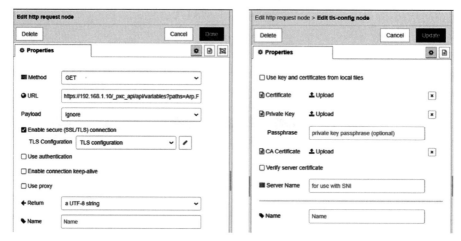

图 7-51　JSON 配置

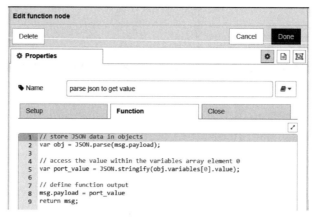

图 7-52　JSON 代码

至此已创建 Node-RED 流以通过 REST 读取 PLC 数据了。在上面的描述中，工作流读取了变量 OUTPORT_xLED1 的值。

（3）通过 PUT 写入值

如果要写入值，可将 PUT 方法用于 HTTP 请求。在上面的示例中，INPORT_xNodeRED 的值会受到影响。可以在以下找到各个节点配置的详细说明。

步骤如下：

① 注入节点中写入的常量，例如"true"或"false"。

② 使用函数节点将此值集成到 JSON 字符串中。

③ INPORT_xNodeRED 的值通过在 HTTP 请求节点中使用 PUT 方法推送。地址为：http://192.168.1.10/_pxc_api/api/变量。如图 7-53 为 JSON 流程图。

④ 各节点的配置参数如图 7-54，JSON 函数见图 7-55，JSON 属性见图 7-56。

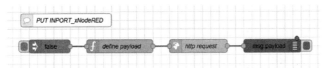

图 7-53　JSON 流程图

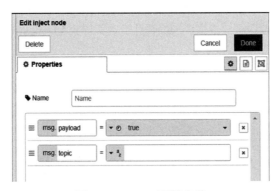

图 7-54　JSON 配置参数

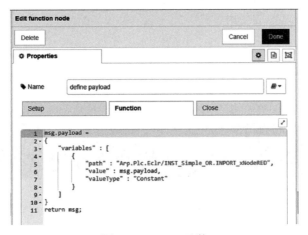

图 7-55　JSON 函数

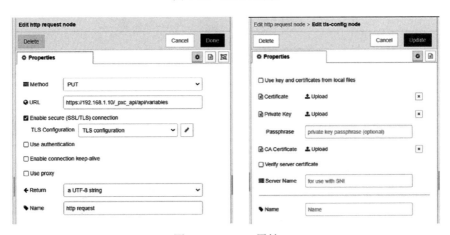

图 7-56　JSON 属性

inject 节点前面的字段用于触发操作,然后可在调试窗口中找到服务器的响应。此外,由于 IEC 61131 编程的变化,可以看到 OUTPORT_xLED1 的值也发生了变化。可以通过 GET 或通过 PLCnext Engineer 中的调试模式重新读取来发现这一点。

7.5 工程项目类 APP

工程项目类 APP 多为原始 PLCnext Engineer 工程项目,用户可直接下载工程项目并在 PLCnext Engineer 中直接导入、查看程序、根据需求编辑并下载程序至 PLCnext 控制器中完成项目部署。

7.5.1 工程项目类 APP 特点

- 可直接在 PLCnext Engineer 软件中打开作为项目程序编写的参考;
- 可自由修改,适配更多场景;
- 分为免费及收费两种版本,收费版本需进行购买并激活。

7.5.2 工程项目类 APP 在 PLCnext 中的应用

以工程项目类 APP——OPC UA Client Samples 向读者介绍其使用流程及相关特点。

OPC UA Client Samples 包括 PLCnext OPC UA Client 功能使用的样例程序,通过此程序可掌握 OPC UA Client 功能的使用方式。

步骤如下:

① 登录 PLCnext Store 官网网站。

② 在该网站下方搜索框内,输入"opc ua client samples",可找到相应工程项目类 APP,如图 7-57 所示。

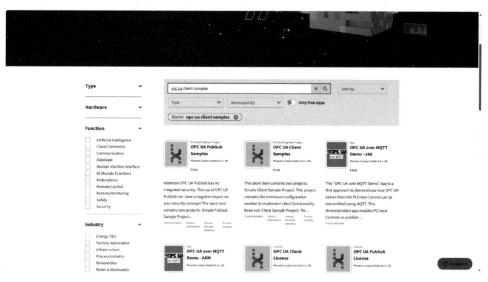

图 7-57　APP 搜索

③ 点击"OPC UA Client Samples"后,可进入相应 APP 介绍界面。点击"Download"按钮,可将 APP 文件进行下载,同时可在下方 Documents 区域下载相关的使用文档配合使用。

④ 下载完成后解压压缩包后可在文件夹中看到两个样例项目。在 PLCnext Engineer 中打开文件夹中的工程项目即可使用。

7.6 APP 开发与发布

  PLCnext 中 APP 使用方法

7.6.1 APP 开发

前文介绍了 APP 的用途、种类、安装使用方法，本节中将介绍 APP 的开发方法及流程。前文提到的 6 种 APP 中，功能扩展类 APP、桌面工具类 APP 范围较广，且自由度较高，本节中不进行 APP 开发具体步骤介绍，可根据需要进行自由开发制作；工程项目类 APP 为常规 PLCnext Engineer 工程项目，可根据前述章节的步骤进行编写。下文将以库文件类 APP 和行业解决方案类 APP 为例，描述其开发步骤和具体要求。

同时也可以通过访问线上培训网站进行线上学习。

登录 PLCnext Store 官方网站，在底端点击"Store Info Center"或直接输入网址进入 PLCnext Store 信息中心，如图 7-58 所示。

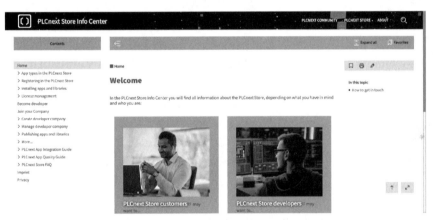

图 7-58　菲尼克斯 PLCnext Store 介绍页面

（1）库文件类 APP 开发方式

在 PLCnext Store Info Center 进入"Publishing apps and libraries" > "Creating a Library" > "Building a Library" > "Programming guideline"查看库文件的详细编写标准。库文件的名称需保证唯一性，建议在名称中加入库文件的版本号相关信息以保证同一项目中的多个库文件名称不重复出现，如 Modbus_RTU_3。同样库文件中的功能和功能块也要保证名称的唯一性，建议命名以库文件名称相关作为前缀，如 MB_RTU_Master_5。参数定义调用有效性，字段限制需在发布前进行检查和测试。需要注意，在发布库之前 PLCnext Engineer 项目中不应该显示任何警告或错误。

每个库文件类 APP 都需有配套的放置于压缩包中的 PDF 帮助文档或用户手册。如有条件，可在发布库文件时搭配配套 CHM 文件，以便用户在 PLCnext Engineer 中调用库文件时可右键单击库中功能/功能块打开对应的帮助页面。帮助文档的样式可参考菲尼克斯官方发布的库文件，也可联系 PLCnext Store 管理员获取对应模板。在 PLCnext Engineer 中发布库时库描述如图 7-59。

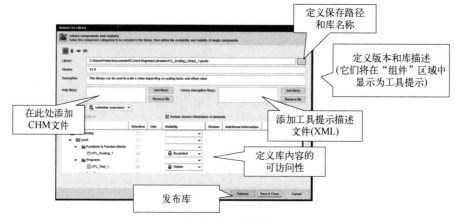

图 7-59　库描述

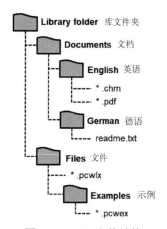

图 7-60　ZIP 文件结构

为 PLCnext Store 创建上架文件，可创建并上传为*.msi 或 *.zip 文件。ZIP 文件结构如图 7-60 所示。

（2）行业解决方案类 APP 开发方式

① 准备 APP 文件夹：

❑ 将 PLCnext Engineer 程序下载至 PLCnext 控制器中；

❑ 使用 SSH 客户端（如 PuTTY）连接至 PLCnext 控制器；

❑ 在控制器中创建 APP 文件夹（如在/opt/plcnext 路径使用指令"mkdir myapp"）；

❑ 将 PCWE 中的内容复制到 APP 文件夹（cp -r projects/PCWE myapp）；

❑ 此时项目文件路径为/opt/plcnext/myapp/PCWE/。

② 在 APP 文件夹中创建描述文件 app_info.json（/opt/plcnext/ myapp/app_info.json 路径），文件描述见图 7-61。

❑ name：APP 名称。

❑ identifier：PLCnext Store 分配的 APP 唯一标号，即 ID，为 14 个数字组成的字符串，如图 7-62。

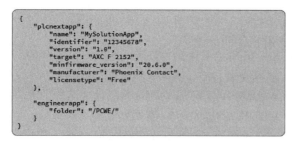

图 7-61　文件描述

图 7-62　ID 界面

❑ version：版本号，可用格式如图 7-63。

❑ target：app 目标硬件，如 AXC F 2152。

❑ minfirmware_version：最低固件版本。

❑ manufacturer（可选）：开发此 APP 的公司名称、个人名称、组织名称。

❑ licensetype：授权/许可证类型，包含如下几种类型。

Free：免费，无须授权；

Full：需授权，如无授权无法运行；

Limited：无授权只可运行部分内容。

❑ folder：PLCnext Engineer 完整程序储存路径。

③ 创建 APP 文件：

❑ 在 SSH 客户端（如 PuTTY）中使用指令"plcnextapp create <app directory> <app name>"创建 <appname>.app。

❑ 将生成的 .app 文件通过 SFTP 客户端（如 WinSCP）复制到个人电脑即可用于 APP 发布。

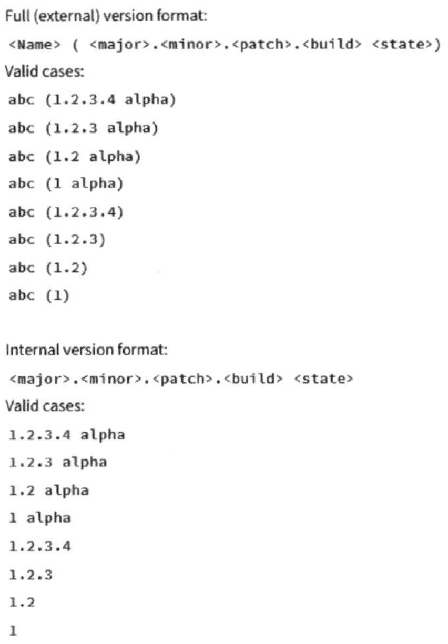

```
Full (external) version format:
<Name> ( <major>.<minor>.<patch>.<build> <state>)
Valid cases:
abc (1.2.3.4 alpha)
abc (1.2.3 alpha)
abc (1.2 alpha)
abc (1 alpha)
abc (1.2.3.4)
abc (1.2.3)
abc (1.2)
abc (1)

Internal version format:
<major>.<minor>.<patch>.<build> <state>
Valid cases:
1.2.3.4 alpha
1.2.3 alpha
1.2 alpha
1 alpha
1.2.3.4
1.2.3
1.2
1
```

图 7-63　版本号

7.6.2　APP 发布

APP 在 PLCnext Store 中的发布步骤如下：

① 登录 PLCnext Store 官网网站。

② 点击右上角"Login"按钮，弹出登录界面，然后点击"Register now"按钮进行注册。

③ 填写完相关信息后，注册的邮箱会收到一封验证邮件，需登录邮箱完成验证。

④ 完成验证后，根据上述注册的账号进行登录，登录成功后，选择国家/地区为"China"（中国）。

⑤ 选择国家/地区完成后，点击右上角"Become Developer"按钮。

⑥ 进入后点击"Company Registration"按钮。

⑦ 如首次使用 PLCnext Store 进行 APP 发布，选择左侧命令创建公司；如已完成公司创建，则选择加入公司。本次以首次使用者为例，点击创建公司。

⑧ 填写公司相关信息，注意，需要牢记所创建公司的名字，完成创建后，为保证 APP 安全性及权威性，系统会将所创建公司名字推送给 Phoenix Contact 进行进一步审核，审核过程需要一定时间。

⑨ 待创建公司流程审核通过后，再次登录该账号，可发现用户名下方，出现"Software Products"按钮。

⑩ 点击"Software Products"按钮即可进入公司软件管理界面，在此处进行 APP 管理，通过 CREATE 进行多种类型 APP 发布。

⑪ 点击"CREATE">"Library"，进入库文件类 APP 发布流程界面，将其中带*依内置规则，填写完成后，即可发布 APP。未完成的 APP 可暂存，并在第⑩步 APP 管理中的"Draft"处找到暂存流程，以便继续完成 APP 发布。

⑫ 注意，发布 APP 时，可以以公司名义进行发布，或以成员个人名义创建 PLCnext Store 账号并加入公司作为开发者发布 APP。个人账号加入公司方式：在上述第⑦步中，点击右侧"Join Company"按钮，并输入公司邮箱。公司管理人员登录公司账号，对该个人用户进行身份审批后，个人即可以公司名义进行软件管理。

PLCnext

第 8 章
工业信息安全

8.1 工业信息安全概述

8.1.1 网络安全与信息安全

网络安全是指通过采取一系列措施来保护网络系统、网络中的数据以及相关的网络服务,使其免受未经授权的访问、使用、泄露、中断、修改或破坏,将使用信息技术相关的风险降低到可容忍水平的状态。风险源于系统和产品的威胁和弱点。信息安全遵循的标准为 ISO/IEC 27000:2018,其目的是保护信息的机密性、完整性和可用性。在当前高度网络化的自动化环境中,人们往往会忽视网络安全风险,导致重大损失,甚至危及整个企业的运营。

网络安全最常见的风险和损害包括,例如:

❏ 工厂停工:由于安全问题,生产企业不得不停工数小时或数天。这样的生产停工会导致相当大的损失。

❏ 技术损失:竞争对手可以访问敏感数据(设计、工程等)。由此造成的经济损失量化起来既复杂又昂贵。

❏ 数据丢失:丢失数据的重建和恢复可能非常昂贵。

❏ 声誉受损:受到网络攻击后,公司声誉受损往往造成的后果非常严重。

随着数字化和网络化应用的增加,系统、组件和设备的日益互联,需要传输和存储的数据量的不断增加,以及开放的工业标准日益普及,受攻击面越来越大,并且攻击者的攻击方法越来越高效。因此,必须采取必要措施保护公司免受网络攻击。只有综合的网络安全方法才适合保护生产设施和关键基础设施。作为每一项业务的核心原则，需要为公司制定个人或特定的安全目标。这些具体目标可以是专有技术保护（例如针对开发结果或合同条件的保护）或遵守法律要求，例如数据隐私保护。

根据现行制度和相关法律，相关设施的运营商需要实施适当的保护措施。要做到这一点，需要一个一致的安全概念，定义统一和充分的保护措施。工业信息安全必须包括工业自动化部件的制造商、将这些部件集成到资产中的系统集成商（即工厂制造商）以及工厂所有者/运营商三方面的合作。

不同于网络安全，信息安全是一个更广泛的概念，涵盖了信息的整个生命周期，包括信息的收集、存储、处理、传输和销毁。它的目标是确保信息的保密性、完整性和可用性，同时还要考虑信息的真实性、可问责性和不可否认性。例如，企业需要保护客户的个人信息（如姓名、身份证号码、信用卡信息等）不被泄露，这涉及信息的存储安全。又如，在电子合同签署过程中，要确保合同内容在传输过程中不被篡改并且能够确认签署方的身份，这体现了信息的完整性和真实性要求。

网络安全的范围主要涉及网络基础设施，如路由器、交换机、服务器等网络设备，以及网络协议、网络服务［如域名系统（DNS）、电子邮件服务等］，而信息安全的范围除了网络环境，还包括信息系统［如数据库系统、企业资源规划（ERP）系统、客户关系管理（CRM）系统等］、物理存储介质（如硬盘、磁带等）和人员安全意识等方面。

关于威胁，网络安全的威胁主要是网络攻击，包括恶意软件（如病毒、木马、勒索软件）感染、网络钓鱼攻击、中间人攻击等，对于信息安全的威胁而言，除了网络攻击外，还包括内部人员的违规操作（如员工故意或无意地泄露敏感信息）、信息处理过程中的错误（如数据录入错误导致信息不准确）和物理安全威胁（如存储介质被盗或损坏）。

工业信息安全标准 IEC 62443 定义了这样一个安全概念，它全面涵盖了 ICS（industrial control system，工业控制系统）领域的所有角色。为了安全地运营公司或工厂，需要实施 ISMS（information security management system，信息安全管理系统）来解决网络安全风险，并实施改进技术以及组织应对措施。ISMS 的目的是在考虑经济因素的同时，建立尽可能高的网络安全水平。这意味着，所有与安全相关的措施都必须在必要和合理的水平上加以定义和实施。

8.1.2 IT 与 OT/ICS 的对比

关于安全，必须区分不同类型的技术或网络：

❑ IT 信息技术办公室（会计、销售、管理等），通常适用于工厂所有者应用 ISO 27001 标准。

❑ "中间层"工厂主干（库存管理等），属于企业资源规划（ERP）或产品生命周期管理（PLM）领域，没有传统的自动化。这里通常采用 ISO 27001 标准。

❑ OT 技术适用于生产区/工厂车间及其机器和工厂（ICS）。这里通常应用 IEC 62443 标准。

图 8-1 说明了具有这些网络类型的所谓"自动化金字塔"架构。

不同于 IT 信息安全 ISO 27000 标准，OT 信息安全对于数据的安全优先级不同，OT 信息安全更强调数据的完整性与可用性，见图 8-2。

在自动化领域，重点是物理过程，如焊接、测量、组装等。只要允许生产，工厂就可以运营，硬件的生命周期比 IT 环境中的设备要长得多。但是面临的挑战也显而易见：任何中断都会导致生产力下降。此外，消除漏洞的可能性也很有限，因为设备无法随时进行重启操作，并且自动化系统的每一次更改都会带来进一步故障的风险。

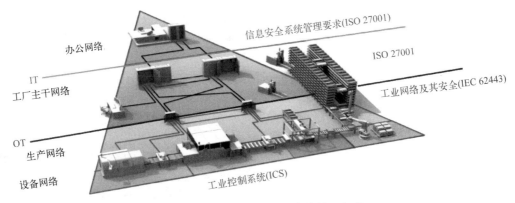

图 8-1 网络类型"自动化金字塔"架构

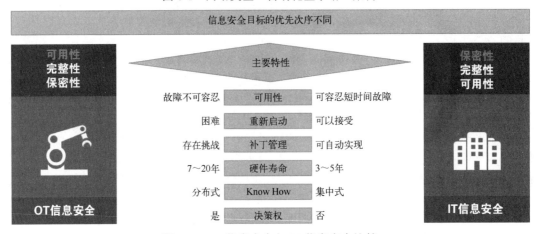

图 8-2 OT 信息安全与 IT 信息安全比较

8.2 工业信息安全标准 IEC 62443 概述

IEC 62443 系列标准为设备/组件制造商、系统集成商以及机器和工厂运营商定义了必要的安全流程和功能措施。它是工业自动化系统的通用安全标准，由 13 个部分组成，描述了流程和功能措施的安全相关要求以及现有技术状态。图 8-3 总结了可用的标准部分。

第一部分描述了信息安全的通用方面，是 IEC 62443 其他部分的基础。

❑ IEC 62443-1-1 术语、概念和模型：主要内容：安全目标、深度防御、安全上下文、威胁风险评估、安全程序成熟度、策略、区域、安全等级、生命周期、参考模型、资产模型、区域和管道模型以及模型之间的关系，还包括 7 个基本要求的安全保证等级。

❑ IEC 62443-1-2 术语和缩略语：包含了该系列标准中用到的全部缩略语和术语列表。

❑ IEC 62443-1-3 系统的安全性符合指标：描述了系统要实现的定量系统信息安全符合性指标，并制定了规范以保证正常的信息安全指标，从而提供系统目标、系统设计和系统信息安全等级。

❑ IEC 62443-1-4 工业自动化控制系统（IACS）安全生命周期和应用案例：第二部分主要是针对用户的信息安全程序。它包括了整个信息安全系统的管理、人员和程序设计方面，是用户在建立其信息安全程序时需要考虑的。

❑ IEC 62443-2-1 工业自动化控制系统资产拥有者的安全程序要求：描述了在工业自动化和控制系统环境下，在信息安全管理系统下包含的相关元素，并对每个元素描述的需求提供相应的实现指南。

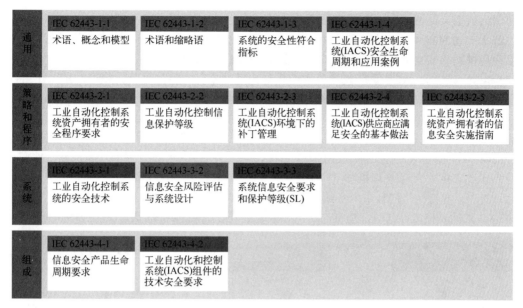

图 8-3　IEC 62443 标准

- IEC 62443-2-2 工业自动化控制信息保护等级：结合了 IEC 62443-3-3 的四级和 CMMI 的等级提出的。
- IEC 62443-2-3 工业自动化控制系统（IACS）环境下的补丁管理：参照微软视窗的做法，针对的对象是操作者和供应商。
- IEC 62443-2-4 工业自动化控制系统（IACS）供应商应满足安全的基本做法：主要从资产所有者、服务提供商的角度来分析需要满足的条件。
- IEC 62443-2-5 工业自动化控制系统资产拥有者的信息安全实施指南。

第三部分针对系统集成商保护系统所需的技术性信息安全要求。它主要是系统集成商在把系统组装到一起时需要处理的内容。它包括将整体工业自动化控制系统设计分配到各个区域和通道的方法，以及信息安全保障等级的定义和要求。

- IEC 62443-3-1 工业自动化控制系统的安全技术：主要是对当前所用的各种信息安全工具、保护措施和技术的评估，以便有效地应用到基于工业控制系统的设施上，从而规范和监视各种工业系统和关键基础设施。
- IEC 62443-3-2 信息安全风险评估与系统设计：用于区域和管道的安全保护等级（SL）基于 SL 概念，将系统划分为安全子集的方法。描述了在工业自动化和控制系统环境下要实现系统的区域和管道的定义，在技术实现上对系统目标的信息安全保证等级的要求，并且提供了如何验证这些要求的非正式指南。
- IEC 62443-3-3 系统信息安全要求和保护等级（SL）：描述了与 7 个基本要求（FR）相关的系统信息安全要求，并且对要实现的系统分配系统信息安全保护等级（SL）。

第四部分是针对组件制造商提供的单个部件的技术性信息安全要求。它包括系统的硬件、软件和信息部分，以及当开发或获取这些类型的部件时需要考虑的特定技术性信息安全要求。

- IEC 62443-4-1 信息安全产品生命周期要求：主要规定了用于工业自动化和控制系统产品的信息安全开发的过程要求。它定义了用于开发和维护安全产品的安全开发生命周期（SDL）。这个生命周期包括安全需求定义、安全设计、安全实现（包括编码准则）、证明和验证、缺陷管理、补丁管理和产品报废。这些要求可以应用于新的或现有的过程，以开发、维护和淘汰新旧产品的硬件、软件或固件。

❏ IEC 62443-4-2 工业自动化和控制系统（IACS）组件的技术安全要求：为组成 IACS 的组件提供网络安全要求，特别是嵌入式设备、网络组件、主机组件和软件应用程序。从 IEC 62443-3-3 中描述的 IACS 系统安全要求中推导出其要求。其目的是指定安全功能，使组件能够在给定的安全级别下集成到系统环境中。

对于设备和解决方案提供商，标准的以下部分是相关的：第 4-1、4-2、3-3 和 2-4 部分，适用群体参考图 8-4。对于工业自动化控制系统或工厂的资产所有者（甲方）而言，需要严格遵循 IEC 62443-2-1 的要求进行工业信息安全的管理，与之关系最密切的就是系统集成商，他们必须在符合 IEC 62443-2-1 的管理机制下，设计规划出符合 IEC 62443-3-3 要求的控制网络。想要达到以上目的，工业自动化控制系统必须使用合适的工业器件。首先工业器件供应商需要符合 IEC 62443-4-1 的研发要求，同时，提供的产品必须满足 IEC 62443-4-2 的信息安全技术认证。

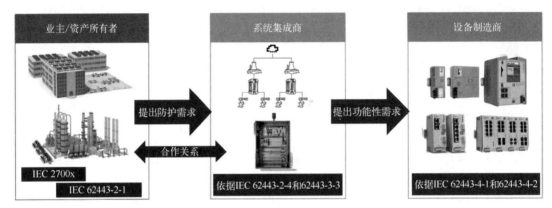

图 8-4 IEC 62443 标准适用群体

8.2.1 工业控制信息安全理念

菲尼克斯电气在 IEC 62443 的三种角色上都很活跃，菲尼克斯电气是设备/组件制造商，是系统集成商，也是工厂所有者。因此，依靠安全专业知识，菲尼克斯电气根据 IEC 62443 标准开发相关的安全产品。许多安全措施都是针对 ISO 27001 中一般要求而设置的，ISO 27001 是公认的适用于工厂 IT 网络安全流程的标准。

菲尼克斯电气已根据 IEC 62443 标准的以下部分进行了认证。

❏ 第 4-1 部分：产品的开发过程认证。证书确认菲尼克斯电气已建立了一套完整的安全流程，并将其应用于某些产品的开发。

❏ 第 3-3 部分：安全系统建设能力认证。

❏ 第 2-4 部分：系统集成服务的认证。证书认证范围涵盖了菲尼克斯电气公司以及工厂业主所在地的系统开发。

8.2.2 工业信息安全措施的相关技术与架构

为了实现信息安全，有必要采取全面的方法：一个适当的安全概念必须包括所使用的技术、定义的流程和相关人员，即必须规定技术和组织措施。

许多但不是所有的威胁都可以通过适当的技术措施加以防御。这些技术措施必须辅之以针对人员、程序、政策和做法的组织措施。

从系统的角度来看，还会出现以下方面的进一步要求和接口：

- ❑ 自动化解决方案的网络架构；
- ❑ 自动化解决方案的配置；
- ❑ 用户账户管理；
- ❑ 证书管理；
- ❑ 防火墙设置管理；
- ❑ 设备和补丁管理；
- ❑ 远程维护。

以下方面有助于满足这些要求：

- ❑ 网络分段：可以配置不同的内部工厂部件（区域）之间的数据交换。
- ❑ 防火墙的使用。
- ❑ 加密数据传输：传入和传出的数据通信可以使用 VPN 进行加密，例如通过 IPsec 或 OpenVPN。
- ❑ 对请求在网络中建立通信连接的任何用户或软件进程进行身份验证（例如使用 证书）。
- ❑ 安全证书管理/PKI 公钥基础设施系统的实施。
- ❑ 集成到用户管理中：通过在网络范围内配置管理用户，可以为每个员工分配和管理个人访问权限。
- ❑ 安全的远程访问：对于通过不安全的网络远程维护机器，使用额外的安全设备（如菲尼克斯电气的 mGuard）是有意义的。在这里，重要的是，用于构建自动化基础设施和系统的设备的配置应彼此匹配。安全的远程访问对于无线连接（移动访问）也是强制性的。
- ❑ 在所有可用，且可安装工具的网络组件上设置强大的（新一代）反恶意软件检查工具。其他组件（如果无法安装反恶意软件工具）应通过替代措施进行保护。
- ❑ NAT/PAT 设备的实现，可保护位于内部（专用）网络中的设备不被外部（公共）网络探测到。
- ❑ 此外，内部网络中可以通过连接的笔记本电脑或移动存储介质访问的单个设备端口应受到保护，并在发生本地攻击时发出警报。
- ❑ 实施适当的日志记录和监控系统，允许对工厂网络中的事件、访问等进行持续 评估。
- ❑ 实施适当的 PC 加固措施，降低网络中工程/配置 PC 受损的风险，这反过来可能会影响控制器上运行的应用程序或任何网络设备或现场设备的配置。
- ❑ 实施适当的数据备份系统，在数据丢失或系统组件的必要的与攻击相关的重新配置/设置后实现数据恢复。
- ❑ 与设备和补丁管理集成：在自动化解决方案中，智能高效的设备和补丁的管理是作为管理多个设备的解决方案或接口提供的。它能够集中创建和管理所有与安全相关的设备配置，并支持固件升级。

8.3 PLCnext 工业信息安全功能

8.3.1 PLCnext 的信息安全基于纵深防御

图 8-5 显示了 PLCnext 通用安全上下文（区域和互联通道），重点是基于 IEC 62443-4-2 要求的 OT 安全。

- ❑ 蓝绿色连接表示安全机制（例如 TLS/HTTPS）。
- ❑ 红色连接表示虚拟专用网络（VPN）。

❑ 图 8-5 中，PLCnext 模块区域的具体内容在表 8-1 中进行了具体描述。

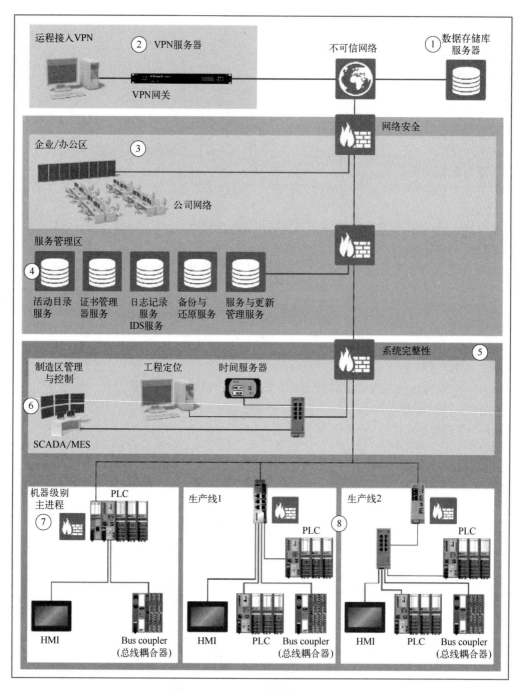

图 8-5　PLCnext 通用安全上下文

表 8-1　PLCnext 模块区域

序号	描述	细节
①	数据存储库服务器	为修补程序管理/资产管理提供数据
②	VPN 服务器	通过 VPN 进行远程维护访问

续表

序号	描述	细节
③	企业/办公区	工厂 IT，企业资源规划系统，生产控制系统。受防火墙保护
④	服务管理区	该区可被视为非军事区（DMZ），因为它通过严格控制信息流将 ICS 网络（5 至 7 区）与外部网络解耦。外部网络和 ICS 网络之间的任何通信都必须通过该区域。 实现中央用户管理、修补程序/更新管理和日志记录。 它包含以下基础设施： • 用于身份验证的活动目录 RADIUS 服务器； • 防火墙或 VPN 组件（例如作为跳转主机实现），用于处理与其他区域（管道）的通信
⑤	系统完整性	工厂 OT，由 6 至 8 区组成
⑥	制造区管理与控制	对主过程和子过程进行监控。实施 SCADA、时间同步和项目工程。 该区域由以下部分组成： • 控制中心（SCADA 指监控与数据采集）； • NTP 服务器，为其他相关设备提供基于 GPS 的时基； • 以太网交换机； • 工程系统软件（如 PLCnext Engineer）； • 处理与其他区域（互联通道）通信的防火墙
⑦	机器级别主进程	从进程和子进程中收集和处理数据。该区域由以下部分组成： • PLCnext 对 I/O 设备进行控制； • 控制器，集成了防火墙和 VPN 服务器，用于处理与其他区域（互联通道）的通信； • 用于控制和可视化目的的 HMI； • 总线耦合器及远程站
⑧	生产线级别子进程	在外围设备（远程站）中执行特定的自动化功能。该区域由以下部分组成： • PLCnext 控制器，每个生产线都有连接到现场总线的分布式 I/O 设备； • 用于控制和可视化目的的 HMI； • 以太网交换机； • mGuard VPN，集成了防火墙和/或 VPN 服务器，用于处理与其他区域（互联通道）的通信； • 总线耦合器

8.3.2 PLCnext 信息安全设计

PLCnext 信息安全基于纵深防御概念，提供六个安全层（区域/互联通道），如图 8-6 所示。

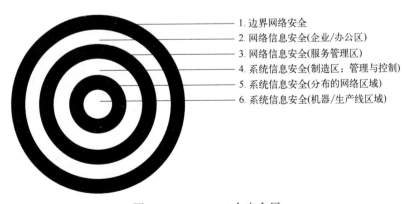

图 8-6　PLCnext 6 个安全层

PLCnext 技术从一开始就是根据安全的设计程序开发的，是根据 IEC 62443-4-1 认证开发过程，并依据 IEC 62443-4-2 认证设置的 PLCnext 技术安全级别 2（SL2）功能。

为了使用基于 IEC 62443-4-1/4-2 认证的 PLCnext 技术构建自动化解决方案，必须满足 PLCnext 安全信息中心中定义的描述。

PLCnext 信息安全相关的硬件措施如下：
❑ 受 TPM 保护的 PhoenixContact 设备证书；
❑ 设备引导时的完整性检查（部分取决于控制器型号）；
❑ 通过独立接口进行网络分割（例如左侧扩展 AXC F XT ETH 1TX，取决于控制器型号）；
❑ 使用加密的 SD 卡；
❑ PLCnext 信息安全相关的软件措施；
❑ 基于 Yocto Linux，具有安全发布的组件和自动漏洞监控；
❑ 安全的通信，如通过 TLS 1.2、TLS 1.3、HTTPS、OPC UA、SFTP、SSH、VPN；
❑ 用户管理器支持角色、权限、凭据和 LDAP 连接等功能；
❑ 制造商、系统集成商和资产所有者的证书存储；
❑ 具有管理不同接口、链和规则级别的防火墙；
❑ 用于安全消息管理和中央存储的 Syslog-ng；
❑ 通过 NTP 进行时间同步；
❑ 通过 rsync 进行备份和恢复；
❑ 设备和更新管理（DaUM），用于固件更新等。

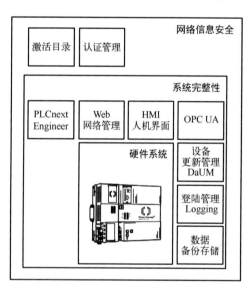

图 8-7 PLCnext 架构

为了满足 IEC 62443-4-1 的要求，对 PLCnext 的实时系统 Runtime System 和 PLCnext 技术的硬件进行威胁分析是一项重要任务，如图 8-7 所示。PLCnext 技术威胁分析基于 STRIDE 模型，该模型包括识别以下类别的安全威胁：欺骗、篡改、否认、信息披露、拒绝服务、提升特权。

作为先决条件，这里定义了 PLCnext 中安全信息中心和已实现的安全级别 2（SL2）的功能集。

威胁分析的一个关键要素是审查静止数据和传输数据的完整性和真实性。另一个关键要素是授权用户和软件组件访问数据。此外，用防火墙保护对通信接口的访问，或支持拒绝服务保护。

PLCnext 技术通过必要的通信接口（如 HTTPS、OPC）提供基于 TLS 1.2 或 TLS 1.3 的通信（OPC UA，PLCnext Engineer）。

对于 LDAP 或 Syslog-ng 等其他通信通道，可以根据用户的需要激活 TLS。对于用户授权，由基于 RBAC 的用户管理来处理，或者结合软件组件的证书管理实现。

8.3.3 PLCnext 定期安全维护

PLCnext 系统使用时，必须定期检查：
❑ 用户角色和权限；
❑ 密码复杂性规则和密码更改；
❑ 防火墙设置；

❏ 所有与安全相关的设置；
❏ 用于固件更新的产品下载区域；
❏ 已知安全漏洞的 PSIRT 网页。

作为系统集成商和资产所有者，必须使用一种工具来自动测试接口，并确保安全措施是成功的。工具必须检查：
❏ 用户和证书；
❏ 激活的系统服务；
❏ 防火墙设置；
❏ 外部 SD 卡（加密）；
❏ 安全日志的通知。

8.4　PLCnext 信息安全操作

8.4.1　PLCnext 相关设备信息查询与安全配置

通过 PLCnext 控制器的 WBM 管理界面检查硬件版本 HW、固件版本 FW。

在"General Data"页面上，可以找到有关设备的通用详细信息，例如硬件和固件版本、产品编号（以前称为"订单号"）以及制造商详细信息，如图 8-8 所示。

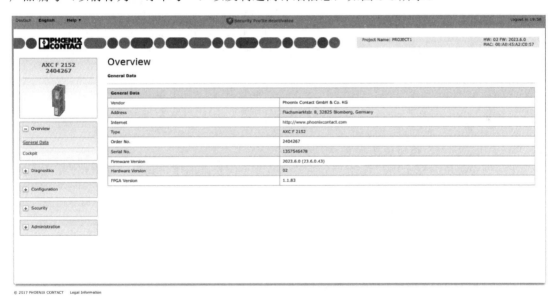

图 8-8　WBM 界面查看设备固件版本

在 WBM 页面"Security Profile"中，进行信息安全的状态查看以及功能激活，如图 8-9 所示，图中①～③含义如下：

① 状态框显示 PLCnext 信息安全配置当前是否处于激活状态；

② 如果安全配置文件被激活，完整性检查的结果也将显示在每个 WBM 页面的标题部分；

③ 选中 Configuration 选项中的复选框，可以激活 PLCnext 信息安全配置功能。

通过重启 PLCnext 激活系统应用。

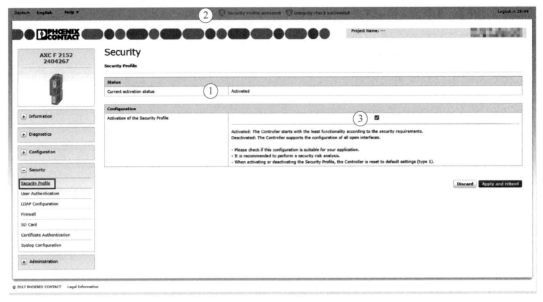

图 8-9　PLCnext 激活信息安全功能

8.4.2　用户身份验证与角色权限

要启用/禁用用户身份验证，可按以下步骤进行：

图 8-10　PLCnext 身份验证

① 在"User Authentificition"页面中单击用户身份验证复选框旁边的"Enable/Disable"按钮，结果如图 8-10 所示。

② 要启用用户身份验证，则启用"User Authentication"（用户身份验证）复选框；要禁用用户身份验证，则禁用"用户身份验证"复选框。

③ 单击"Save"按钮应用设置。

在网页中可以为每个用户选择一个或多个具有不同权限的用户角色。这些权限可以限制用户对控制器各方面的访问：

❏ 访问控制器中 SD 卡的文件系统（如果使用 SD 卡）；

❏ 通过 PLCnext Engineer 或通过 Secure Shell（SSH）访问控制器；

❏ 通过 PLCnext Engineer 访问嵌入式人机界面（eHMI）；

❏ 访问控制器上基于 Web 的管理页面（WBM）；

❏ 访问控制器上的 OPC UA 服务器。

对于系统冗余中的两个控制器，在主控制器上设置的用户角色将自动与备份控制器同步。要将一个或多个用户角色分配给用户，可按以下步骤进行：

① 单击"Edit User"按钮打开编辑用户配置对话框，如图 8-11 所示。

② 在复选框中启用/禁用要分配/收回的用户角色。

③ 单击"Save"按钮保存选定的用户角色。

可以通过 EHmiLevel1、……、EHmiLevel10、EHmiViewer 和 EHmiChanger 用户角色设计，管理对 PLCnext Engineer HMI 应用程序的访问权限。分配的用户角色指定了用户是否可以对 HMI 应用程序进行读写以及读写到何种程度。

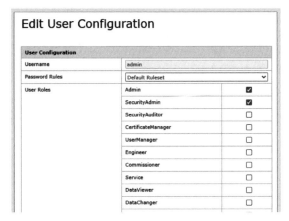

图 8-11　PLCnext 编辑用户配置

8.4.3　PLCnext 安全传输与签名的相关配置

传输层安全性（transport layer security，TLS）是一种广泛采用的安全性协议，旨在促进互联网通信的私密性和数据安全性。TLS 的主要作用是对 Web 应用程序和服务器之间的通信进行加密。通过 PLCnext 控制器的 WBM 管理界面对 TLS 功能进行配置与修改。

如图 8-12，从固件版本 2022.6 开始，使用以下选项配置 TLS：
❑ 勾选 TLSv1.3 用于 nginx 配置（请勿另外选中 TLSv1.2）；
❑ 选择预定义的密码套件用于 nginx 配置；
❑ 确认配置并在控制器上激活。

图 8-12　PLCnext TLS 配置

如果无法设置 TLS 版本 TLSv1.3，可设置 TLS 版本 TLSv1.2。如果选择"TLS 版本 TLSv1.2"，则必须选择"Secure HTTPS TLS Ciphers"作为密码套件。

通过 PLCnext 控制器的 WBM 管理界面还可以对签名 HTTPS 证书进行相关生成操作。

除了存储在控制器上 Identity Stores 的 HTTPS 证书之外，还可以选择由固件创建的自签名证书。如果需要使用固件生成的 HTTPS 证书进行 nginx 配置，可在选择栏中选择"HTTPS-self-signed"，如图 8-13。

在处理 PLCnext 安全配置文件的过程中，需要注意以下三点：
❑ 激活 PLCnext 信息安全配置文件；
❑ 修改 PLCnext 的信息安全管理员密码；
❑ 信息安全配置文件的影响。

使用安全配置文件后，由于安全原因，某些 WBM 页面不再允许访问，并且在 WBM 导航中被禁用。SecurityAdmin 只能配置系统。所有其他活动必须由其他角色执行。至少需要一名工程师（在 PLCnext Engineer 中编程）和一名安全审计员才能访问安全通知。

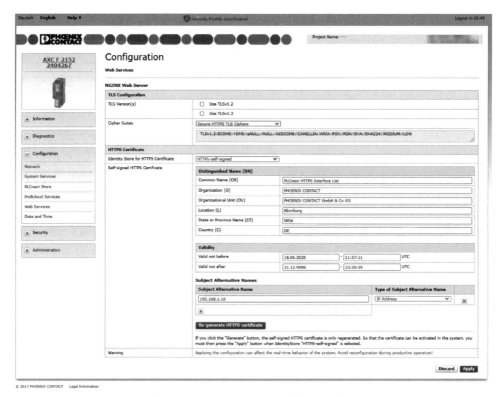

图 8-13　PLCnext HTTPS 自签名证书

没有 root 访问权限，也没有 SSH 访问权限。

安全配置文件遵循功能最少的原则：只有在威胁分析中考虑过的组件才能运行。这明确规定了什么是允许的。

在"System Services"页面上，可能会看到功能最少原则的影响，组件的数量受安全配置文件的限制，除 Netload Limiter 之外的所有服务都被禁用，只激活实际需要的服务。例如，必须决定使用哪种可视化机制（eHMI 或 OPC UA），然后相应地激活它。考虑各自的安全上下文，如果网络受到额外的组织措施的充分保护，则可以激活 PROFINET 控制器，必要时还可以激活 PROFINET 设备。

如果安全配置文件被激活，则在每次启动并登录 WBM 后都会执行完整性状态检查。完整性状态显示在 WBM 安全配置文件状态字段右侧的页眉行中。

有关基本防火墙配置信息，请查看 4.3.5 节。

UserManager 为每个登录的用户分配一个会话 ID。会话 ID 显示在所有活动的相应通知中。SecurityAdmin 和 SecurityAuditor 均可以访问安全日志。根据通知，可以看到 PLC 接下来是如何根据 IEC 62443 信息安全防护标准启动控制的（提供数据或审计的完整性）和关于登录用户的所有活动的一般信息（谁，在何时，以及如何更改）。

8.5　PLCnext 中防火墙设置

公共网络甚至私人网络中的危害无处不在，如今，如果没有适当的防火墙设置，没有私人用户会想到在网络上安装计算机。那么，使用 PLC 也一样，当工业自动化与网络数字化相结合时，网络威胁则会引发更大的影响与损失，这就是为什么每个 PLCnext Control 都配有预设防火墙的原因。

PLCnext Technology 依赖于经过验证且常用的 Linux 防火墙 nftables。在 PLCnext Control 上，不需要通过复杂的 Linux Shell 命令来配置防火墙规则，只需登录到基于 Web 的管理页面并从预定义的基本规则中进行选择，或者将自定义的规则添加到系统中即可。

控制器防火墙通过基于 Web 的管理页面进行配置。以管理员身份登录 WBM，展开"Security"（安全）区域，然后单击"Firewall"查看配置页面（PLCnext Control AXC F 2152 作为示例），如图 8-14。

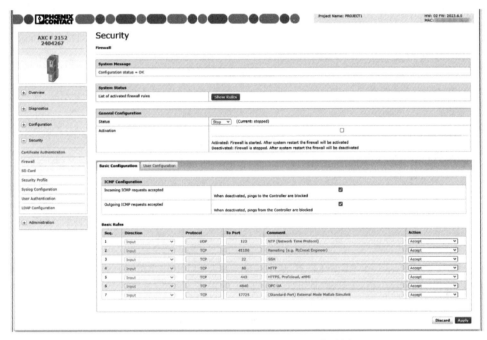

图 8-14　PLCnext 信息安全防火墙设置

8.5.1　系统消息与规则执行

在"System Message"（系统消息）部分，可以显示设置传输到控制器的响应和警告。会出现如表 8-2 所示系统消息。

表 8-2　系统消息及其描述

系统消息	描述
Status=Ok	配置的防火墙设置已成功传输到控制器
Warning	控制器发出警告，例如，如果系统中存在一个或多个额外的过滤配置。该警告包含所有额外加载的过滤器表的名称
Error	至少有一个防火墙设置有故障

在"Basic Configuration"（基本配置）选项卡"Basic Rules"（基本规则）的"Action"（执行）列可以设置规则的激活和停用。在 Action 列的下拉列表中为每个防火墙规则选择一个设置，如表 8-3。

表 8-3 执行列选项及其描述

选项	描述
Accept	接受连接，连接请求被允许，并且稳定连接
Drop	丢弃连接，请求无响应，数据包被丢弃
Reject	阻止连接，发送端将接收阻止连接的响应
Continue	规则未执行

8.5.2 防火墙规则添加与属性

要添加新的输入规则，可以在"User Configuration"（用户配置）选项卡上设置输入规则，如图 8-15。

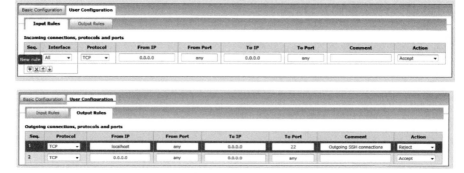

图 8-15 PLCnext 信息安全防火墙规则

为输入端数据包（Input Rules）和输出端数据包（Output Rules）传输连接的特定端口、协议和 IP 地址进行用户自定义规则设定。对于用户自定义规则设定，可以参考表 8-4 中描述。

表 8-4 用户规则选项及其描述

规则选项	规则描述
Interface（接口）（仅限输入侧规则）	配置接口的输入规则，下拉菜单选择以太网接口
Protocol（协议）	列表中选择 TCP、UDP、UDPLITE 协议或全部协议
From IP（从某 IP）	该输入字段中填写输入侧的 IP 地址，可以指定所有 IP 地址、单个 IP 地址或一个范围。 示例：192.168.1.10-192.168.1.20 如果字段留空（0.0.0.0），则表示所有 IP 地址
From Port（从某端口）	规则适用于从此地址传入的连接。在该输入字段中可以指定所有端口、单个端口或一个值范围。端口范围是用"-"符号指定的，端口号之间没有空格。 示例：22-30 如果字段留空（任意），则表示所有端口
To IP（到某 IP）	该输入字段中填写输出侧的 IP 地址，可以指定所有 IP 地址、单个 IP 地址或一个范围。 示例：192.168.1.10-192.168.1.20 如果将字段留空（0.0.0.0），则会选择所有 IP 地址
To Port（到某端口）	规则适用于传出到此地址的连接。在该输入字段中可以指定所有端口、单个端口或一个值范围。端口范围是用"-"符号指定的，端口号之间没有空格。 示例：22-30 如果字段留空（任意），则表示所有端口

8.5.3 通过 nftables 设置附加的防火墙规则

除了 PLCnext Technology 防火墙规则设置表以外，还可以激活附加防火墙规则表，用于 WBM 防火墙配置不支持的某些功能。此附加配置是通过独立的规则过滤表实现的。必须通过 nftables 命令创建所需的函数。可以使用文本编辑器在 Linux 中编辑规则集，也可以将文件加载到 PC 并进行更改。在 PLCnext Control 的/etc/nftables 目录中可以存储防火墙过滤规则文件，如图 8-16。

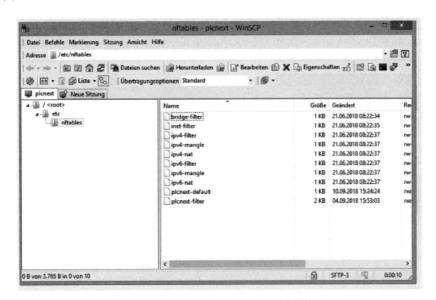

图 8-16　PLCnext nftables 创建防火墙规则

使用管理员用户角色执行 sudo 命令，实现附加防火墙过滤规则表配置，参考表 8-5。

表 8-5　命令和描述

命令	功能描述
nft list tables	罗列所有已激活的防火墙过滤规则表
nft delete/flush/list table <table>	删除/清空一个防火墙过滤规则表，例如： admin@device：/dir$ sudo nft flush table loadfilter
nft flush ruleset	删除/清空所有防火墙过滤规则设置
nft list table <table> --handle nft delete rule [<family>] <table> <chain> [handle <handle>]	通过句柄编号删除预定义规则。可以使用命令列出当前规则的句柄编号。例如： admin@device：/dir$ sudo nft list table loadfilter --handle 也可以根据句柄编号删除指定规则。例如： admin@device：/dir$ sudo nft delete rule filter input handle 90
nft -f <filter-file>	从文件加载防火墙过滤规则表的内容。例如： admin@device：/dir$ sudo nft -f loadfilter.rules
nft list table <table> > <file>	将防火墙过滤规则表的内容保存到文件。例如： admin@device：/dir$ sudo nft list table loadfilter>loadfilter.rules

必须在 admin 用户角色条件下使用 sudo 命令，或者使用 root 权限访问控制器，才可以使用以下命令。

① 通过在 Shell 中输入以下命令清空活动规则配置：nft flush ruleset。

② 使用命令创建另一个独立的过滤规则表：nft add table ＜family＞ ＜tablename＞。

举例：admin@device：/dir$ sudo nft add table ip loadfilter。

③ 将过滤规则类型的输入链添加到创建的表中：nft add chain [＜family＞] ＜table＞ ＜name＞ { type ＜type＞ hook ＜hook＞ [device ＜device＞] priority ＜priority＞ \;}。

举例：admin@device：/dir$ sudo nft add chain ip loadfilter input_limiter { type filter hook input priority 0 \;}。

④ 限制网络负载：

❑ 限制数据包的数量并指定参数（ICMP、TCP、UDP、UDPLITE、IP）。

举例：admin@device：/dir$ sudo nft add rule loadfilter input_limiter icmp type echo-request limit rate 10/second accept。

❑ 限制数据传输速率（byte/s，Mbyte/s，Mbyte/min）。

举例1：admin@device:/dir$ sudo nft add rule loadfilter input_limiter limit rate 10 mbytes/second accept。

举例2：admin@device:/dir$ sudo nft add rule loadfilter input_limiter limit rate over 10 mbytes/second drop。

⑤ 添加规则时，选择要使用 iif＜network interface＞应用规则的以太网接口。

举例：admin@device:/dir$ sudo nft add rule loadfilter input_limiter iif eth0 icmp type echo-request limit rate over 100bytes/minute drop。

⑥ 统计数据包数量或以 byte 为单位显示吞吐量。

❑ 对于所有输入侧数据包：nft add rule ＜table＞ ＜chain＞ counter。

举例：admin@device：/dir$ sudo nft add rule loadfilter input_limiter counter。

❑ 对于某个特定的协议：nft add rule ＜table＞ ＜chain＞ counter ip protocol ＜protocol＞。

举例：admin@device：/dir$ sudo nft add rule loadfilter counter ip protocol ＜protocol＞。

⑦ 要丢弃或接受某个协议的数据流量：nft add rule ＜table＞ ＜chain＞ ip protocol ＜protocol＞ accept/drop。

举例1：admin@device:/dir$ sudo nft add rule loadfilter input_limiter ip protocol udp accept。

举例2：admin@device:/dir$ sudo nft add rule loadfilter input_limiter ip protocol udplite drop。

8.6　PLCnext 中 VPN 远程通信

8.6.1　IPSec 简介

IPSec（internet protocol security，IP 安全）是 IETF（internet engineering task force，因特网工程任务组）制定的一组开放的网络安全协议。它并不是一个单独的协议，而是一系列为 IP 网络提供安全性的协议和服务的集合。IPSec 用来解决 IP 层安全性问题的技术。IPSec 被设计为同时支持 IPv4 和 IPv6 网络。

IPSec 协议工作在 OSI（开放式系统互联）模型的第三层，使其在单独使用时适于保护基于 TCP 或 UDP 的协议，如安全套接子层（SSL）就不能保护 UDP 层的通信流。这就意味着，与传输层或更高层的协议相比，IPSec 协议必须处理可靠性和分片的问题，这同时也增加了它的复杂性和处理开销。相对而言，SSL/TLS 依靠更高层的 TCP（OSI 模型的第四层）来管理可靠性和分片。

IPSec 提供的服务：
- 数据来源验证：接收方验证发送方身份是否合法，如图 8-17。
- 数据加密：发送方对数据进行加密，以密文的形式在因特网上传送，接收方对接收的加密数据进行解密后处理或直接转发。
- 数据完整性：接收方对接收的数据进行验证，以判定报文是否被篡改。
- 抗重复：接收方拒绝旧的或重复的数据包，防止恶意用户通过重复发送捕获到的数据包所进行的攻击。

图 8-17　IPSec 验证方式

因特网密钥交换（internet key exchange，IKE）协议建立在因特网安全联盟和密钥管理协议（ISAKMP）定义的框架之上，是基于 UDP（user datagram protocol，用户数据报协议）端口为 500 的应用层协议。采用 IKEv1 协商安全联盟主要分为两个阶段：

第一阶段，通信双方协商和建立 IKE 协议本身使用的安全通道，即建立一个 IKE SA；

第二阶段，利用第一阶段已通过认证和安全保护的安全通道，建立一对用于数据安全传输的 IPSec 安全关联（IPSec SA）。

8.6.2　PLCnext IPSec 测试平台构建

如图 8-18 所示为 IPSec 平台模型。

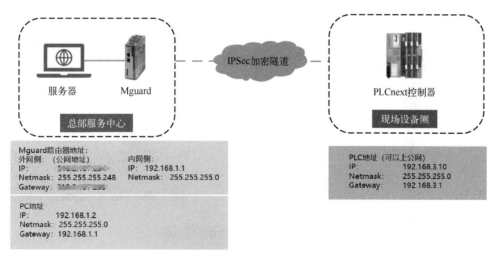

图 8-18　IPSec 平台模型

8.6.3　在 PLCnext 中配置 IPSec 相关文件并启用服务

利用 WinSCP 软件进入 PLCnext，并在 etc 的文件夹下找到 ipsec.conf 和 ipsec.secrets 配置文件。这两个文件可以通过 admin 用户直接进行修改。

然后启动 PLCnext 中的 IPSec 服务，如图 8-19 所示。

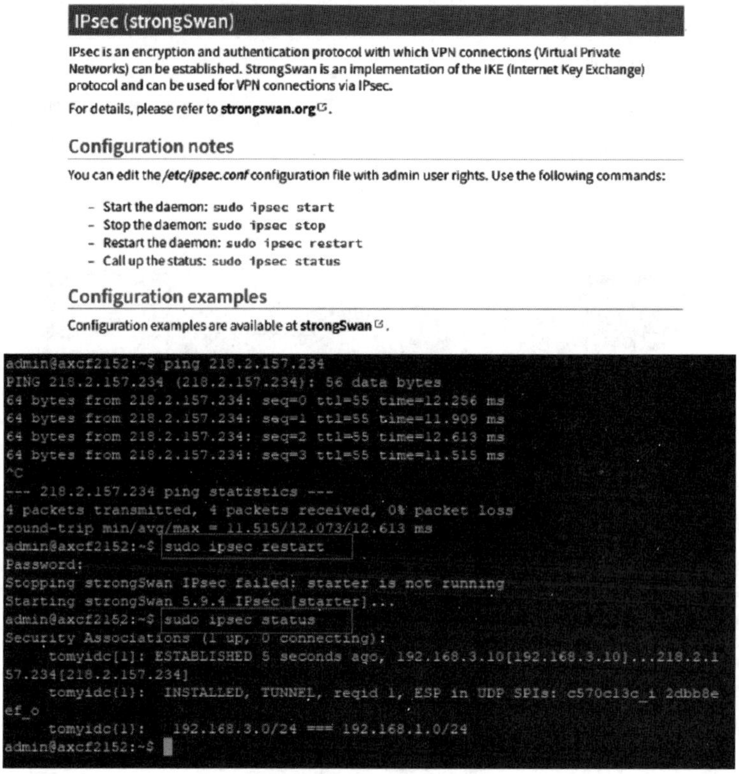

图 8-19　IPSec 服务

在编程软件中通过 IEC 61131-3 实现 IPSec 服务启动，如图 8-20 所示。

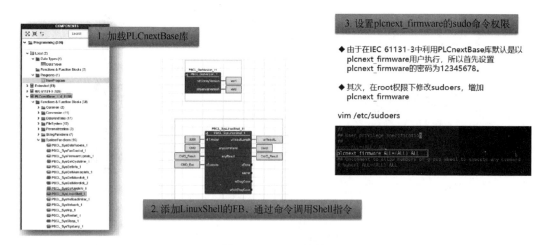

图 8-20　IPSec 连接

PLCnext

第 9 章

工业物联网

9.1 工业物联网概述

物联网（internet of things，IoT）即万物互联的互联网，指的是通过互联网将各种物理设备连接起来的系统。这些日常家电、工业设备等都配备了传感器、软件和其他技术，可以收集并交换数据。物联网（IoT）可实现物物相连、物人相连，以及人与人之间任何时间、地点的有效连接，使得传感器和设备可以在智能环境中无缝通信，并以方便的方式实现跨平台的信息共享。物联网技术在改变人们日常生活的同时，也在深刻地影响着工业领域。物联网技术，尤其是在家庭和城市中的应用，已经给生活带来了许多便利，例如智能家居和智慧城市。然而，当这些技术应用于工业环境时，则进入了一个更为专业和复杂的领域——工业物联网（IIoT）。

工业物联网继承了物联网的核心理念，即通过互联网连接各种设备和系统，收集和分析数据以驱动智能决策。但在工业领域，这一概念被扩展和深化，以适应工业生产的独特需求和挑战。在这里，物联网不仅仅是智能化和自动化，而更关乎提高生产效率，确保生产安全，减少停机时间，优化资源利用，最终实现可持续的工业增长。虽然工业物联网是建立在物联网基础之上的，但它在实现方式、应用复杂度以及面临的挑战方面都有其特点和特有的要求。接下来。本章将介绍工业物联网技术，尤其是 PLCnext 平台在工业物联网中的应用。

9.1.1 背景及概念

（1）背景

随着科技的发展，全球的制造业竞争日益加剧，企业面临着提高生产效率、降低运营成本、保证产品质量和实现可持续发展的压力。由于信息化水平不足，传统的工业系统就像一个个信息孤岛，各个设备、各个产线、各个车间、各个工厂的数据不能流转起来，这就限制了企业效率的提升和创新的潜力。工业物联网的出现正是为了应对这些挑战，通过利用最新的信息技术优化工业过程，实现智能制造和工业自动化。

（2）概念

工业物联网是指在工业环境中部署传感器、软件和其他技术，通过网络互联实现机器与机器、人与机器的智能交互。这些设备数据被收集起来用于监控、优化、维护和分析工业流程，从而提升生产效率，降低成本，增强产品质量和灵活性。

工业物联网（IIoT）的架构按照层级来划分可分为三个层级：设备层、边缘层、平台层，如图9-1所示。在IIoT系统中，数据从设备层流向边缘层，在那里进行处理和部分分析，然后发送到平台层进行进一步分析、整合和决策。每一层都会减少传送到下一层的不必要数据，确保决策的效率和及时性。

图9-1　物联网三层架构

❏ 设备层（device layer）：设备层在三层架构的最底层，包含直接与机器和物理过程交互的硬件设备，如传感器和控制器等。传感器从环境中收集数据（例如温度、压力、振动等），控制器根据控制系统的指令来执行命令。设备层的组件通常会执行基本的数据处理，比如过滤或初始数据分析，以减少需要传送到上层的数据量。

❏ 边缘层（edge layer）：边缘层位于设备层和平台层之间，由网关或边缘服务器等边缘设备组成，这些设备能够在本地对数据进行处理，包括数据聚合、存储、清洗和分析等，以减少传输到云端的数据量，减轻云端的负载压力，并为关键应用提供更快的响应时间。菲尼克斯电气推出的PlCnext EPC1502控制器就是一个边缘设备，提供本地控制和处理能力，桥接了操作技术（OT）和信息技术（IT）。

❏ 平台层（platform layer）：平台层就是云端（cloud layer），所谓的云端可以分为公有云、私有云和混合云。平台层主要对边缘层处理过的数据作进一步处理、分析、存储和应用，执行复杂的分析、优化和决策。平台层还支持如机器学习、大数据分析和整体IIoT管理等服务。

（3）核心技术

工业物联网（IIoT）虽然共享了物联网（IoT）的许多核心技术，但在关注领域和技术的深度与广度上有所不同，下面是工业物联网（IIoT）一些特有的核心技术：

❏ 工业级传感器和设备：IIoT使用的传感器和设备通常需要符合工业级标准，能够承受极端温度、振动、污染和噪声等恶劣环境，保证在复杂的工业环境中可靠运行。

❏ 实时数据处理和边缘计算：工业环境对实时性的要求极高，任何数据处理的延迟都可能导致生产效率降低或安全事故。IIoT强调边缘计算的应用，即在数据产生地点近处进行数据处理，减少数据传输时间，实现快速响应。

❑ 工业通信协议：IIoT 需要支持各种工业通信协议，如 MODBUS、OPC UA、PROFINET 等，以确保不同厂商和设备之间的兼容性和互操作性。

❑ 高级数据分析和机器学习：虽然数据分析和机器学习在通用 IoT 中也很重要，但在 IIoT 中，这些技术需要针对工业过程进行优化，支持更复杂的数据分析，如预测性维护、工艺优化等。

❑ 工业网络安全：IIoT 的网络安全措施需要考虑工业控制系统的特点，不仅要防止数据泄露，还要确保生产过程的连续性和安全。这包括对物理接入点的保护，以及对网络攻击的防御。

（4）使用场景

工业物联网（IIoT）将先进的传感器、设备和平台技术结合起来，以优化工业流程，提高生产效率。以下是一些 IIoT 的主要适用场景：

❑ 预测性维护（predictive maintenance）：IIoT 系统可以实时监测设备状态，分析数据以预测潜在故障，从而在设备出现故障之前进行维护，这有助于减少意外停机时间，延长设备寿命，并降低维护成本。

❑ 能源管理（energy management）：IIoT 可以帮助监控和管理工厂的能源使用情况，寻找并使用节省能源的方式，实现能源消耗的优化，这有助于减少能源成本并支持可持续发展目标。

❑ 智能制造（smart manufacturing）：通过监控和分析生产线的参数，IIoT 使得制造过程更加智能化和自动化，能够实现个性化和定制化的生产。生产线可以实时调整，以适应新的订单要求或设计更改。

❑ 智能物流（smart logistics）：IIoT 系统通过采集 GPS 和 RFID 标签，可以实现对物流过程中货物位置的实时监控，准确了解货物的运输状态和位置，通过传感器收集库存信息，实现库存的实时更新，优化库存水平，通过大数据平台分析运输路线、交通状况等数据，为物流调度提供优化建议，减少运输时间和成本。

图 9-2 就是一个典型的物联网使用场景，采集控制器通过 OPC UA、MODBUS 等工业协议采集工业现场的设备数据（当然一些工业设备也可以直接连入边缘设备）。PLCnext AXC F 3152 控制器采集数据并转发给边缘网关（PLCnext EPC 1502），在边缘网关可以对数据进行

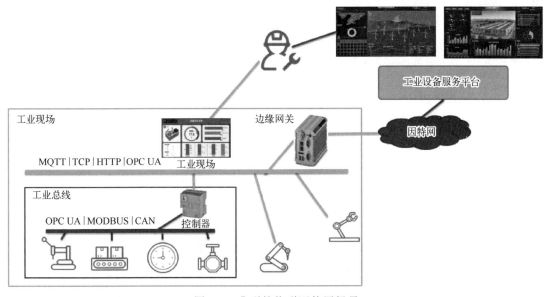

图 9-2 典型的物联网使用场景

初步的处理和分析，处理之后把数据推送到云端做更进一步的分析。系统提供现场看板和云端看板，相关人员可以在现场看板了解现场数据，也可以登录云端看板查看云端的数据。

9.1.2　PLCnext 在 IIoT 中的使用

物联网的核心是设备的互联，工业现场的设备多种多样，它们可能来自不同的厂家，有不同的型号，支持不同的协议，PLCnext 控制器在设备层数据采集方面表现出极高的灵活性和广泛的兼容性。

❑ PLCnext 控制器支持多种工业通信标准和协议，包括但不限于 PROFINET、SNMP、MODBUS、OPC UA 等，这使得它可以与各种工业设备轻松连接和通信。此外，它还能支持常见的网络协议如 TCP/IP、UDP、MQTT，这样的多协议支持确保了 PLCnext 能够快速集成到现有的工业环境中。

❑ PLCnext 提供了丰富的接口和模块，包括以太网端口、无线模块（如 WiFi、Bluetooth）以及 USB 等。这些接口和模块使得 PLCnext 能够连接各种传感器、执行器和其他智能设备。

PLCnext 不仅在 OT 层有着广泛的优势和应用，得益于 PLCnext 底层搭载的开放式 Linux 操作系统以及对高级语言的支持，PLCnext 也是一款非常优秀的边缘节点控制器。EPC 系列控制器是专为边缘计算环境设计的一类产品，它们将传统的 PLC 功能与现代边缘计算技术相结合，为工业自动化应用提供强大的数据处理能力和灵活的网络连接选项。在边缘节点的应用中，EPC 系列控制器展现出多方面的优势：

❑ EPC 系列控制器配备高性能的多核处理器，能够处理大量来自工业现场的数据。这种处理能力允许控制器在数据生成点就地进行复杂的数据分析和处理，而不需要将数据发送到云端或远程数据中心。这样不仅可以减少延迟，提高响应速度，还能节省带宽和降低对中心服务器的依赖。

❑ EPC 系列控制器运行在实时操作系统上，这保证了系统操作的实时性和可靠性。实时系统可以保证关键数据处理任务在严格的时间限制内得到处理，非常适合时间敏感的工业应用，如机器人控制、过程控制等。

❑ 在工业自动化中，数据和系统的安全性极为重要。EPC 系列控制器具备多层次的安全措施，包括数据加密、安全启动、网络安全策略等，能有效防止未授权访问和数据泄露。同时，它们的设计和制造符合工业级标准，可以在恶劣的环境中稳定运行。

❑ 数据库支持：EPC 系列内置了 SQLite 数据库，同时也支持外部数据库如 MySQL、InfluxDB、PostgreSQL 等，使得控制器可以在边缘段执行数据记录、查询和分析操作，支持趋势分析、性能监测和故障诊断等应用。

PLCnext 中 SQLite 使用方法

PLCnext 控制器可以直接连接到 PROFICLOUD 云平台，并通过配置和 SDK 快速连接到其他云平台，比如 Amazon Web Services（AWS）、Microsoft Azure、Google Cloud Platform、阿里云、华为云等主流云平台。为了与云服务交互，PLCnext 支持多种标准的互联网通信协议。如 MQTT，是一个轻量级的消息协议，非常适合用于设备到云的数据传输。此外，还支持 AMQP（advanced message queuing protocol，高级消息队列协议）和 REST API，这些都是云服务中常用的数据交换协议，如图 9-3 所示。

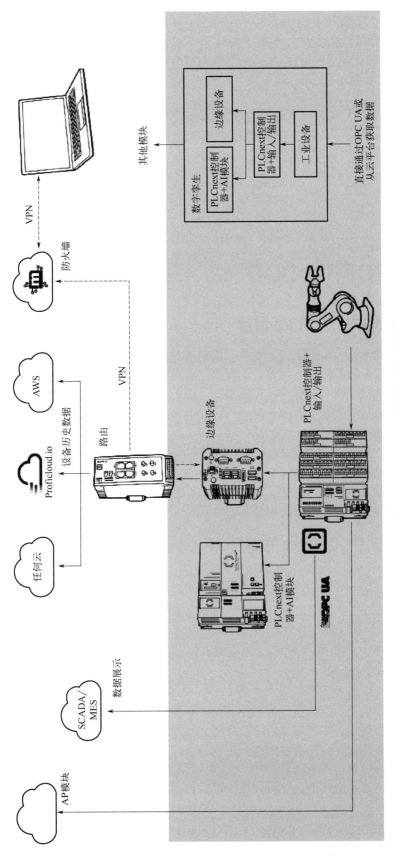

图 9-3 PLCnext 在物联网中的使用

PLCnext 控制器支持多种方式连接到云服务，如图 9-4 所示。可以使用 IoT 库中的 IEC 功能块、构建自己的.NET 应用程序、编写 Python 脚本或使用其他高级语言编写实现代码，但总体的原理是不变的，核心就是把从 PLCnext 读取的数据转换成云平台需要的协议格式（MQTT、HTTP 等）发送出去，如图 9-4 所示。接下来介绍 PLCnext 连接不同云平台的方法和步骤。

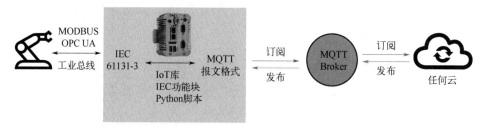

图 9-4　PLCnext 控制器连接云平台

9.2　PROFICLOUD

9.2.1　PROFICLOUD 概述

随着以互联网、人工智能、云计算、大数据为代表的新一代信息技术飞速发展，工业物联网已渗透到智能制造的方方面面，是现代工业发展的必然趋势。菲尼克斯电气以边缘侧的积累和沉淀构建物联网产业布局，依托安全、稳定、可靠的工业物联网 PROFICLOUD 云平台底座，支持全场景数据接入和智能分析，打造面向各行业的解决方案。图 9-5 为菲尼克斯工业物联网产业布局图。

PROFICLOUD 提供从工业现场实时数据采集、安全的数据传输和存储、数据的建模分析到行业深度应用的一体化解决方案，并在 SaaS 层形成基础分析服务、通用业务服务以及行业定制服务的多种成熟方案，包括：TSD/Dashboard 时间序列数据服务、防雷寿命检测服务、能源管理、设备管理、振动预测服务等。

9.2.2　基于 PLCnext 的 PROFICLOUD 应用

 PLCnext 中 PROFICLOUD 数据呈现

PLCnext 原生支持 PROFICLOUD 云平台，可快速简捷地连接至云平台，实现项目快速搭建、监控及维护等功能。

基于 PLCnext 的管理和远程维护 PROFICLOUD 应用主要实现以下功能：
- ❏ 显示设备概览，其中包含所有已连接设备的准确地理位置；
- ❏ 显示所有连接设备的健康状态；
- ❏ 显示所有连接设备的关键信息；
- ❏ 显示连接设备的日志信息；
- ❏ 检查固件最新版本并通过云端远程更新连接的设备；
- ❏ 使用来自连接的 PLCnext Control 的时间序列数据（TSD）。

下面介绍 PLCnext 使用 PROFICLOUD 云平台的方法，详细的操作步骤可以参考"菲尼

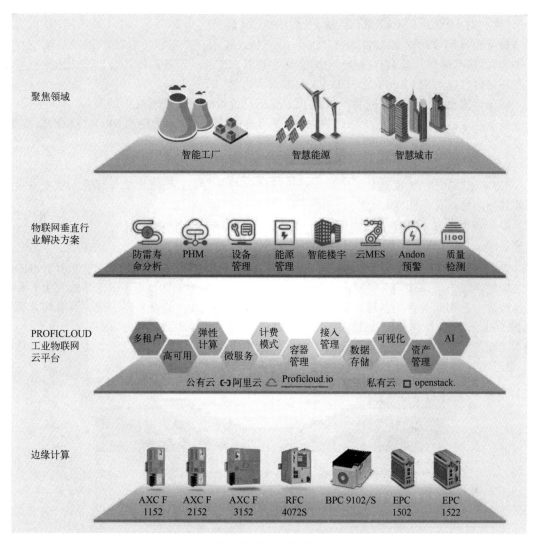

图 9-5 菲尼克斯工业物联网产业布局

克斯自动化"微信公众号中的 FAQ 文档。

9.2.2.1 设备连接

为使用 PROFICLOUD 云平台,首先需要将设备连接到 PROFICLOUD 中,需要以下几个步骤:

（1）在 PROFICLOUD 注册用户

在浏览器中打开 PROFICLOUD.io 官网并注册用户,通过回复发送到该账户所提供的地址的电子邮件来验证用户账户。

（2）从 PROFICLOUD 获取用户证书

在官网上登录到 PROFICLOUD 账户,选择"DOWNLOAD USER CA CERTIFIVATE"可以下载证书.crt 文件。

（3）在 PLCnext 设备上启用 PROFICLOUD 连接

打开对应 PLCnext 设备上的基于 Web 的管理（WBM）,启用云服务。

需要注意的是,如果 PLCnext 设备被重置为出厂默认值,为了使用 PROFICLOUD 服务,需要再次执行此步骤。

（4）为 PROFICLOUD 准备 PLCnext 设备

确保设备的实时时钟设置为 UTC0，而不是设备所在的时区。UTC0 表示协调世界时（UTC）的基准时间，即 UTC±00:00，这也是每个 PLCnext 设备的默认值，因此通常不需要更改任何内容以适应 PROFICLOUD V3 的需求。

确保正确设置网络连接网关，以便 PLCnext 设备可以连接到网络中的服务。

需要注意的是，如果 PLCnext 设备被重置为出厂默认值，为了使用 PROFICLOUD 服务，需要再次执行此步骤。

（5）为 PROFICLOUD 注册一个信任存储

PROFICLOUD V3 需要是可信源，通过信任存储中的证书反映出来。有关此重要安全特性的详细信息，请参阅 4.3.5 节。

添加一个名为"PROFICLOUDv3"的新信任存储，要区分大小写。

9.2.2.2 PROFICLOUD 设备管理服务

设备管理服务是用于管理 PROFICLOUD 中的设备，监测设备的状态。在 PROFICLOUD.io 官网中登录账户，添加设备管理服务，输入 PLCnext 设备的 UUID（打印在其外壳上）和在设备概述中识别此条目的名称，即可把对应的设备添加。此时的设备需连接到互联网才可以和 PROFICLOUD 一起使用。在一个 PROFICLOUD 账户中可以添加多台设备。

在设备概述中，显示了每个设备的详细信息和当前状态，旁边是显示其地理位置的地图（如果已输入）。卡片和地图图标的颜色反映设备的健康状态，如图 9-6 所示。

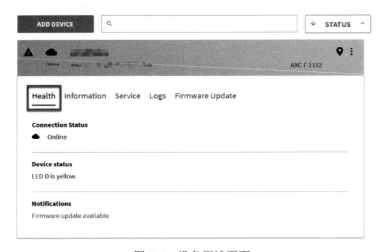

图 9-6　设备概述页面

"Health"选项卡根据设备外壳上的 LED 提供设备状态的大致信息，以及新固件更新可用性的通知。在"Information"选项卡中，包含了每个设备的关键信息，如位置、序列号、设备类型、UUID、硬件版本等。在"Service"选项卡中，会列出设备管理的其他服务。在"Logs"选项卡中，可以看到设备发送到云的日志信息，如图 9-7 所示。这些条目从 PLCnext 设备上的 Output.log 文件中过滤出来。在"Firmware Update"选项卡中，可以完成固件更新、升级。

需要注意的是，默认只有当 PLC 处于停止状态时，才可执行固件更新。如果要在 RUN 状态下执行固件更新，要在以下目录中进行修改：

/opt/plcnext/projects/Default/Services/PROFICLOUDV3/PROFICLOUDV3.config.20.6

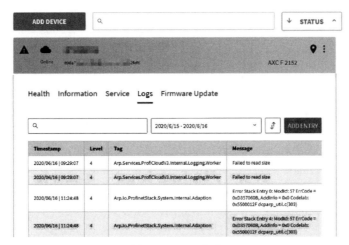

图 9-7　Logs 信息

可使用 WinSCP 或类似的软件登录到 PLCnext 设备中，在该目录中找到 .config 文件，将＜FirmwareUpdate＞标签中的"force"参数修改为"true"：

```
<FirmwareUpdate enabled="true"
force="true"
artifactServer=""/>
```

如果需要更新固件，可进入固件选择对话框，选择要安装的版本，然后单击 UPDATE FIRMWARE NOW 按钮。

9.2.2.3　时间序列数据（TSD）

时间序列数据是指 PLCnext 中的数据在 PROFICLOUD 上的映射。通过一些简单的设置，即可将 PLCnext 工程上的数据显示在云平台上，如图 9-8 所示。

在 PLCnext Engineer 软件中需要将 TSD 服务中使用的变量声明为 OUT 端口，并勾选"Proficloud"复选框。每个 PLCnext 控制器最多发送 50 个变量到 PROFICLOUD，在固件版本 2021.6 中，最大变量升级到 300 个。表 9-1 是不同数据类型在软件中的定义说明。

图 9-8　变量设置

表 9-1　数据类型定义列表

PLCnext Engineer	Simulink	C++
BOOL	Boolean	Boolean
BYTE	Uint8	Uint8
DINT	Int32	Int32
DWORD	Uint32	Uint32
INT	Int16	Int16

续表

PLCnext Engineer	Simulink	C ++
LINT	—	Int64
LREAL	Double	Double64
LWORD	—	Uint64
REAL	Single	Float32
SINT	Int8	Int8
UDINT	Uint32	Uint32
UINT	Uint16	Uint16
ULINT	—	Uint64
USINT	Uint8	Uint8
WORD	Uint16	Uint16

设备注册成功且变量已经设置完成后，就可以在 PROFICLOUD.io 上访问 TSD 服务。PLCnext Engineer 中为 TSD 服务声明的所有变量都会自动显示在单个图中，如图 9-9 所示。

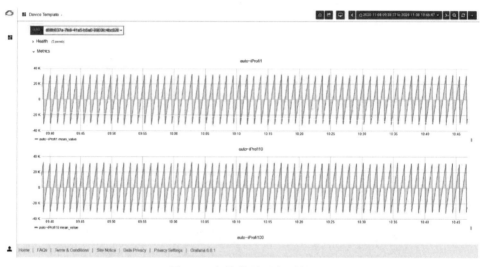

图 9-9　变量的显示和刷新

TSD 最多可以临时存储 1000 个数据元素。数据元素是在特定时间内记录的变量的值。PLCnext 控制器以 1000ms 的间隔记录数据，如果建立连接，则每 1000ms 将数据发送到 PROFICLOUD。在内存溢出的情况下，最先存储的数据将被丢弃。如果网络连接中断，这些值将暂时存储在控制器中，并在连接恢复后立即发送到 PROFICLOUD。

这里将 PLCnext 中的数据放在了 PROFICLOUD 平台，并能够看到实时的更新。确认了数据联通之后，即可以使用可视化工具服务来设计 Dashboard 看板。

9.2.3　可视化工具服务 TSD/Dashboard

TSD/Dashboard 是 PROFICLOUD 提供的可视化工具服务，基于开放的插件架构可以不断迭代平台插件，其本身是 SaaS 应用部署，支持多用户模式，同时集成来自底层的不同数据源。TSD/Dashboard 与 PROFICLOUD 平台智能服务无缝集成，并且内置在这样服务的数据源中，可以轻松快速访问。通过数据源查询数据后，TSD/Dashboard 将数据分给不同的显示插件，以标准的方式显示数据，便于监控分析指标及对日志进行跟踪。

基于菲尼克斯 PROFICLOUD 平台的 TSD/Dashboard 时间序列数据服务，具有以下特点。

（1）丰富多样的 Panel 模块

TSD/Dashboard 服务提供丰富多样的 Panel 模块，如图 9-10 所示。除此之外，它还支持独特的工业领域插件，以支持多种行业的应用程序开发和报表生产。

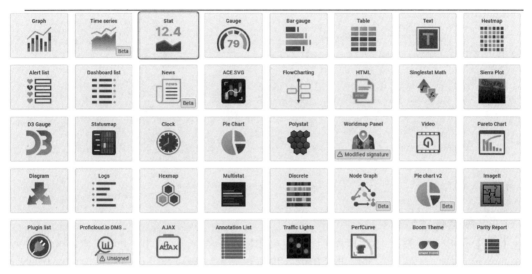

图 9-10　可视化 Dashboard

（2）实时监控

TSD/Dashboard 在 PROFICLOUD 中，通过对数据的采集、传输、存储和展现，实现了数据的实时可视、可控、可追溯。使用 PLCnext 平台，结合 TSD/Dashboard 提供的各类 Panel 模块的不同组合，可以满足在不同使用场景下的数据分析、监控，以及历史过程溯源。图 9-11 为某项目中监控界面示例。

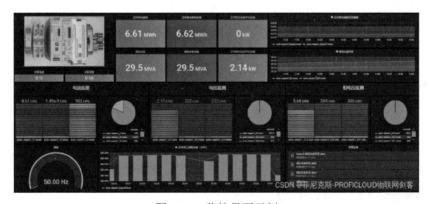

图 9-11　监控界面示例

（3）低代码应用框架

通过拖拉拽各类插件可以快速构建可视化面板和应用解决方案，无须额外编程，每个插件的所有设置皆可配置，如图 9-12 所示。

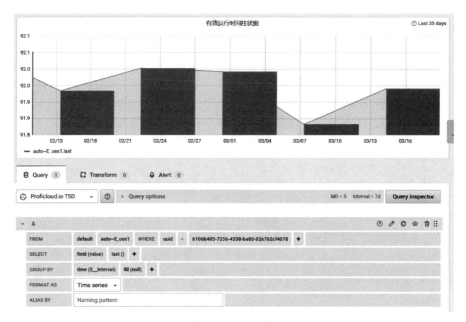

图 9-12　配置页面

（4）数据统计分析

TSD/Dashboard 服务中各类插件已经提供丰富的聚合函数，同时也可以自定义算法来计算各类数据指标；此外，还可提供常用的数据分析功能，如排序、比较、选取等，如图 9-13 所示。

图 9-13　功能设置

（5）报警功能

紧急事件报警作为 TSD/Dashboard 服务关键的功能之一，可以通过设定多种关联阈值和检测频率来帮助用户实时检查设备的各类关键参数，当满足设置的报警条件时，用户可以随时通过 E-mail、Line、Slack、钉钉等通知方式接收到现场紧急事件报警，如图 9-14 所示。

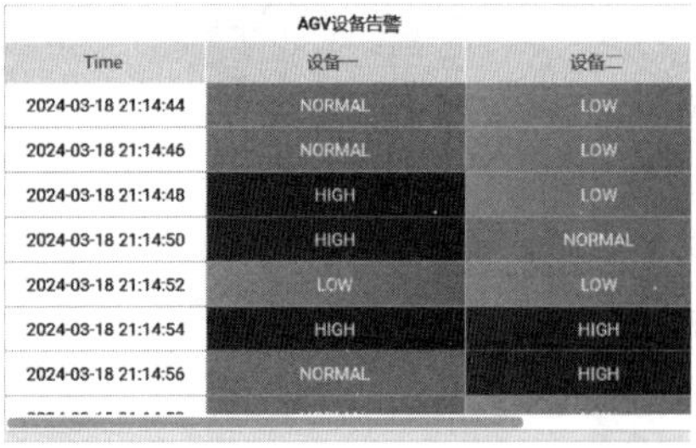

图 9-14　报警设置

（6）多终端自适应

TSD/Dashboard 服务支持各种分辨率的终端显示，可以随时随地查看数据。

9.2.4　Dashboard 中 Panel 说明

TSD/Dashboard 中包含多种 Panel 可供用户设计界面，本小节介绍部分常用的控件。

（1）Diagram

Diagram 插件，提供一种通过 mermaid.js 库创建流程图、序列图和甘特图的方法，如图 9-15 所示。

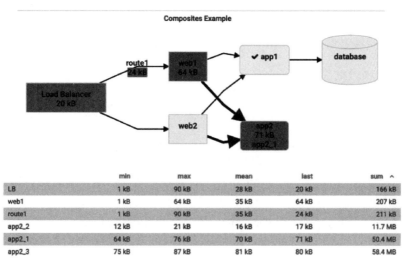

图 9-15　Diagram 插件定义示例

❑ 可以使用 Mermaid JS 语法定义 Diagram 图标；
❑ 度量系列用于为形状/节点的文本或背景上色；
❑ 系列的目标或"alias"（别名）将与关系图节点的 ID 进行比较，找到匹配，然后将样式应用到形状。

Diagram 插件定义使用类似 Markdown 的语法，称为 Mermaid 语法。在"Custom options"中可以设置其基本属性、数值和颜色等，如图 9-16 所示。

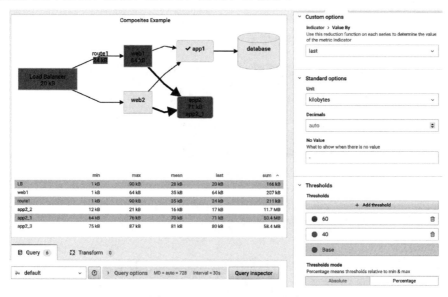

图 9-16　Custom options 定义

（2）D3 Gauge

D3 Gauge 控件可以生成仪表盘，如图 9-17 所示，"Setting"选项主要设置标题、描述，以及背景是否透明；"Options"选项设置仪表板的外观、字体、颜色等；"Thresholding"选项设置仪表盘的区间颜色；"Value Mappings"选项设置不同的值对应的文本字符。

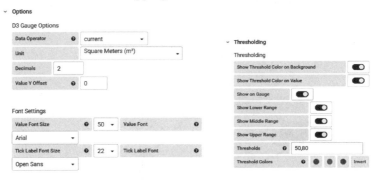

图 9-17　D3 Gauge 控件部分参数设置页面

图 9-18　仪表盘设置显示示例

例如图 9-17 设置参数后仪表盘显示如图 9-18 所示。

（3）PerfCurve

PerfCurve 是一个面板插件，用于在画布上绘制旋转机器的操作点，例如泵、压缩机等，并附有性能曲线。只需在性能曲线上给出采样点，就可以在画布上绘制多条性能曲线。面板插件能平滑地连接样本点。此控件可以用于设备状态的性能监测界面。

该插件中，"Value options-Settings"用于设置图表的标题名称，"Axes"用于设置坐标轴的最大值、最小值、名称、单位、小数点等具体参数，"Performance curve"用于设置性能曲线点的 X、Y 坐标参数，"Operation points"用于设置新的参数点的颜色、大小等。

（4）Polystat

Polystat 将为接收到的每个 Metric 创建一个六边形，并具有将 Metric 分组为复合度量并显示复合触发状态的能力。此控件可以用于设备状态等的统一监控管理界面，如图 9-19 所示。

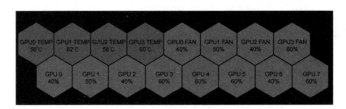

图 9-19　Polystat 显示示例

"Value options-Layout"用于设置图表的行列数量，在"Sizing"中设置多边形的边框和内部展示文字，还有其他参数可以有更多设置功能。

（5）Sierra Plot

Sierra Plot 是一个面板插件，用于可视化包含大量系列的数据集。Sierra Plot 是 Ridgeline Plot 的扩展，具有许多附加元素，添加的图表显示所有不同系列的总数，用于突出显示高于某个阈值的设定值的雾❶以及分组功能等。

Sierra Plot 面板需要时间序列数据帧，这意味着每个序列必须包含至少一个时间类型的字段（如果存在多个此类字段，将使用第一个），数据还必须包含至少一个编号类型的字段用作振幅，与此同时还需要至少一个字符串类型的字段，用于图表细分。

（6）Boom Theme

该控件主要是用以给 Dashboard 添加背景，可以通过添加背景图片的链接来设置背景样式。

（7）Graph

Graph 是可视化生态系统中最常用的插件。可以呈现为一条线、一系列点路径或柱形图。这种类型的图表用途广泛，几乎可以显示任何时间序列数据。

"Display options"中使用以下设置来优化可视化效果：

❑ Bars：将值显示为条形图。

❑ Lines：将值显示为折线图。

❑ Line width：系列的线宽（默认为 1）。

❑ Staircase：将相邻点绘制为阶梯。

❑ Area fill：系列的颜色填充（默认为 1，0 为无）。

❑ Fill gradient：区域填充的渐变程度（0 是无梯度，10 是陡峭的梯度，默认值为 0）。

❑ Points：显示值的点。

❑ Point radius：控制点的大小。

❑ Alert thresholds：在面板上显示警报阈值和区域。

"Stacking and null value"参数设置如下：

❑ Stack：每个系列都堆叠在另一个之上。

❑ Percent：当选择"Stack"时可用，每个系列都按占所有系列总数的百分率绘制。

❑ Null value：空值的显示方式。这是一个非常重要的设置。

❑ connected：如果系列中存在间隙，即有一个或多个空值，则该行将跳过间隙（空值）并连接到下一个非空值。

❑ null（默认）：如果系列中存在间隙（即空值），则图形中的线将被断开并显示间隙。

❑ null as zero：如果系列中存在间隙（即空值），则在图形面板中显示为零值。

"Hover tooltip"使用以下设置来更改光标悬停在图形可视化上时出现的工具提示的外表内容：

① Mode

❑ All series：悬停工具提示显示图表中的所有系列，在工具提示的系列列表中以粗体突出显示悬停的系列。

❑ Single：悬停工具提示仅显示一个系列，即在图表上悬停的那个系列。

② Sort order 如果选择所有系列模式，则对悬停工具提示中的系列顺序进行排序。当将光标悬停在图形上时，会显示与线条关联的值。用户通常对数据的最高或最低值最感兴趣。对这些值进行排序可以更容易地找到感兴趣的数据。

❑ None：悬停工具提示中系列的顺序由查询中的排序顺序决定。例如，按系列名称的字母顺序排序。

❑ Increasing：悬停工具提示中系列的顺序按升序排序，最低值位于列表顶部。

❑ Decreasing：悬停工具提示中系列的顺序按降序排序，最高值位于列表顶部。

---

❶ 雾（Fog）是一种视觉效果，用于 Sierra Plot 组件，指的是一种雾化或模糊效果，通过将高于特定阈值的数据区域模糊化，使其更加醒目，从而突出显示这些数据点。

（8）Stat

"Stat panel"显示一个大统计值和可选的图形迷你图，可以使用阈值控制背景或值颜色，如图9-20所示。可以使用"Text mode"来控制是否显示文本。

"Display options"中使用以下选项来优化可视化效果，详细参考表9-2中描述。

图 9-20 Stat panel 显示示例

- Show：选择可视化组件显示数据的方式。
- Calculate：显示基于所有行的计算值。
- Calculation：选择要应用的计算。

表 9-2 功能描述

功能	描述
All nulls	当所有的都是空时，为 true
All zeros	当所有值都是 0 时，为 true
Change count	字段值更改的次数
Count	字段中的 values（值）数量
Delta	value 的累积变化
Difference	字段的第一个和最后一个 value 之间的差异
Difference percent	字段的第一个和最后一个 value 之间的比例变化
Distinct count	字段中唯一值的数量
First（not null）	第一个非 null 的值
Max	字段的最大值
Mean	一个字段中所有值的平均值
Min	字段的最小值
Min（above zero）	最小的正数值
Range	字段的最大值和最小值之间的差异
Step	字段值之间的最小间隔
Total	一个字段中所有值的总和

（9）Piechart

Piechart 以饼图切片的形式显示来自一个或多个查询系列或系列中的值，如图9-21所示。

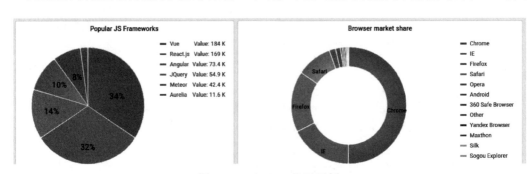

图 9-21 Piechart 显示示例

切片的弧长、面积和中心角都与切片值成正比，因为这涉及所有值的总和。当想以美观的形式快速比较一系列值时，可以使用这种类型的图表。"Value options"用于设置可视化中的数值具体参数，"Pie chart options"用于优化可视化效果。

（10）Table

Table 面板可视化非常灵活，支持时间序列表格、注释和原始 JSON 数据的多种模式。此面板还提供日期格式、值格式和着色选项，如图 9-22 所示。

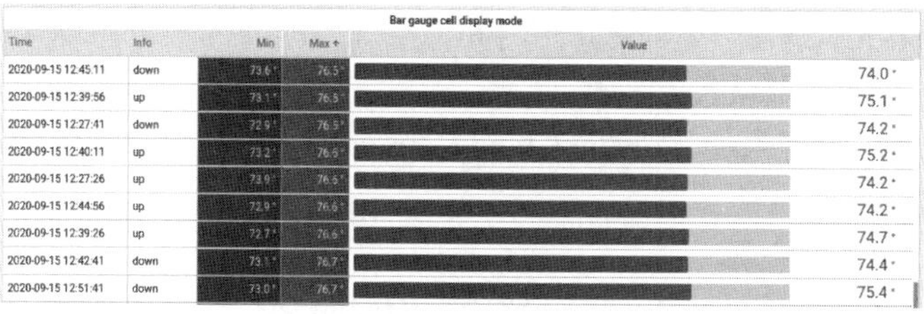

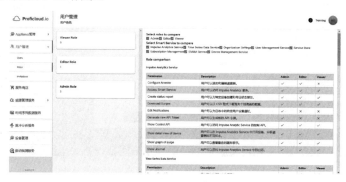

图 9-22　Table 显示示例

9.2.5　组织管理服务

PROFICLOUD 中的管理服务是以组织的概念为基础的，被邀请用户在同一个组织里。该服务主要目的是共享连接的设备和 Dashboard。在此处可以完成用户添加、编辑、权限设置、组群设置等功能，如图 9-23 所示。

图 9-23　管理服务

"Users"界面用于用户管理，可以指定用户为"Viewer""Editor""Admin"等角色。如果邀请的邮箱之前未在 PROFICLOUD 上注册过，那么需要先注册。如果已有账户，则邀请邮件将直接发给被邀请者的邮箱，被邀请的用户通过点击邮件中的加入组织按钮，在弹出的 PROFICLOUD 登录界面中输入用户名和密码即可完成邀请。邀请成功后，在邀请者的账号中，即可看到多出一个新的组织（被邀请者对应的组织）。此时，点击切换按钮即可切换至新的组织，在不同的组织中，用户将看到不同的设备和 Dashboard。

在"Roles"界面，用户将看到当前的组织中每个角色分配的人员数量，并且该界面对每个角色与服务权限的关系作了详细的说明。

9.3　PLCnext 控制器连接阿里云

9.3.1　阿里云物联网平台介绍

阿里云的物联网平台（Aliyun IoT）也称为阿里云 IoT，或简称阿里云，是阿里巴巴集团提供的一个全面的物联网服务平台。阿里云 IoT 提供全托管的企业级实例服务，具有低成本、高可靠、高性能、高安全的优势，无须自建物联网基础设施即可接入各种主流协议设备，管理运维亿级规模设备，存储备份和处理分析 EB 量级的设备数据，帮助企业快速实现设备数据和应用数据的融合，实现设备智能化升级。

9.3.2 PLCnext 控制器接入

本节以 PLCnext AXC F 2152 为例介绍将 PLCnext 控制器的数据推送至阿里云物联网平台的流程。

使用 PLCnext Store 提供的 Alibaba Cloud Connector 扩展 APP 来实现 PLCnext 控制器和阿里云平台的连接。

（1）阿里云物联网配置

第一步：注册一个阿里云账号，并能够访问物联网平台的公网实例。第二步：在阿里云"物联网平台"选择"边缘实例"来添加实例，并新建网关产品，如图 9-24、图 9-25 所示。新建并添加网关设备，如图 9-26 和图 9-27 所示。

图 9-24　新增实例

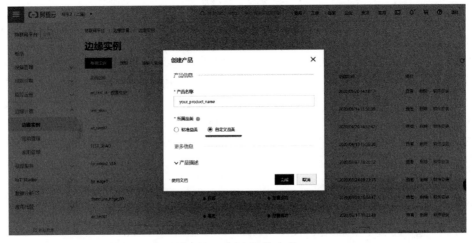

图 9-25　创建网关产品

图 9-26 新建网关设备

图 9-27 添加设备

选择产品规格，如图 9-28 所示。

图 9-28 选择产品规格为"标准版"

这样，云端的边缘实例已经创建完成，下面的步骤用于引导实际设备侧的配置。首先获取已经创建好的网关设备的三元组信息，如图 9-29 所示。然后继续创建和部署边缘实例设备驱动以及添加 MODBUS 子设备，具体步骤请参考阿里云的帮助文档。

图 9-29　设备的三元组信息

（2）PLCnext 配置与编程

第一步，PLCnext 上安装 Ali Link Edge App。首先通过 PLCnext WBM 下"PLCnext Apps"页面安装 linkedge.app，如图 9-30 所示。安装成功后启动此 APP，成功启动后图 9-30 所示页面的"App Status"显示为"RUN"，可以通过"STOP"按钮来关闭此 APP。

图 9-30　安装 APP

第二步，在 PLCnext 上配置 Ali IoT Link Edge App。Ali IoT Link Edge 成功安装在 PLCnext 上并运行后，可以提供边缘网关本地控制台进行相关配置，需要将从阿里云物联网平台中获得的三元组信息，通过本地控制台配置到 PLCnext 中。在浏览器打开边缘网关控制台，URL 为：http://{{ip}}：9998。其中"ip"为 PLCnext 控制器的 IP，初始用户名/密码为 admin/admin1234。之后将阿里云物联网平台上设备的三元组信息通过边缘网关控制台配置到 PLCnext 中，最后在阿里云物联网平台确认边缘实例是否上线，如图 9-31 和图 9-32 所示。

第三步，成功上线了边缘实例之后，需要将 PLCnext 作为 Ali IoT Link Edge 的子设备，并在 PLCnext Engineer 中建立 MODBUS TCP Server，使得 Ali IoT Link Edge 可通过 MODBUS 访问 PLCnext Runtime 中的数据。根据云端构建的模型，将设备数据写入指定的 MODBUS 寄存器，以使得 Ali IoT Link Edge 可通过 MODBUS 访问到正确的数据。

图 9-31　边缘网关控制台

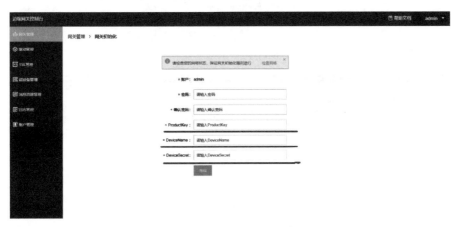

图 9-32　配置三元组信息

9.4　PLCnext 控制器连接 AWS

9.4.1　AWS 介绍

AWS 即亚马逊网络服务,是亚马逊公司提供的一套云计算服务和解决方案。AWS 从 2006 年开始运营,提供广泛的基础设施服务,如计算力、存储选项和网络功能,这些服务以按需付费的方式提供给个人、公司和政府。用户可以通过网络访问这些服务,从而搭建和管理应用程序和系统而无需物理硬件的投入和管理。AWS 以其可扩展性、灵活性和安全性被广泛使用,支持各种规模的企业扩展和增长其业务。通过 AWS,开发者和企业可以更容易地实现全球部署和管理技术基础设施。

9.4.2　PLCnext 控制器接入

以下示例将使用 PLCnext Store 提供的扩展 APP IIoT_Library 库。

第一步,注册并登录 AWS IoT,并创建安全策略和设备,在创建策略页面创建一个名为"mydevice_allow_extern1"的策略,路径为:AWS IoT＞Security＞Policies。在产品列表页面点击"Create single thing"按钮,创建一个名为"AWS_good"的设备,路径为AWS IOT＞Manage＞Things。在创建设备时需要选择要附加到证书的策略,此处选择之前创建的"mydevice_allow_extern1"策略,如图9-33和图9-34所示。

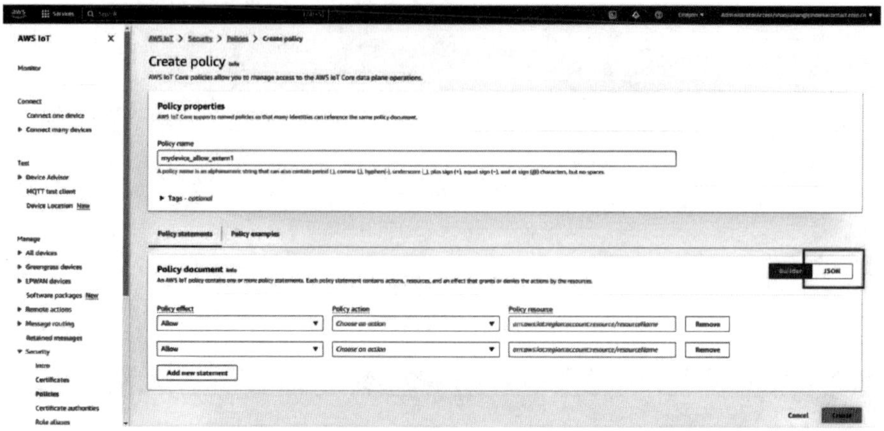

图9-33　创建策略

图9-34　选择策略

第二步,单击"Creat things"以生成证书和密钥,然后,将 AWS IoT 项目的设备证书、私有密钥和 CA 的证书下载到用户的本地计算机,并使用较短的名称对它们进行重命名,然后单击激活。

第三步,将第一步生成的证书通过 WinSCP 复制到 PLCnext 控制器的"/opt/plcnext/certs/"目录下,如图9-35所示。

图9-35　复制证书到 PLCnext 控制器

第四步,到官网下载最新的 IIoT_Library 库使用示例,找到 AWS 的使用示例,使用PLCnext Engineer 软件打开示例中的"IIOT_TEST_AWS_PUB_4.pcwex",找到"ca_path""cert_path"和"key_path"。设置这些变量的初始值如图9-36所示,将"host_name"替换为用户自己的 AWS 账户,如图9-37所示。

ca_path	STRING	本地	☐	STRING#'/opt/plcnext/certs/AmazonRootCA1.pem'
cert_path	STRING	本地	☐	STRING#'/opt/plcnext/certs/certificate.pem.crt'
key_path	STRING	本地	☐	STRING#'/opt/plcnext/certs/private.pem.key'

图 9-36 设置变量

host_name	STRING	本地	☐	STRING#'a1ln6wa5mlce3f-ats.iot.us-west-2.amazonaws.com'
device_id	STRING	本地	☐	STRING#'AWS_good'
ca_path	STRING	本地	☐	STRING#'/opt/plcnext/certs/AmazonRootCA1.pem'
cert_path	STRING	本地	☐	STRING#'/opt/plcnext/certs/certificate.pem.crt'
key_path	STRING	本地	☐	STRING#'/opt/plcnext/certs/private.pem.key'

图 9-37 设置账户

第五步，连接到 AWS 云。在 PLCnext Engineer 项目中按<F5>执行写入并启动项目，然后打开 FBD 代码工作表，找到功能块 IIoT_AwsCertificateInfo_1，将变量"config_en"设置为"TRUE"。变量"o_valid"变为"TRUE"，表示证书、密钥和 CA 有效，找到"MQTT_Client_1.Connect"方法。将变量"Run"设置为"TRUE"。当变量"Step"值为"Running 2"，则连接成功，如图 9-38、图 9-39 所示。

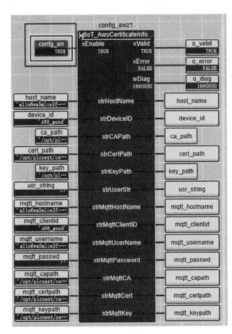

图 9-38 修改变量的值

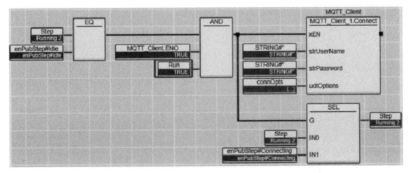

图 9-39 连接成功标识

第六步，使用 AWS 提供的 MQTT 通信测试工具，在 AWS IoT 中打开 MQTT 测试客户端，路径为 AWS IoT＞MQTT test client。将"TOPIC"值从项目复制到 AWS IoT，选择订阅。之后，用户将收到从 PLCnext 发送的消息。

第七步，如果要在 PLCnext 中实现订阅功能，可以打开 example 中的"IIOT_TEST_AWS_SUB_2.pcwex"项目。运行项目和建立连接的步骤是相同的。在 AWS IoT 的"MQTT test client"中选择"Publish to the topic"，并将 TOPIC 和属性值填入后点击发布。在 PLCnext Engineer 软件的监视窗口中，可以看到三个变量："msgTopic""msg"（包含接收到的数据）和"msgInfo"，如图 9-40。

Name	Value	Data type	Instance
abc msgTopic	'/plcnext_test_wr/sub'	MyString	demo-aws / PLC.demo_sub
[ ] msg	[...]	MyArray	demo-aws / PLC.demo_sub
▼ msgInfo	(...)	MQTT_UDT_ME...	demo-aws / PLC.demo_sub
udiLength	7	UDINT	demo-aws / PLC.demo_sub.msgInfo
diQos	0	DINT	demo-aws / PLC.demo_sub.msgInfo
xDuplicate	FALSE	BOOL	demo-aws / PLC.demo_sub.msgInfo
xRetained	FALSE	BOOL	demo-aws / PLC.demo_sub.msgInfo

图 9-40　PLCnext 变量

PLCnext

第 10 章
基于 PLCnext 的行业解决方案

随着全球对可持续发展和高效生产需求的日益增长，企业和社会正经历一场深刻的数字化转型。作为新时代自动化控制和数据管理的核心技术，PLCnext 不仅是一种先进的工业控制平台，更是将数字化理念转化为现实生产力的桥梁。本章通过多个实际案例，全面展示 PLCnext 如何在不同领域为用户赋能，实现技术与业务目标的深度融合。

在清洁能源领域，PLCnext 推动风电、光伏、水电和光热发电系统的智能化升级，从而助力绿色能源的开发和利用；在智能楼宇领域，PLCnext 通过灵活的自动化控制和实时数据分析，为楼宇系统带来更高的能效和更智能的调节能力；在基础设施领域，PLCnext 支持隧道智能应用和智慧管廊建设，推进交通与城市基础设施的数字化、网络化与智能化；在智能产线领域，PLCnext 以高度灵活的自动化和边缘计算技术，助力智能工厂实现生产全流程的优化，从生产设备的实时监控到生产节能减排，全面提升产线效率与可持续性。此外，在预测性维护应用中，PLCnext 利用人工智能和大数据技术，为工业设备提供精准的状态监测和故障预判，实现降本增效和风险最小化。

通过这些具体案例，读者可以深入了解 PLCnext 如何实现跨领域的多场景应用，以及其在引领数字化转型、推动可持续发展方面所发挥的重要作用。本章将探索这些案例背后的价值逻辑，为理解和应用 PLCnext 提供全新的视角。

10.1 PLCnext 在风电行业中的应用

10.1.1 智慧能源与风力发电行业简介

推进能源生产和消费革命，构建清洁低碳、安全高效的能源体系和以新能源为主体的新型电力体系，是实现我国"碳达峰、碳中和"战略目标的必由之路和促进绿色低碳发展的重要支撑。根据中国国家能源局的消息，截至 2023 年 12 月底，中国风电并网装机容量约 4.4 亿千瓦，全国累计发电装机容量约 29.2 亿千瓦，由此可计算出风电并网装机容量约占全国发电总装机容量的 15.1%。

在这样的行业趋势下，数字化与智能化的需求也在不断增加。PLCnext 控制器集传统 PLC 的可靠性和安全性与智能设备的开放性和灵活性于一身，可广泛应用在风电主控系统和叶片监测控制系统的智慧能源解决方案中。

10.1.2　基于 PLCnext 的风机叶片智慧综合监控解决方案

 PLCnext 风机片智慧综合监控解决方案

随着风力发电机单台功率的不断提高，风机叶片的外观尺寸也越来越大。已运行的风电叶片易出现表面撕裂、扭转、螺钉松动等现象，加之叶片的加工制造工艺、风场所处的自然环境、振动及应变力会对叶片造成重大影响。叶片表面出现的裂纹、扭转、螺钉松动将大大影响风力发电机组的运行效率，造成风机停转，严重时甚至造成叶片折断。并且，由于吊装地点的差异，风力发电机将承受完全不同的载荷。变化莫测的风速和天气条件也会对叶片带来不同的影响，而叶片作为风电机组的核心组成部分之一，其运行状态直接影响风电机组的运行效率、安全性以及稳定性。因此，对叶片的监测显得十分重要。

风机叶片智慧综合监控系统提供了这样一个平台，以便其对叶片进行监测和对负载进行优化控制，如图 10-1 所示。该系统测量由弯矩引起的沿摆振方向和挥舞方向的叶片根部应变。对于应变测量，使用风电行业专用的传感器，专为风机叶片和相应的恶劣环境条件而设计。

风机叶片智慧综合监控系统利用开放式 PLCnext 软硬件架构的优势，一方面确保数据一致性，另一方面确保数据安全性。因此，风机叶片智慧综合监控系统基于传感器测量基础值并将它们组合提供给边缘控制器，控制器通过算法模型得到融合的附加信息。最后，用户获得的信息不仅仅是测量的应变、振动数据，还包括其他例如弯矩、应力、扭矩等数据。

风力载荷过大会造成叶片结构损坏，通过应力监测传感器监测叶片载荷和振动情况，可在早期监测叶片的损坏情况，

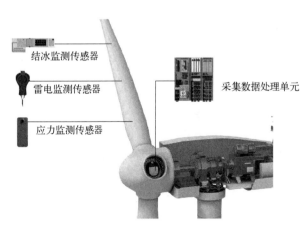

图 10-1　风机叶片智慧综合监控系统

优化风电机组的操作和维护。

结冰监测传感器可便携地安装在叶片表面，直接测量结冰厚度和表面温度等参数，通过无线方式传输给系统控制器，避免因叶片结冰而对附近的人员和机组自身造成危害。

雷电监测传感器可通过实时测量和远程监控，快速采集雷击时的详细数据，通过光纤将数据传输至控制器，为客户提供详细的诊断信息，有助于评估损失、优化维修周期。

基于 PLCnext 控制平台的风机叶片智慧综合监控系统的数据可以储存在控制器和服务器中，也可通过 SCADA 系统显示，通过以太网协议接口与系统进行通信，实现数据的传输，数据点示意图如图 10-2 所示。

第 10 章 基于 PLCnext 的行业解决方案

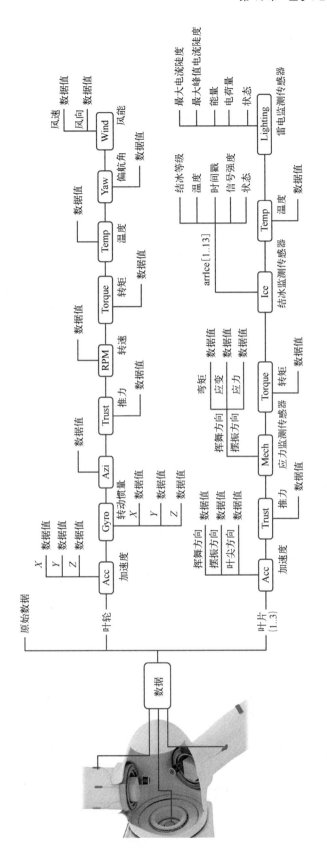

图 10-2 智慧叶片监测数据点示意图

通过 Web 界面，用户可以进行本地测试与监控，如图 10-3 所示。用户仅需要在界面上进行简单操作即可完成既定的目标，方便地进行参数设置、设备配置、监控、传感器校正、系统诊断、事件记录等工作。

图 10-3　智慧叶片监测 Web 界面示意图

10.1.3　通过叶片监测系统实现数据查询

国内某风电现场项目应用风机叶片智慧综合监控系统，集成了雷电监测和应力监测两个子单元，采用雷电流测量系统 LM-S-A/C-3S-ETH 采集并记录雷电数据，如最大电流陡度、电荷量等，同时采集叶片的应力数据，如挥舞和摆振方向的应力、弯矩和应变等数据，实现风机叶片的监测功能。通过 PLCnext 控制器内置的 SQLite 和 InfluxDB 数据库，直接将采集到的应力数据存储到 PLCnext 控制器中，用户可以直接在控制器的内存里查看并下载数据源文件分析使用，如图 10-4 所示。

图 10-4　叶片监测系统拓扑图

利用 PLCnext 的 Web Server 功能，在服务器上输入对应的 IP 地址即可进入到指定控制器的调试和查询界面。如图 10-5 所示，在 Web 界面可方便地对系统参数进行设置，同时查询叶片的相关历史数据，实现单台风机叶片的监测控制功能。

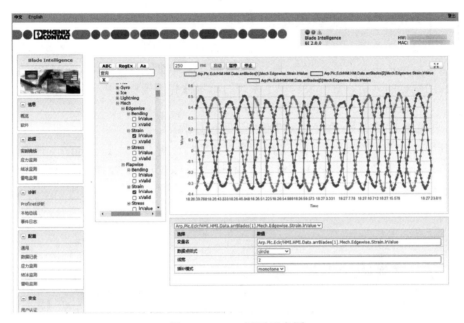

图 10-5　Web 界面示意图

除单个控制器的 Web 界面外，还可以通过 SCADA 系统对叶片数据进行查看分析，SCADA 系统集成了风场中所有叶片监测系统的数据查询、分析功能，可以在中控室的服务器上实现风机叶片的集群控制查询功能。

通过 PROFICLOUD 技术，可以将数据上送至云端，帮助运维人员进行远程数据监控和分析及全流程的智能监测预警，提高生产效率；可以在云端对应变数据的趋势、机组状态、实时运行数据和状态进行监视，如图 10-6 所示。

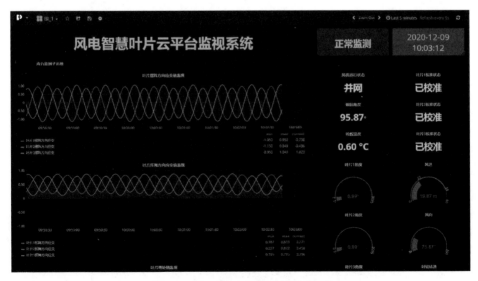

图 10-6　PROFICLOUD 平台界面

除 PLCnext 集成的 PROFICLOUD 云技术外，利用 PLCnext 控制器支持高级语言开发的功能，根据用户的实际需求，完成基于 IoT 技术的私有云或公有云平台的搭建，可以兼容 Windows 系统、Linux 系统和移动端，实现数据的查询管理功能。

10.1.4 通过叶片监测系统实现数据分析

基于 PLCnext 平台的智慧叶片监测系统，可以对风机叶片进行实时、准确的应力监测，为风力发电机组创造更安全的运行条件，同时支持开源算法的集成和自定义 APP 的开发。通过对实际应用数据的分析，进一步验证了系统的稳定性和准确性，更好地实现了风机叶片的智能监控，为风机的智能化和数字化提供解决方案。

（1）风机叶片的桨距角变化对叶片应变的影响

采用其中一支叶片的数据为例，进行相关专业数据分析。叶片 1（blade1）挥舞方向应变值（flapwise strain，单位 mm/m）和叶片 1 桨距角［pitch angle 1，单位（°）］数据曲线如图 10-7 和图 10-8 所示。

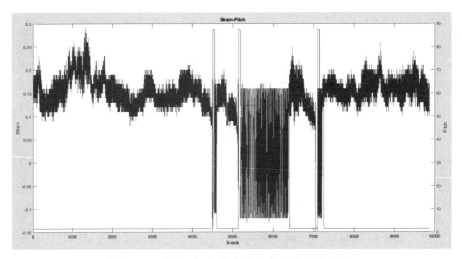

图 10-7　叶片 1 挥舞方向应变值和桨距角数据

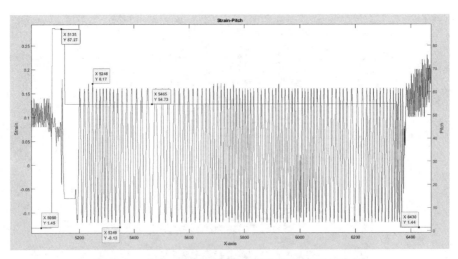

图 10-8　叶片 1 挥舞方向应变值和桨距角局部数据

（2）风速变化对叶片应变的影响

叶片 1 挥舞方向应变值和风速（wind speed，单位 m/s）数据曲线如图 10-9 所示。

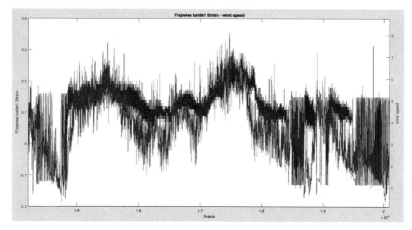

图 10-9　叶片 1 挥舞方向应变值和风速数据

开始状态风机应处于待机状态，此时摆振方向的应变受叶片自身重力和风速同时影响，很明显叶片自身重力远大于风速影响。随后，随着风速的增大，叶片继续开桨至全开位置，此时摆振方向的应变仅受叶片重力影响。

通过 PLCnext 控制器可以对风机叶片的应力、振动以及运行环境数据的实时采集，并进行多形式的数据呈现，如基于 Web Server 的网页端显示、基于 IoT 的远程访问等，最终提供有效的数据分析，大幅减少维护维修时的停机时间，有效提升了风力发电机的运行效率。

10.2　PLCnext 在隧道行业中的应用

10.2.1　公路隧道行业简介

从 20 世纪 90 年代起，我国的高速公路建设开始了大规模的建设和发展。2010 年以来，我国平均每年新增超过 10 万公里，长年在通车里程上位居世界第一。

如图 10-10 所示，截至 2021 年底，我国公路总里程 528.07 万公里，其中高速公路里程 16.9 万公里。高速公路配套的监控和信息系统也历经了从标准化、系统化、信息化到数字化的发展，并正在构建下一代智慧化高速公路体系。作为高速公路中的一个特殊地形段，高速公路隧道对于现场感知和行车安全至关重要。

PLCnext 在基础设施领域主要应用于隧道监控与智能照明系统。基于最新的 PLCnext Technology 平台的隧道监控方案，融合了 IoT 技术，同时也具备传统的控制器功能。安全性、感知性、维护性及容错性是未来隧道监控解决方案的重要趋势。PLCnext 控制器集诊断功能于一体，提供了很好的维护性；IEC 62443 认证及 VPN、防火墙功能提供了优秀的安全防护；PLCnext 边缘控制器集成的 RSC 任务结合隧道专用软件库，能够迅速感知隧道其他控制器的运行状态，上报至集控系统并同时协调其他控制器接管相应的远程站。PLCnext 平台的开放性，能够实现一机多用，执行隧道监控的同时，也可以集成机器学习等算法，实现隧道风机的预测性维护的功能。

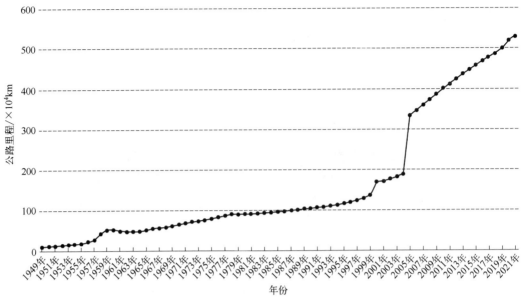

图 10-10　1949—2021 年我国公路总里程变化情况

10.2.2　基于 PLCnext 的隧道监控解决方案

隧道监控系统是整个高速公路信息系统中非常重要的一部分，涉及电气、控制、网络和消防等多个方面。隧道自动化运行所涉及的系统包括隧道机电系统，监控、通信、收费系统以及车路协同、基础信息化等，其分类如图 10-11 所示。

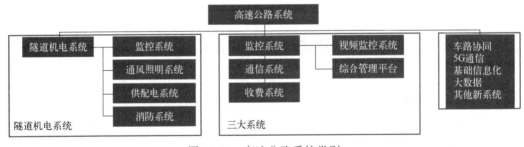

图 10-11　高速公路系统类别

隧道监控系统主要的监控对象包括车辆检测器、通风排烟设施、交通信号灯、车道指示器、照明设备、亮度检测设备、气体检测设备、可变情报板、风向风速仪、可变限速标志、横道门控制等，隧道监控场景及主要设备如图 10-12 所示。

传统的隧道硬件架构通常使用"冗余+环网"模式，即冗余控制器与以太网光纤环网相结合的模式实现设备控制，从而最大限度地满足整个系统稳定性要求。"冗余+环网"如图 10-13 所示，在隧道外变电所使用两套控制器组成双机热备系统，而在隧道内则使用单套控制器分管各个子区域的设备，所有控制器通过工业以太网交换机并入环网，实现"冗余+环网"的设计。

PLCnext 在隧道监控与照明系统中的应用

第 10 章 基于 PLCnext 的行业解决方案

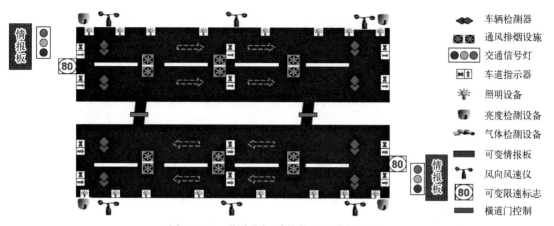

图 10-12 隧道监控系统的主要监控对象

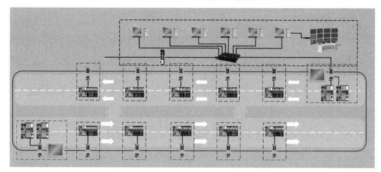

图 10-13 传统的隧道监控解决方案拓扑结构

现在隧道监控系统已从早期的总线控制发展到实时以太网控制。随着网络、无线、计算机等技术的发展，融合自动化、信息化和数字化为一体的智能隧道是未来的发展趋势。在这样背景下，菲尼克斯电气通过多年的行业经验提出了新的监控系统架构，如图 10-14 所示。

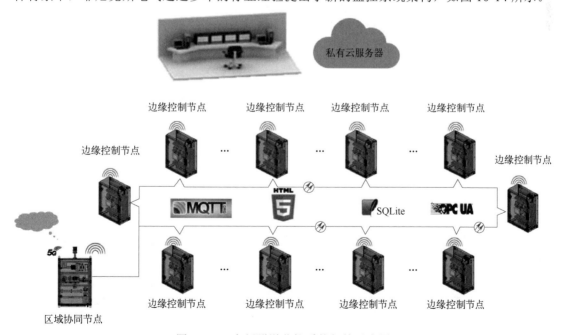

图 10-14 全新隧道监控系统架构示意图

该架构以 PLCnext 为核心,将 ACU（area control unit,区域控制单元）打造为边缘控制节点,并增加了区域协同节点。边缘控制节点主要实现各个区域的控制功能,并同时拥有以下特性:

- 程序快速备份与部署（APP 部署）；
- 行为与事件记录；
- 对象模型建立；
- 数据收集与运算。

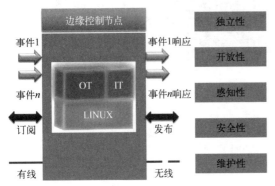

边缘协同节点收集边缘控制节点的数据与事件,并汇总存储至数据库,也支持上报至其他更上层系统,主要实现以下功能:

- 边缘控制节点的管理；
- 网络状态监控；
- 数据存储与上报。

基于 PLCnext 的隧道监控系统融合了控制、计算和存储的应用,实现了系统的感知性、开放性、维护性、安全性等特性,能更好地符合现代化智慧隧道对于监控系统的要求。如图 10-15 所示。

图 10-15 PLCnext 隧道监控方案特点

10.2.3 基于 PLCnext 的隧道智能照明方案

隧道属于半封闭的空间,自然光无法照射进整个隧道,因此白天也需要人工照明。与道路照明相比,隧道照明在安全性、舒适性上要求更高。照明是隧道主要的电能消耗方式,确保安全舒适并降低能耗,从而降低碳排放,是智慧隧道建设过程中越来越重要的一项内容。菲尼克斯电气基于提供的 PLCnext 平台的隧道智能照明解决方案很好地符合这些要求。

隧道照明灯光调节的首要目的是消除"白光"（出隧道时）和"黑洞"（入隧道时）效应,即隧道照明的首要目的是保证安全性,其次是舒适性,最后才是节能性。为了保证驾驶员在隧道中的行车安全,应保证隧道洞内的照度调节符合图 10-16 所示曲线。

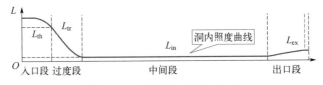

图 10-16 隧道照明调节曲线

图 10-16 中曲线表示洞内的照度曲线,在洞内不同的分段,照度应符合驾驶员的视觉感受,从而达到安全、舒适的行车目的。

为了兼顾安全、舒适、节能的要求,隧道智能照明方案按一定流程架构设计了隧道智能照明系统,如图 10-17 所示。

智能照明系统有以下几种工作模式:

- 智能模式：根据洞外 L20（洞外接近洞口的某点距地面 1.5m 高,且正对洞口 20°视角测得的洞外平均亮度）值和 L20 阈值表以及实时的车流动态调节洞内亮度,以符合所需的照度曲线。

❑ 时控模式：根据当地的经纬度，自动计算时间并生成时控表，根据时控表调节洞内照度。时控表可以自动生成，也可以人为设置。自动生成时控表依据如图10-18所示。

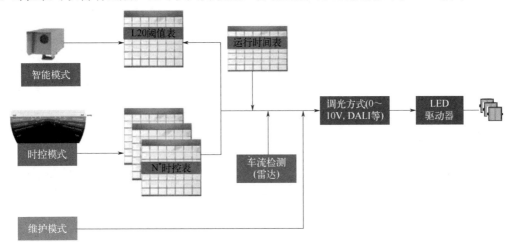

图 10-17　隧道智能照明系统运行流程

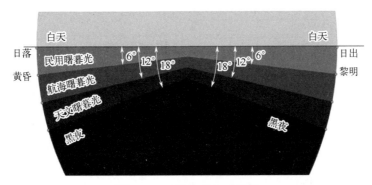

图 10-18　时控表生成规律

❑ 维护模式：即检修模式，灯光亮度根据用户设置自动反复调节以检查灯具工作状态，同时也报告整个系统的其他状态，如通信状态，传感器状态等。

❑ 手动模式：由用户自由控制灯具的亮度，程序不干扰系统的运行。

隧道智能照明解决方案正是利用PLCnext的高级特性，将算法和控制分割开来，算法部分采用高级语言编写，控制部分采用PLC语言编程，这样不但满足算法的简洁性，同时也保证了系统的实时性。Python高级语言部分代码示例如图10-19。

PLCnext隧道智能照明解决方案提供标准化的软件程序架构以及功能库，分为基础功能库、照明专用功能库和高级功能库，如日暮时钟功能，如图10-20。

隧道智能照明能够提供一个安全、舒适、节能的隧道通过环境。经济型的短隧道提供开关控制的BTS（basic tunnel solution，基础隧道解决方案），满足隧道照明的同时带来一定的经济效益；基于无极调光的TLA（tunnel lighting advance，隧道照明增强）解决方案，提供0～10V调光、DALI调光、电力载波调光或单灯控制器调光等手段；在长或超长隧道照明系统中还提供TCS（tunnel control system，隧道控制系统），调度整个隧道的调光策略。PLCnext控制器支持多种通信协议，能够轻松地集成各种传感器，同时独有的APP部署程序方式能够轻松地部署整套系统。

```
while True:
    with Device('127.0.0.1', secureInfoSupplier=GUISupplierExample) as device:
        data_access_service = IDataAccessService(device)
        v = data_access_service.ReadSingle("Arp.Plc.Eclr/Py_xCalculate").Value.GetValue()
        xToggle = not xToggle
        data_access_service.WriteSingle(WriteItem("Arp.Plc.Eclr/Py_xConnected", RscVariant.of(xToggle)))
        if v:
            data_access_service.WriteSingle(WriteItem("Arp.Plc.Eclr/Py_xDone", RscVariant.of(False)))
            data_access_service.WriteSingle(WriteItem("Arp.Plc.Eclr/Py_xCalculate", RscVariant.of(False)))
            try:
                iyear = data_access_service.ReadSingle("Arp.Plc.Eclr/Py_iYear").Value.GetValue()
                imonth = data_access_service.ReadSingle("Arp.Plc.Eclr/Py_iMonth").Value.GetValue()
                iDay = data_access_service.ReadSingle("Arp.Plc.Eclr/Py_iDay").Value.GetValue()
                rlongitude = data_access_service.ReadSingle("Arp.Plc.Eclr/Py_rlongitude").Value.GetValue()
                rlatitude = data_access_service.ReadSingle("Arp.Plc.Eclr/Py_rlatitude").Value.GetValue()
                city = LocationInfo(region='China', timezone='Asia/Harbin', latitude=rlatitude, longitude=rlongitude)
                s = sun(city.observer, date=datetime.date(iyear, imonth, iDay), tzinfo=city.timezone)
                strDawn    = str(s['dawn'].hour)    + ':' + str(s['dawn'].minute)
                strSunrise = str(s['sunrise'].hour) + ':' + str(s['sunrise'].minute)
                strNoon    = str(s['noon'].hour)    + ':' + str(s['noon'].minute)
                strSunset  = str(s['sunset'].hour)  + ':' + str(s['sunset'].minute)
                strDusk    = str(s['dusk'].hour)    + ':' + str(s['dusk'].minute)
                data_access_service.WriteSingle(WriteItem("Arp.Plc.Eclr/Py_strDawn", RscVariant.of(strDawn)))
                data_access_service.WriteSingle(WriteItem("Arp.Plc.Eclr/Py_strSunrise", RscVariant.of(strSunrise)))
                data_access_service.WriteSingle(WriteItem("Arp.Plc.Eclr/Py_strNoon", RscVariant.of(strNoon)))
                data_access_service.WriteSingle(WriteItem("Arp.Plc.Eclr/Py_strSunset", RscVariant.of(strSunset)))
                data_access_service.WriteSingle(WriteItem("Arp.Plc.Eclr/Py_strDusk", RscVariant.of(strDusk)))
                data_access_service.WriteSingle(WriteItem("Arp.Plc.Eclr/Py_xDone", RscVariant.of(True)))
                #data_access_service.WriteSingle(WriteItem("Arp.Plc.Eclr/Py_xCalculate", RscVariant.of(False)))
            except:
                time.sleep(1)
                data_access_service.WriteSingle(WriteItem("Arp.Plc.Eclr/Py_xDone", RscVariant.of(False)))
        else:time.sleep(1)
```

图 10-19 使用 Python 编程的部分代码

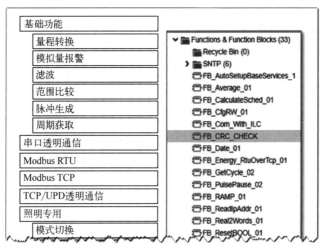

图 10-20 PLCnext 标准功能库（部分）

10.3 PLCnext 在楼宇智能化行业中的应用

10.3.1 智能楼宇控制系统介绍

智能楼宇控制系统是一种利用先进技术和智能化设备来管理和控制建筑内部各种设施和系统的系统。其关键目标是提高建筑的能效、舒适性和安全性，同时降低能源消耗和运营成本。

如图 10-21，智能楼宇控制系统主要包含：

❑ 暖通空调 HVAC（供热通风与空气调节）系统；
❑ 智能照明及遮阳系统；
❑ 能源管理系统；
❑ 水系统；

❏ 辅助系统（安防、光伏、汽车充电站）。

它通过集成各种传感器、执行器、控制器和软件系统，实现对建筑内部环境和设备的实时监测、分析和控制。这使得建筑能够根据实际需求自动调整能源使用和设备运行状态，从而实现更加高效和智能的运行模式。智能楼宇控制系统的关键功能包括：

（1）能源管理

通过监测和控制建筑内部能源消耗，优化能源利用，降低能源成本，减少对环境的影响。

（2）照明控制

根据建筑内部的光照情况和使用需求，自动调整照明系统的亮度和模式，提高能效和舒适性。

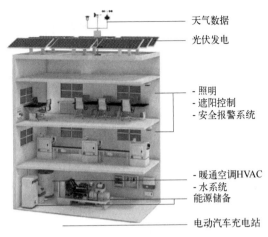

图 10-21　智能楼宇控制系统组成

（3）空调和暖通系统控制

实时监测室内温度、湿度等参数，自动调整空调和暖通系统的运行，提供舒适的室内环境。

（4）安全系统集成

集成安防监控、入侵检测、火灾报警等安全系统，确保建筑内部的安全和保护。

（5）远程监控和管理

通过网络连接，实现对建筑系统的远程监控、操作和管理，方便管理员进行实时响应和调整。

智能楼宇控制系统的应用范围广泛，包括商业办公楼、医疗机构、酒店、学校等各种类型的建筑。它不仅提升了建筑的运行效率和舒适性，还为用户提供了更加便捷和智能的使用体验。

智能楼宇解决方案提供了配套的楼宇工艺库、程序及用户界面模板，能满足常用控制场景的工艺逻辑控制，依托 PLCnext 平台灵活的配置与强大的拓展性，实现用户定制化设计的冗余控制、算法控制、项目管理需求。区别于传统 DDC（直接数字控制）方案的简单控制功能，PLCnext 楼宇解决方案打通了 IT 和 OT 的路径，通过数字化、网络化的方式对建筑物各项基础设施、设备进行集中控制和管理，消除设备侧和最终用户间的壁垒。

10.3.2　基于 PLCnext 的暖通空调标准化控制方案

在楼宇控制的暖通空调 HVAC 系统中，主要控制的对象为：风门、热轮机、风扇、泵、阀门、加湿器等。如图 10-22 为基于行业积累的楼宇控制工艺库。

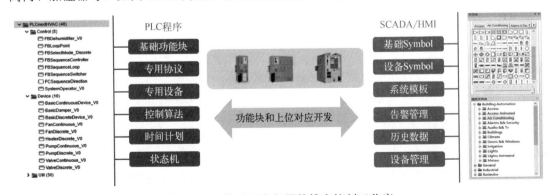

图 10-22　基于行业积累的楼宇控制工艺库

基于 PLCnext Engineer 软件平台，解决方案开发了常用的楼宇控制设备工艺功能块库文件及其他必备功能组件，如通信驱动、告警、HMI、历史数据、时间计划等，设备控制逻辑、标准 OPC UA 节点为用户提供更可靠的控制逻辑和更有价值的数据传输，如图 10-23 所示。

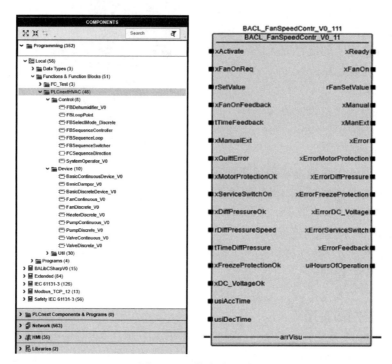

图 10-23　楼宇应用库

通过 PLCnext 封装可以满足以下功能：
- 整体控制逻辑实现；
- 控制算法实现；
- 设备工艺和状态机实现；
- 传感器数据处理；
- 用于暖通空调部分用户程序开发；
- 图形化调用；
- 配套的程序模板和帮助手册参考。

根据完善的楼宇控制功能块库以及通用的控制逻辑，在 PLCnext Engineer 下还提供了标准的 AHU（空气处理机组）程序模板，包括 OPC 节点程序以及扩展 Alarm（告警）节点功能，如图 10-24。

时间计划在楼宇控制系统中是不可或缺的一环，对于空调、照明等具有明显运行时间因素的控制设备实现分段分类控制或节假日特殊工况设置，可以便于用能设备的智能化管理。智能楼宇解决方案中提供常见的两种时间计划，如图 10-25 所示。

- 周计划：以周为单位，通过每天的启停时间来定义重复事件；
- 日历计划：提供特定日期（如节假日、特殊排产计划）的事件定义，并在周计划中引用。

通过链接不同的时间计划可实现设备的单控、群控等操作模式的切换，从而完成生产排产计划的灵活调整。

第 10 章 基于 PLCnext 的行业解决方案

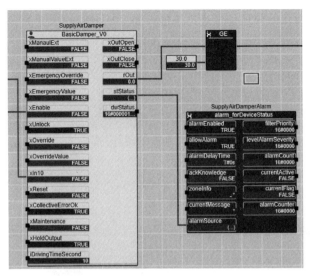

图 10-24 楼宇应用标准程序模板

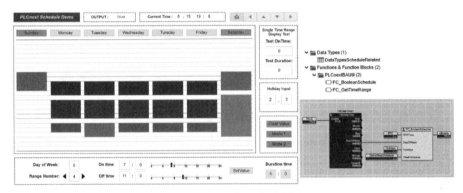

图 10-25 双向同步计划表

除了 PLCnext 的 eHMI 上位画面，解决方案结合多平台还扩展了更多可视化系统，例如 VISU+、IoT 云平台等多样化的上位界面展示方式，同时支持 PROFICLOUD 数据上云，支持符合 HTML5 的 HMI 及 SCADA 系统，界面符合信息安全要求（TLS 1.2），以应对不同工程需求，如图 10-26 所示。

■ VISU+界面

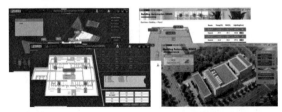

■ eHMI界面

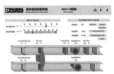

■ IoT平台

■ PROFICLOUD上云

图 10-26 上位界面开发

303

同时，标准化可视化系统还提供运维管理界面，支持 BMS 侧在线查看现场侧 PLC 程序、设备配置管理与设备批量操作，如图 10-27。UI（用户界面）中集成了历史设备连接记录、Station 基本信息展示、BMS-现场侧 PLC 程序文件对比、指定文件导入导出功能，如图 10-28。

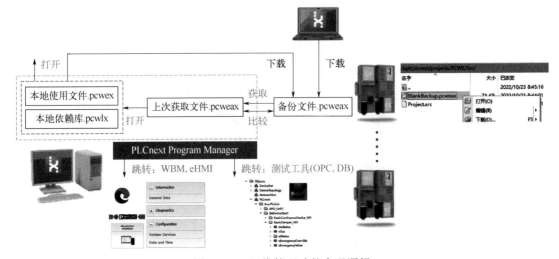

图 10-27　运维管理功能实现逻辑

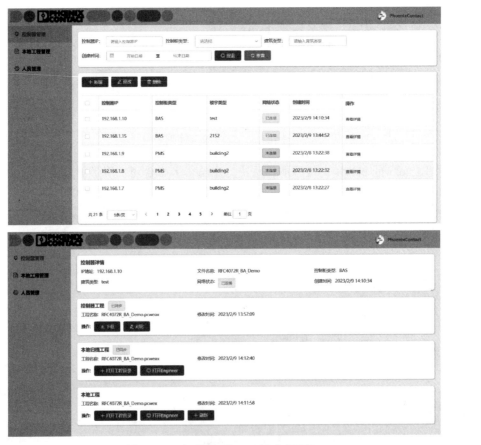

图 10-28　运维管理 UI（用户界面）

依靠上述的各种功能，PLCnext 智能楼宇控制解决方案为多个商业楼宇提供稳定的整体控制系统，为生物制药行业楼宇系统提供精准的温湿度环境，也助力智能工厂实现空调机组优化控制、节能减排等可持续发展战略。

10.3.3　基于 PLCnext 的智能照明解决方案

智能楼宇控制系统中另一个重要的部分——智能照明系统作为基于先进技术和智能化系统的照明解决方案，旨在提高照明系统的效率、舒适性和智能化程度。智能照明系统通常包括灯具、传感器、控制器和软件等组件，通过智能化的控制和管理，实现灯光的精确调节、定时控制、自动化运行和远程监控等功能。

智能照明系统解决方案是基于 PLCnext 平台、结合开放式通信协议 DALI 开发，为用户提供更加智能、舒适和节能的照明系统，同时也为建筑管理者提供更加便捷和高效的照明管理工具。

DALI（digital addressable lighting interface，数字可寻址照明接口）协议是一种用于控制照明系统的开放式通信协议，它允许数字化调光和控制照明设备。DALI 协议是为照明控制而设计的，可用于灯光调光、开/关和监控等功能。DALI 协议允许多个照明设备在同一总线上进行通信，从而实现集中控制和管理。DALI 协议的主要特点和优势包括：

❑ 数字化控制：DALI 协议使用数字信号进行通信和控制，可以实现精确的调光和灯光控制。
❑ 地址寻址：每个 DALI 设备都有唯一的地址，使得可以对每个照明设备进行个别控制和管理。
❑ 灵活性：DALI 协议可以适用于各种类型的照明设备，包括灯具、调光器、传感器等。
❑ 开放性：DALI 是一个开放式标准，允许不同厂家的设备进行兼容和互操作。
❑ 可编程性：DALI 协议还支持灯光场景的预设和调用，因此用户可以根据不同的需求设置不同的灯光场景。

DALI 协议已经被广泛应用于商业和工业建筑的照明系统中，它为用户提供了更加灵活、智能和节能的照明控制解决方案。同时，DALI 也为建筑管理者和设备制造商提供了标准化的通信接口，促进了不同设备之间的互操作性和集成性，如图 10-29。

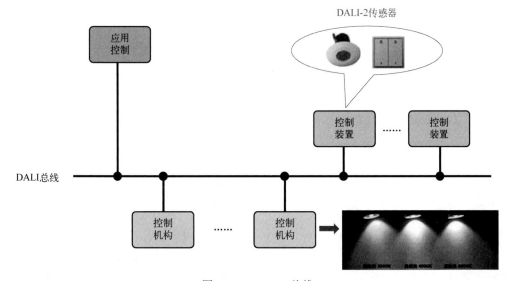

图 10-29　DALI 总线

DALI-2 是 DALI 协议标准 IEC 62386 的第二个大版本，DALI-2 是在 DALI 基础上的升级，DALI-2 涵盖了更广泛的功能，不仅能支持 DT8 色温类型灯具，还能扩展到照明控制系统中的输入设备（如传感器），并且新版本协议非常注重各产品间的互操作性实现，具有向下兼容功能。基于 PLCnext 的 DALI-2 智能照明解决方案（图 10-30）就是以上升级特性的成功应用，主要场景为工厂厂区内照明系统、办公照明系统、户外照明系统或景观照明系统等。

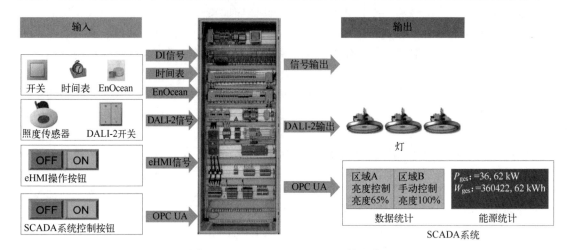

图 10-30　PLCnext DALI-2 硬件方案

基于 PLCnext 的 DALI-2 智能照明解决方案是完全遵循多个国标规范内容进行的开发与设计，如 GB/T 51268—2017《绿色照明检测及评价标准》，GB/T 50034—2024《建筑照明设计标准》。其优势如图 10-31 所示。

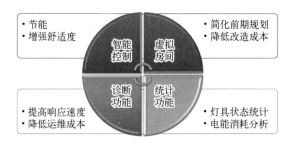

图 10-31　PLCnext 智能照明方案优势

❏ 智能控制：在一些公共区域，比如会议室、卫生间等公共区域，通过人感系统或者时间表等一些控制策略来控制开关灯，或通过恒照度控制，可以充分利用自然光达到节能的目的，实现照度、色温的不同场景模式切换，增加人的舒适感，如图 10-32。

❏ 虚拟房间：所谓虚拟房间是指需要统一控制的一部分区域，它突破了传统回路设计的理念，无须提前规划。在后期布局有变动的情况下，只通过软件的重新划分就可实现调整，无须做任何硬件上的修改。限电的情况下，车间可以调整为第一排奇数灯亮、第二排偶数灯亮，达到照度均匀，如图 10-33。

虚拟房间可以配置不同的控制策略，如开关控制、人感控制、时间控制、恒照度控制等，对灯具也不再是简单的开关操作，可以设置不同的应用场景模式，如会议模式、演讲模式等，来达到对亮度、色温等的要求。多功能的软件配置也可大大节约硬件上的成本，如一键多功能配置，如图 10-34。

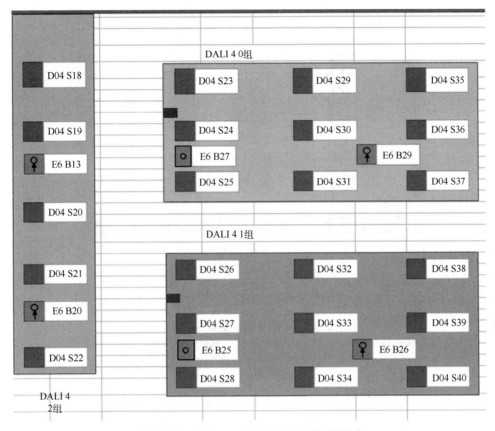

图 10-32　PLCnext 照明系统分组控制策略

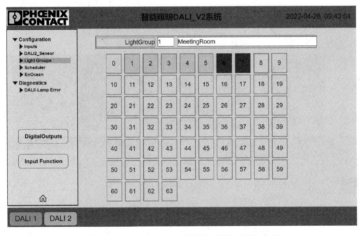

图 10-33　PLCnext 照明系统虚拟房间

❑ 诊断与统计：通过报警信息可以定位到故障点，并且能诊断出故障类型，判断是驱动器故障还是灯管故障；进行灯具使用时长的统计，制定出相应的维护计划，给出维护提示，优化控制策略，如图 10-35。

根据不同的应用场景，I/O 模块的配置也是不同的。在 PLCnext Engineer 中通过功能块可以实现总线 I/O 自动读取与自动配置的功能，系统上电即可完成本地总线自动组态与过程数据自动分配，如图 10-36。

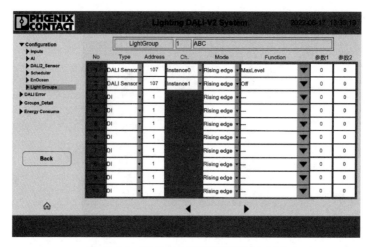

图 10-34　PLCnext 照明系统控制功能

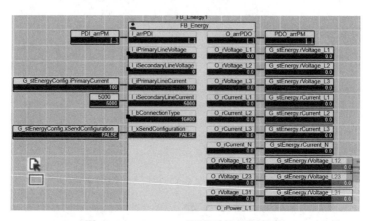

图 10-35　PLCnext 照明系统能源统计

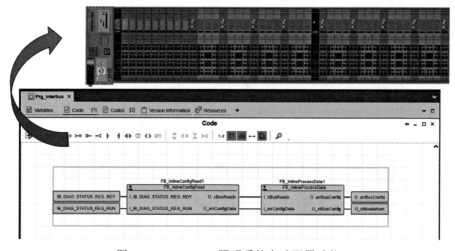

图 10-36　PLCnext 照明系统自动配置功能

在 PLCnext Engineer 中，所有 eHMI 画面模板和操作页面都已进行了设计，功能块库及程序框架也已通过标准化设计，如图 10-37，最终封装成 APP 提供给用户下载安装与应用，如图 10-38。

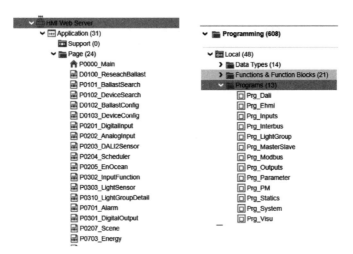

图 10-37　PLCnext 照明解决方案标准程序架构

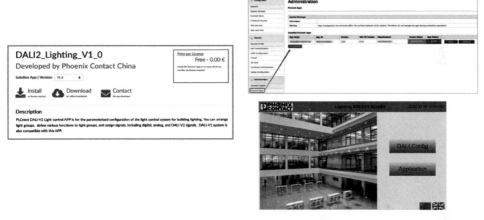

图 10-38　PLCnext 照明解决方案 APP 发布

　　基于 PLCnext 的 DALI-2 智能照明解决方案，搭载不同的控制策略可以实现智能化控制。标准化软件可自动适配硬件组态，无须二次编程，软件以 APP 的形式发布，通过浏览器安装，无需额外的专用工具，在终端用户操作 eHMI 界面上即可以进行配置调试。该解决方案在多个行业场景中都有成熟的应用。

10.4　PLCnext 在汽车行业中的应用

10.4.1　汽车制造行业简介

　　汽车是一种集成性很强的产品，由上万个零部件组成。其工艺制造水平直接影响品质与可靠性。汽车制造业拥有大型工业生产特征和较为完整的生产体系，当下主流汽车企业也具备顶尖的制造工艺和极高的生产水平。汽车制造产业已逐渐向智能化大型工厂方向发展。

　　在汽车生产过程中广泛应用数字化设计、虚拟制造、机器人、自动化生产线、智能仓储与物流等智能制造技术，提高生产效率、产品质量和企业的竞争力，实现汽车制造的智能化、柔性化、定制化与标准化。

10.4.2 基于 PLCnext 的 PHCAR 电气标准

PLCnext 在汽车行业中的应用

(1) 车身工艺 PHCAR 电气标准概述

该电气标准解决方案是基于 PROFINET 总线协议的控制系统平台,为汽车生产线节省了调试及交付时间,同时提升了运维效率。从硬件架构和软件设计两方面实现电气标准化。在硬件架构方面,标准化定义了网络架构(星型连接或 MRP 环网冗余)与电气部件的统一性,同时也根据响应时间或网络负载等因素明确了设备的数量以及网络连接的层级要求;在软件设计方面,通过 PLCnext Engineer 的工艺功能块库、上位画面 eHMI 元素库及模板、程序的模板等 PLC 软件系统的标准化开发,为项目调试及设备运维提高效率。其架构如图 10-39 所示。

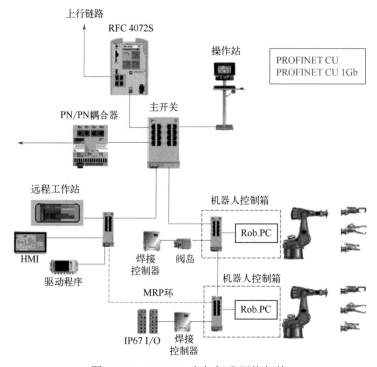

图 10-39 PHCAR 电气标准网络架构

图 10-40 PHCAR 电气标准程序架构

该标准程序的主体框架清晰明了,程序分标准程序模板和用户程序模板。在标准程序模板部分,根据实际项目应用信息进行更改即可;在用户程序模板部分,根据实际应用功能进行逻辑程序编写,大大简化了工程师的编程内容,提升工作效率,如图 10-40。

标准 eHMI 界面全自动生成,所有图形文件均预制在 HMI 图形库中,HMI 生成器将通过对项目程序分析进行 HMI 页面自动生成,与传统的 HMI 通过绘制图形方法不同，基于 PLCnext 平台的 HMI 自动生成功能，无须手动画图与变量连接的工作即可生成所有 HMI 页面，如图 10-41。

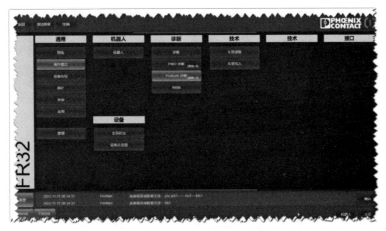

图 10-41　PHCAR 电气标准可视化界面

（2）标准软件架构及功能库

该解决方案首先从 PLCnext 程序结构方面做了标准化框架模板。程序框架包括通用程序部分和工位控制程序。

在 PLCnext 程序部分通过不同的文件夹区分不同的程序功能。程序中所包含的功能都是通过通用功能块库一一实现的，其中包括机器人功能块、阀控制功能块，操作、诊断、统计功能块等。所有功能块的编程都是基于 IEC 61131-3 的 ST 语句封装的，如图 10-42。

```
(*Initial State Position 初始状态位*)
M_110010.K10 := 110010MZ11.KFER AND 110010MZ12.KFER AND 110010MA1.BGTR;
(*All Cylinders clamped Working Position 设备工作位*)
M_110010.KSP := 110010MZ11.KFEF AND 110010MZ12.KFEF AND 110010MA1.BGTF;


(*==============================================================================*)
(* Finishing Alarm *)
(*==============================================================================*)
(*Finishing Alarm1 完成信号1，工件上件完成*)
IF M_110010.KT11 and M_110010.KT12 THEN
    M_110010.FM1 := TRUE;
END_IF
(*Finishing Alarm2 完成信号2，110010R01焊接完成*)
IF M_110010.FM1 AND 110010R01.FM1 AND (110010R01.PGNORcv = 1) THEN
    M_110010.FM2 := TRUE;
END_IF
(*Finishing Alarm3 完成信号3，110010R02焊接完成*)
IF M_110010.FM1 AND 110010R02.FM1 AND (110010R02.PGNORcv = 1) THEN
    M_110010.FM3 := TRUE;
END_IF
(*Finishing Alarm4 完成信号4，110010R03焊接完成*)
IF M_110010.FM1 AND 110010R03.FM1 AND (110010R03.PGNORcv = 1) THEN
    M_110010.FM4 := TRUE;
END_IF
```

图 10-42　基于 IEC 61131-3 的 ST 语句封装功能块

（3）PLCnext 标准安全功能 PROFISAFE 控制

PLCnext 汽车生产线解决方案通信部分使用标准 PROFINET，在功能安全控制部分，使用 PROFISAFE 安全通信。RFC 4072S 安全控制器使用 4 核处理器［非安全 CPU：Intel Cor i5-6300U 2×2.4GHz。安全 CPU：Arm Cortex-A9，800MHz（CPU1）；Arm Cortex-A8，600MHz（CPU2）］。在 PLCnext Engineer 中通过不同的执行同步管理器执行非安全与安全的任务，如图 10-43。

通过添加标准的功能安全控制库导入安全功能块，如安全门锁、急停装置、安全光栅、安全双手开关等，如图 10-44。

在 PLCnext Engineer 中安全功能程序是通过在主程序的“S_Main”中调用子功能块来完

成。子功能块根据安全功能区分,功能块内部由安全变量、安全功能块组成,以梯形图的编程方式实现安全逻辑,如图 10-45 和图 10-46。

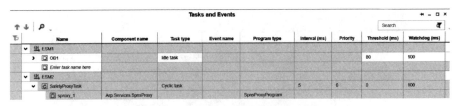

图 10-43　安全与非安全任务同步执行

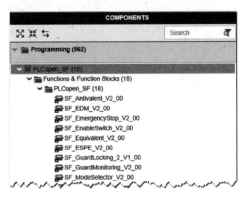

图 10-44　安全功能块库

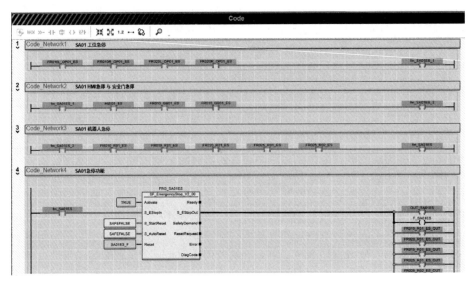

图 10-45　安全功能块编写

(4) SFC 顺序控制编程

在 PHCAR 电气标准中,所有工位控制流程的逻辑都是通过顺序控制 SFC 编写的,所有指定的执行单元(如阀岛、机器人、电机等)的动作顺序都在 SFC 中定义。顺序控制由不同的步序以及相关的转换和相关步序中的操作组成。因此,需要为每个工位创建一个控制顺序。

在程序表单中插入"Compact SFC Function Block",并完成相关步序 S 与传递条件 T 的逻辑编程,如图 10-47 和图 10-48。

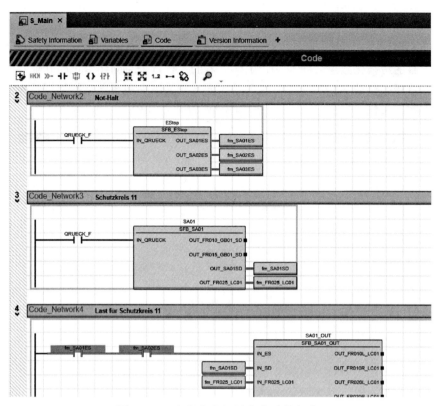

图 10-46　主程序中调用安全功能程序

图 10-47　Compact SFC 功能块调用

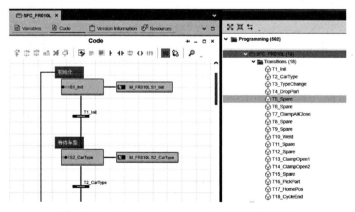

图 10-48　PLCnext Engineer 中 SFC 功能应用

(5) eHMI 画面自动生成功能

PLCnext eHMI 画面自动生成功能需要 eHMI 生成器（eHMI generator），用于设计人员创建和维护项目的可视化效果。随着 eHMI 生成器的执行，项目的所有已用功能块都被读出，并生成与项目相关联的 eHMI。eHMI 策略、页面设置、图形和相关进程数据链接在配置文件中定义。此配置文件包含在 HMI 的库文件中同步发布，如图 10-49 所示。

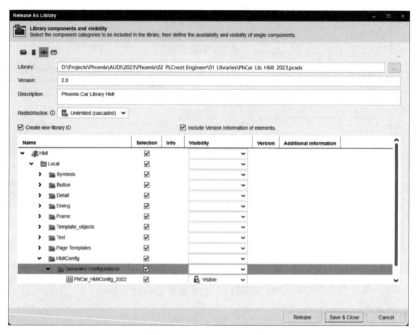

图 10-49　eHMI 库发布

在该配置文件中定义了所有功能块与上位图标之间的对应关系，包括显示页、具体坐标、变量关联等，如图 10-50 所示。

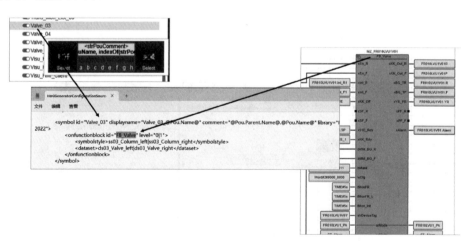

图 10-50　HMI 生成器编辑内容

通过拖拽的方式将配置文件添加到"HMI Webserver＞Application"下，右击该配置文件，点击"Generate HMI Content"，便可以自动进行画面生成工作，如图 10-51 所示。

第 10 章 基于 PLCnext 的行业解决方案

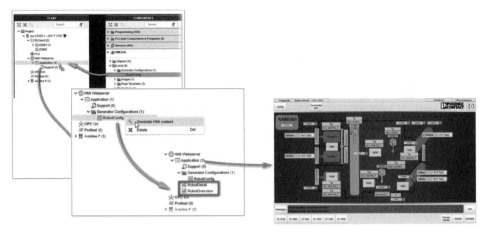

图 10-51　PLCnext HMI 自动生成操作

（6）PLCnext 系统诊断功能

通过功能块及相关上位画面实现控制系统的诊断功能：

❏ 诊断 PLC（安全与非安全）运行状态、程序循环周期、CPU 温度，如图 10-52；

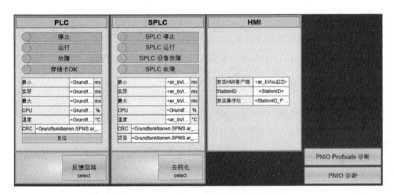

图 10-52　eHMI 中 PLC 状态诊断

❏ 诊断 PROFINET 设备连接状态、数据包通信 CRC 状态；
❏ 诊断设备本地总线运行状态等，如图 10-53。

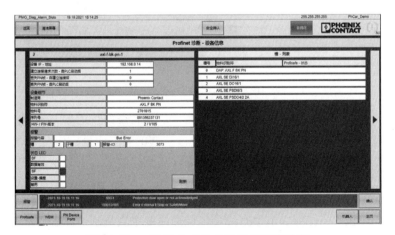

图 10-53　eHMI 中本地总线运行状态诊断

（7）PLCnext 帮助文件管理功能

PLCnext Engineer 在功能块库发布时，可以包含 CHM 帮助文件，如图 10-54。通过该方法，用户可以在编程的同时随时查看对应功能块的帮助文档，如图 10-55。通过右键单击功能块，选择"Show Help"选项，可以打开帮助窗口。

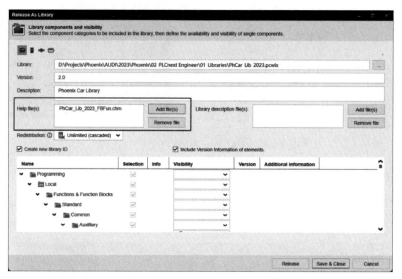

图 10-54　Engineer 功能块库发布含 CHM 帮助文件

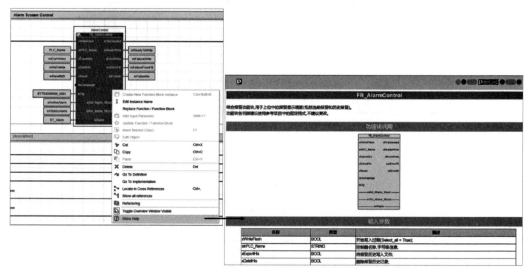

图 10-55　功能块帮助文档管理

使用基于 PLCnext 的电气标准解决方案，通过标准的结构化程序与功能块以及可自动生成的 eHMI，可以很大程度地提高前期离线编程以及调试的工作量，如图 10-56。

通过成熟的功能块、诊断功能、报警系统可以快速实现工艺控制以及完成故障定位。当然，解决方案还提供了很多外部接口，如：通过 OPC UA 与 MES 通信，实现车型传递与生产任务共享；通过 PLCnext 的高级语言集成的特性，为产线或设备后期数据采集和预测性维护预留接口。基于 PLCnext 的汽车生产线电气标准在多个汽车制造商工厂都有成熟的应用。

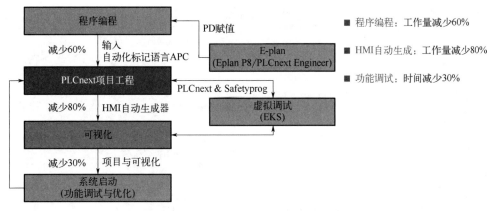

图 10-56 PHCAR 电气标准工程流程

10.5 PLCnext 在设备制造行业的应用

10.5.1 设备制造行业概述

设备制造行业是一个广泛的范畴，它主要涉及各类工业设备、专用设备、通用设备等的设计、开发和生产。设备制造行业需要综合运用多个学科领域的知识，包括机械工程、电气工程、材料科学、自动化技术、计算机技术等。通用设备通常具有一定的标准化程度，可以批量生产，但是在一些特殊应用场景下也可能需要进行部分定制。而专用设备大多是根据客户的特定需求进行定制设计和生产的。

随着人工智能、物联网、大数据等技术的不断发展，设备制造行业加速向智能化、自动化转型，人们对开发智能化生产所需的组件、系统和解决方案的要求也越来越高。相比于传统 PLC，PLCnext 一方面在处理性能、扩展性、灵活性等方面有很大提升，可以根据任务的需求采用不同语言来编程；另一方面集成了开源软件和 APP，适应开放式通信协议，可以直接连接至基于云的服务和数据库。因此，PLCnext 在智能化设备制造领域得以大放光彩。

10.5.2 基于 PLCnext 的智能产线控制解决方案

智能制造项目一方面具有很高的个性化定制需求，另一方面也要符合通用的安全和技术标准。根据在智能制造领域多年的项目经验积累，该解决方案提供了一套适用于智能制造行业的 PLCnext Engineer 工程模板，提高了在工程项目中的开发效率和应用水准。

智能制造工程模板通常可分为程序和 eHMI 两部分。程序部分包含一系列标准化的功能块，如设备启停、工位启停、报警、网络诊断、设备（机器人、伺服、阀岛等）监控、OEE 等；eHMI 部分包含一套完整的 HMI 页面、多个 HMI 符号以及场景示例。eHMI 页面功能如下：

❑ 主页包含订单信息、OEE 和生产线布局信息：如图 10-57 所示，PLCnext 可以对接工厂 MES 等软件系统，能够读取订单、生产计划等信息。通过设置目标产量、节拍、工时等信息，PLCnext 根据生产线实际运行数据自动计算出设备综合效率。导入生产线布局图，添加机器人、传送带、光栅、安全门、急停装置等设备符号，可动态模拟生产线的运行状态。

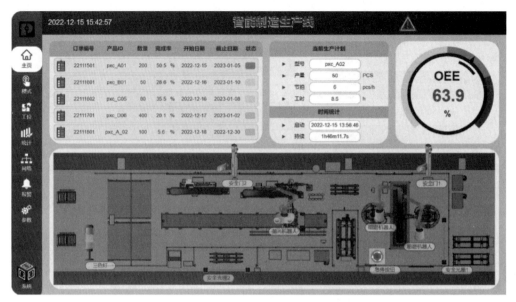

图 10-57　PLCnext 智能生产线工程模板

❑ 可选择操作模式与工位控制：如图 10-58 所示，包含总系统模式控制和各分工位模式控制，可以根据工位数量灵活调整工位模式的符号数量。工位模式包含"急停"和"区域安全"指示灯以及各类操作按钮，设备模式还附加了正常循环和空循环两种模式供用户选择，便于开发人员调试。工位首页展示步序信息，在三级菜单下选择该工位下的设备进入其监控页面，设备类型涵盖阀岛、机器人、相机、伺服、RFID、扫码枪、打印机等。

图 10-58　PLCnext 智能生产线工位页

❑ 具有数据统计功能：如图 10-59 所示，二级菜单可选择设备统计、生产统计等内容。设备统计展示设备 OEE 及其相关参数信息，以及设备运行日志。

❑ 具有报警与系统诊断功能：如图 10-60 所示，包含当前报警和历史报警，每条报警详细记录其起始时间、内容、等级、报警设备及其所属工位区域。当前报警实时统计总数和各等级报警的数量，支持 1～500 条历史报警追溯。

传统制造业，一般中小企业的设备综合效率只有 30%～40% 左右，具有非常大的提升空间。

当设备产能不够时，通过加班、添加新设备等方式加快生产，这样做浪费了人力、物力。如果提高设备综合效率，既能节省资源，又能避免不必要的加班，可以大大降低运营成本。

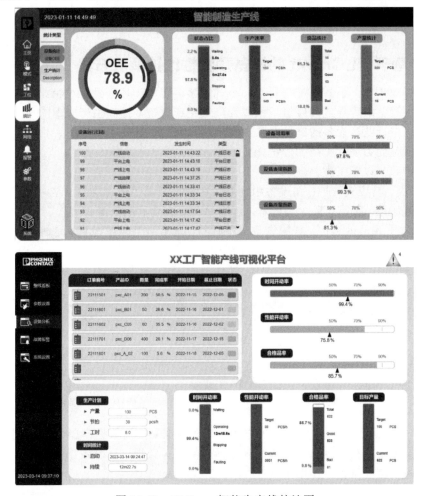

图 10-59　PLCnext 智能生产线统计页

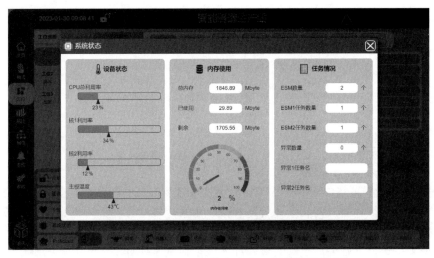

图 10-60　PLCnext 智能生产线工程模板报警页

可视化是智能制造与数字化转型的重要体现，它让工厂运维可追溯管理，让设备状态可监控管理。PLCnext 通过采集设备加工频率、检测结果、生产计划、设备运行状态等数据，自动计算出以上参数指标，通过可视化平台进行展示，有效帮助用户改善现场的生产管理水平。

10.5.3 基于 PLCnext 的设备预测性维护解决方案

现代的工业生产，设备经常需要 24 小时连续运转，一旦停机，对企业来说将会造成巨大的损失。因设备故障导致的停机，已成为降低生产效率、提高生产成本的一个重要原因，所以在设备制造行业，设备的维护非常重要。那如何减少故障停机时间、预判设备状态呢？预测性维护就是助力现代生产的一个重要方法。

设备维护共分以下三类。

❑ 第一类，响应式维护：在设备用至寿命极限出故障后进行维修。这种维护方式，平时看着省心，可却是一种高风险、高成本，还容易产生安全问题的维护方式。如图 10-61 所示。

❑ 第二类，预防性维护：根据设备运行时间，定期进行设备检查。这种维护方式计划相对保守，会浪费一些可用的设备寿命。如图 10-62 所示。

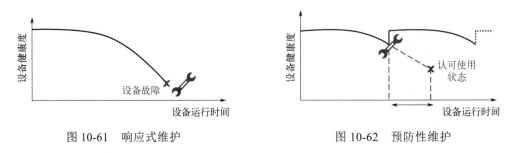

图 10-61 响应式维护　　　　　　　　图 10-62 预防性维护

❑ 第三类，预测性维护：这种维护方式是依靠数据采集及数据模型处理，预测故障时间，并分辨故障类型及存在问题。它是通过传感器采集相关数据，结合数据模型来预测结果，最后做出的一种预测性维护。如图 10-63 所示。

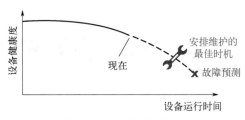

图 10-63 预测性维护

在车间里有一台水泵（图 10-64），现在需要对它做一个预测性维护，希望能够识别磨损状态及原因，优化设备运行状态，避免设备损坏，降低维修成本，并且只在必要时进行维护。维护过程见图 10-65，具体介绍如下。

❑ 第一步，数据采集。维护人员需要在水泵本体及附近的管路、基座等位置安装各种传感器来采集设备运行数据，例如液体管道参数、水泵电气运行参数、机械安装参数等。需注意，不同的水泵因为运行工况、安装条件等存在差异，所以数据不具备普适性，针对个别设备，必须个别采集。只有采集足够数量的样本，最后制定的算法才有更好的鲁棒性。

图 10-64　现场水泵

图 10-65　维护过程

❏ 第二步，数据预处理。对原始数据进行一些去噪、剔除异常值、删除缺失值的操作，一些特殊场合还需要用傅里叶变换进行时域到频域的变换，如图 10-66 所示。

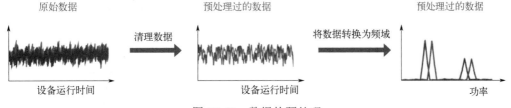

图 10-66　数据的预处理

❏ 第三步，识别状态指示器。找到区分正常运行和故障运行的特征值。对于水泵，振动传感器监测到异常的频率，通常就是故障的状态指示。

❏ 第四步，训练模型。通过前面的工作，已经从数据中提取出了一些特征，需要通过这些特征来判断水泵是正常工作还是存在故障。但此时，维护人员还不知道水泵到底哪里出了异常，还能运行多久，这时候就需要训练机器学习模型来帮人们作分析了。MATLAB 就是非常好的一个工具，用户可以通过建立适当的模型来监测异常、识别错误类型、预估剩余寿命，如图 10-67 所示。

❏ 第五步，算法的部署与集成。操作人员可以把算法部署在边缘设备或者 PLCnext 控制器中，这样这些设备就承担起了现场设备预测性维护运算的任务，并将结果反馈给操作人员，如图 10-68 所示。

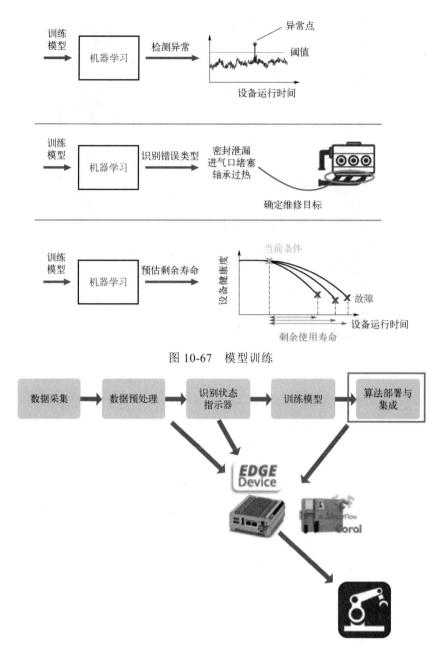

图 10-67　模型训练

图 10-68　算法的部署与集成

借助 PLCnext 边缘计算的特点，结合 MLnext 生成机器学习算法的功能，可以实现设备的预测性维护，最终达到降本增效的效果。

10.5.4　基于 PLCnext 的电机预测性维护案例介绍

项目实施场景为汽车制造冲压车间，目标设备为冲压车间的主驱动电机，如图 10-69 所示。用户希望通过 PLCnext 的 MLnext 解决方案对设备进行数据实时监控并最终起到预测性维护的效果。

系统架构基于数字化工厂的架构从下至上分别被定义为现场层、边缘层、服务器层三个层级，如图 10-70 所示。此架构图以单条冲压线为例，现场层包括一条冲压线，其中主要检测目标为四台电机，还包括压机 PLC、位于电机检测点的温度振动一体传感器（温振传感器）和电表。来自现场层的数据传递至边缘层。边缘层主要工作内容为在设备边缘侧运行 AI 算法，根据获取到的现场数据进行分析计算，得出设备健康度的评分和给出相关建议。服务器层部署数据库，用于保存三年内的历史数据，并运行上位显示系统，以 Web 的形式显示实时数据以及 AI 分析结果。

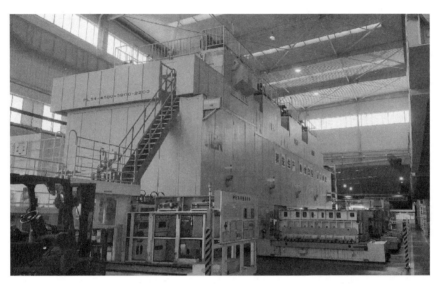

图 10-69　案例现场冲压设备

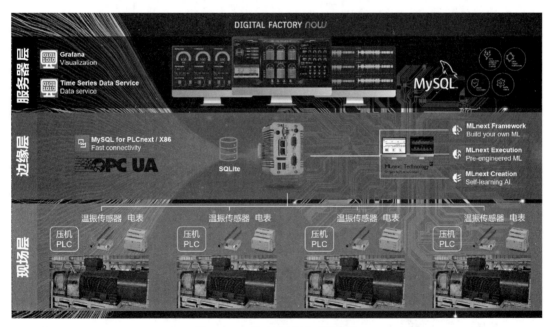

图 10-70　数字化工厂三层架构

现场层中，位于电机机体的温振传感器采集电机的三轴振动数据以及温度数据。每台电机配备一个温振传感器，传感器数据接入耦合器模块转为 PROFINET 协议，以无线的形式连接至现场的边缘控制器。数据采集方案如图 10-71 所示。

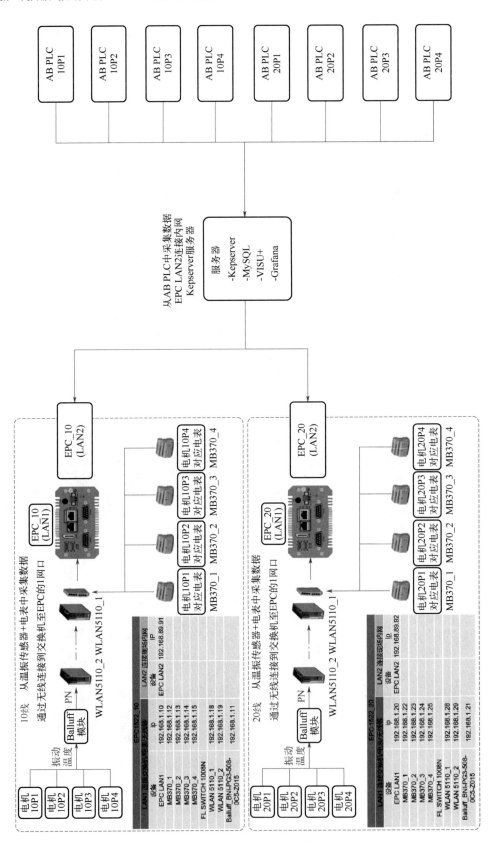

图 10-71 数据采集方案

同时每台电机配有一个电表采集电机的电流、电压、功率、UI夹角、功率因数等数据，通过以太网连接至EPC，以PROFINET通信协议将数据传递至EPC边缘控制器中。此外，压机原主控PLC中有压机的加工、工艺、工序相关信号，由服务器使用软件采集PLC中的数据并通过OPC UA转递至EPC中。

采集到的实时数据需要进行进一步的处理和清洗后才能保存至数据库，以保障数据质量。同时判断通信的质量，如出现断线情况会及时报警，不进行保存。此外，在已启动状态部分特殊工序中会出现非常规状态，此处数据也会进行特殊处理。

经过处理的数据由EPC边缘控制器储存至服务器的数据库当中。在通常情况下，可直接保存单台电机两年的数据至边缘控制器本地。使用单台边缘控制器负责四台电机的数据采集、存储、分析，且需保存三年的数据，用于MLnext Creation建模，如图10-72所示。

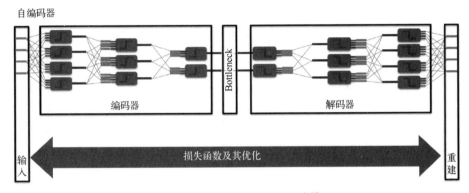

图 10-72　MLnext Creation 建模

系统通过历史正常运行 1~2 个月的数据进行学习，自动掌握电机在当前工作场景中所有的运行的模式、特征、状态等信息，使用基于神经网络的算法的 MLnext Technology 搭建 AI 分析系统，充分使用现场数据，实时分析预测故障的产生和进行相关原因分析。

模型训练采用 MLnext Creation 软件进行训练，根据项目实际情况修改配置文件即可完成模型的训练。在训练中可以尝试不同的参数配置并得出最终的模型，MLnext Creation 会给出针对模型效果的评分。

因为冲压过程较为特殊，会在离合器运行（执行冲压任务）时产生超出平时几倍的变化，因此需要考虑到时序相关的因素。在训练过程中，了解不同的 timestep（时阶）对模型准确性的影响。以 280kW 的电机为例，使用 60 timesteps 的配置训练出的模型效果明显好于使用 300 timesteps 的效果。此结果也与单次离合器运行仅持续 3~5s 相吻合，如图 10-73、图 10-74 所示。图中，横坐标为按时间分布的数据样本条数，纵坐标为每一条样本的异常指数。

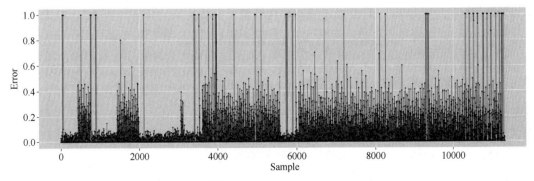

图 10-73　60 timesteps

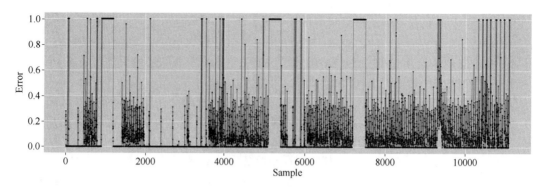

图 10-74 300 timesteps

现场部署时使用 MLnext Execution 进行安装操作，如图 10-75。MLnext Execution PLCnext 为 PLCnext Technology 平台的通用算法部署 APP，可以直接在 EPC 的管理网页中一键安装部署。

图 10-75 MLnext Execution PLCnext

MLnext 会自动将计算结果写至数据库中，输出结果包括每个输入变量的预测值、异常程度，以及是否有潜在异常出现的指示。同时在发现潜在异常时会将异常相关原因同步写入数据库。

该电机预测性维护案例中还使用了 VISU+上位软件进行 SCADA 界面设计。

❑ 主电机运行状态展示：在 MLnext AI 算法计算的异常时间＞1s（忽略信号跳变引起的短暂数据不匹配）的情况下，查询数据库并统计设备异常次数，得到电机运行期间的设备总异常次数。关于设备异常时间，是通过查询与统计算法分析出来的异常时间得到的。通过"（设备总运行时间-算法计算的设备异常时间）/设备总运行时间"计算得到设备运行正常率。

❑ 设备健康度展示：首先，查询了数据库 AI 分析结果表中的最新四条 MSE [MSE 的值即代表电机整体的综合异常程度，计算方法为 $MSE = \frac{1}{28}\sum_{i=1}^{28}(y_{实际i} - y_{理论i})^2$。式中，$y_{实际i}$ 为现场实时的真实数据；$y_{理论i}$ 为 AI 模型计算的理论值。MSE 的范围是 0~1，这一指标越小，说明误差越小，设备越趋近正常运行状态]。然后，计算最新四条 MSE 的平均值。最后，得到的 [1-(MSE 的平均值)]×100 即为设备最近一段时间的健康度。

❑ 误差分析：上位软件提供误差分析表。第一行是预测值，也就是预测性维护算法推理出来的设备现在应当是何值；第二行是实际值；第三行是前两行相减得到的误差值，误差值越大就说明当前运行状态越偏离正常运行轨迹。

❑ 设备当前状态的 MSE 分数：目前设定 MSE＞0.8 时判定为异常，随着异常程度加深异常值会远大于 0.8。还需运行一段时间进行测试来确定异常判断阈值（0.8）。阈值的设定会根据反复测试来确定，在示例项目中，选定为 0.8。

❑ 异常报警列表：这一表中包含设备异常发生的时间，对应异常的持续时间，并且算法能够计算出排名前 6 的异常变量，便于维护人员尽快定位到异常故障点。

❑ 数字化工厂解决方案是实现高效、可持续和安全生产的关键。从数据的所有者转变为管理者，实现数据的积极运用。依托数字化工厂解决方案，不仅可同时提高工厂的生产率和可持续性，还可加强生产安全性，从而增强应变能力和稳定性。

10.6　PLCnext 在过程自动化行业的应用

10.6.1　过程自动化行业背景

过程自动化行业是指利用各种技术手段和系统来实现工业生产、生物制药、化工、能源等领域中生产过程的自动化控制和优化。这个行业的背景包括：

❑ 工业化进程：随着工业化的不断发展，生产过程的复杂性和规模不断增加，需要更高效、更精确的自动化系统来管理和控制。

❑ 技术进步：随着计算机技术、传感器技术、机器学习和人工智能等技术的不断发展和应用，过程自动化的技术手段得到了大幅提升，可以实现更高级别的自动化控制和优化。

❑ 成本压力和效率要求：企业面临着日益激烈的市场竞争，需要通过提高生产效率、降低生产成本来保持竞争力，过程自动化技术成为实现这一目标的重要手段。

❑ 环境和安全要求：随着社会对环境保护和安全管理的要求不断提高，过程自动化技术可以帮助企业实现对生产过程的精确监控，减少事故风险，降低对环境的影响。

❑ 行业需求：在一些特定的行业领域，如化工、生物制药等，由于生产过程的特殊性和复杂性，过程自动化技术的需求尤为迫切，成为推动行业发展的重要驱动力。

全电气社会理念的一大要素是通过可再生资源发电，如太阳能。过程工程操作将该能源转换为可存储能。为此，Power-to-X 技术应运而生。

在太阳能、风能和水力发电站中，当阳光、风力或水力过于充足时，电力就会过剩。这一多余电力可用于生产燃料（电转燃料）、氢气和甲烷（电转气）、氨和甲醇（电转液体燃料）以及其他化学物质。在全电气社会的大背景下，由此生成的某些物质亦可应用于发电。因此它们可充当储能物质，用于缓冲上述可再生能源的波动，确保不间断供电。此类 Power-to-X 技术将助力行业耦合，促使电力、供暖、燃气和移动出行等领域相互联通。

为使 Power-to-X 系统满足未来应用要求，就需集成新型自动化设计。在数字化转型的背景下，自动化设计的开放性与新工业标准的运用发挥着重要作用。通过 PLCnext Technology 生态系统可以轻松、安全地使用生产数据，持续优化生产流程，实现预见性维护。PLCnext Technology 开源平台支持云端调制解调器、安全控制器和应用商店访问等特殊功能，是当下开发中系统实现自动化转型的基础。

10.6.2　NAMUR 开放式架构（NOA）

NAMUR（德国过程工业自动化技术用户协会）是一个由德国过程工业企业组成的非营

利组织，致力于推动过程自动化领域的发展和标准化。该组织的成员包括在化工、制药等领域从事过程工业的公司和组织。

NAMUR 的主要目标是通过制定标准、分享实践经验和促进技术交流，推动过程自动化技术的创新和应用。该组织致力于解决过程工业中的自动化与控制系统相关的挑战，如设备集成、数据交换、安全性、可靠性等问题。

NAMUR 开放式架构（NOA）是 NAMUR 提出的一种开放式系统架构概念，旨在促进过程自动化系统的互操作性和灵活性。NOA 的核心思想是通过采用开放式标准和接口，使得不同厂商的自动化设备和系统能够更好地集成和交互，从而实现系统的互操作性和可扩展性。NOA 的主要特点和优势包括：

❑ 开放式标准：NOA 倡导采用通用的开放式标准和接口，如 OPC UA、Fieldbus、PROFINET 等，以实现设备和系统之间的互操作性。

❑ 模块化设计：NOA 鼓励采用模块化设计和组件化构建，以使系统更易于扩展和维护，同时提高系统的灵活性和适应性。

❑ 跨厂商集成：采用 NOA 的系统可以更容易地集成来自不同厂商的设备和组件，降低了集成的难度和成本，同时提高了系统的可用性和可靠性。

❑ 信息交换与共享：NOA 通过统一的数据模型和通信协议，促进设备之间的信息交换和共享，实现了跨设备、跨系统的数据流动和集成。

❑ 技术创新和发展：采用 NOA 的系统更容易与新技术和创新进行集成，促进了过程自动化技术的持续发展和演进。

总的来说，NAMUR 开放式架构（NOA）是 NAMUR 组织推动的一种开放式系统架构概念，旨在促进过程自动化系统的互操作性、灵活性和可扩展性，推动行业的技术创新和发展。

以炼油厂应用为例，现场装配有大量支持现场总线和 HART 功能的智能测量设备，这些设备生成的数据日益增多。在经典自动化系统金字塔结构下，用户无法访问此类数据，诸多控制系统往往已运行数年甚至数十年，因此并不具备所需的性能水平。要实现对资产和设备（例如各种泵）的充分监控，就需要对自动化系统的经典金字塔结构进行大量的工程工作。为此，NAMUR 开放式架构数字化解决方案借助第二个通信通道实现更简便的新型监控方案，整合预防性维护等新型监控理念，通过数字化为过程行业创造附加值。

基于 NAMUR 开放式架构（NOA）侧通道，结合 PLCnext Technology 生态系统，通过先进、安全的 OPC UA 接口实现简单、标准化的数据连接，无需大量工程工作，如图 10-76。同时，在 PROFICLOUD、Microsoft 的 Azure 或其他云系统中，可将数据用于大数据分析、资产监控、现场设备监控、预防性维护和过程优化。

图 10-76　PLCnext 与 NOA NAMUR 结合

10.6.3　开放过程自动化标准（O-PAS）

开放过程自动化标准（open process automation standard，O-PAS）是一个由工业界共同制定的标准，旨在推动工业自动化系统的开放性、互操作性和可替代性。O-PAS 旨在解决传统封闭型自动化系统所面临的问题，例如供应商锁定、技术过时和集成困难等问题。

O-PAS 的主要特点包括：

❑ 可替代性：允许不同供应商的组件在同一系统中互换和替换，从而降低了供应商锁定的风险。

❑ 互操作性：确保不同厂家的设备和软件能够有效地进行通信和集成，使系统更加灵活和可扩展。

❑ 安全性：提供高级的安全功能，保护工业过程免受安全威胁和攻击。

❑ 灵活性：支持多样化的工业应用需求，包括不同规模、复杂度和行业的自动化系统。

❑ 技术先进性：采用现代化的技术和架构，以促进自动化系统的持续创新和发展。

O-PAS 标准的制定涉及多个工业组织和公司的合作，旨在确保其广泛的行业接受度和实用性。通过采用 O-PAS 标准，工业企业可以更轻松地构建灵活、可靠和安全的自动化系统，从而提高生产效率并降低成本。

PLCnext Technology 生态系统支持这一开放式方案，系统通过与全新实时服务总线的安全和冗余连接来实现 DCN（分布式控制节点）的作用，并连接现有和新现场设备（I/O），进而支持该开放式方案。PLCnext Technology 还可以实现 OPA（open process automation，开放过程自动化）的主要要求，外部软件也可以在同一硬件上托管和运行，如图 10-77。

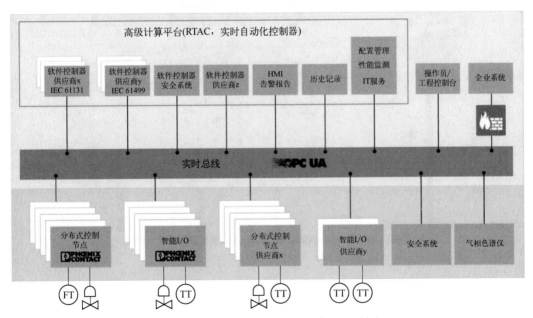

图 10-77 PLCnext Technology 与 OPA 结合

10.6.4 模块化生产（MTP）

MTP 是一种模块类型包（module type package），它提供了一种标准化的方法来描述和定义模块化生产中使用的不同类型的模块，其中包括人机操作画面 HMI、功能安全与信息安全、流程控制方式、系统报警管理以及诊断与维护功能等。如图 10-78。这有助于不同的生产系统之间进行通信和集成。MTP 通常包括模块的物理描述、功能描述、接口描述等信息，使得各个模块可以更加轻松地被识别、交换和重新配置。

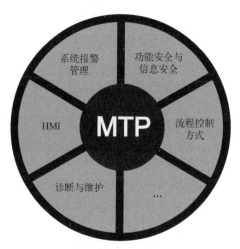

图 10-78 MTP 功能范围

例如，通过使用 MTP，可在控制系统中自动生成模块的操作屏幕和报警信息，并可创建模块的基于服务的过程控制选项。如图 10-79 是 MTP 与控制系统的关系。

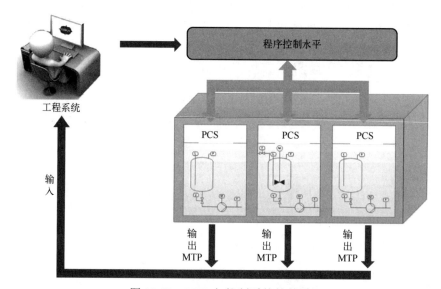

图 10-79 MTP 与控制系统的关系

针对模块化生产 MTP，灵活的软件解决方案 MTP-Designer 可以自动生成本地可视化效果、符合标准的程序体以及与控制系统的连接，简单、省时地实施模块规划。

工程模块可以对工艺设备的各个部分提供描述，并将其划分为更小的功能单元。MTP-Designer 会自动生成模块自动化的程序。所有服务和所有自动化对象均根据 VDE 2658-4 标准创建。

除生成自动化的程序以外，还可根据 P&ID 方案在控制器上自动生成本地可视化界面。在生成可视化的同时，还可设置所有接口（OPC UA 标签），以便日后进行数据传输。

在 MTP-Designer 生成的描述文件中，还根据 VDI/Namur 标准 VDE 2658-3 对接口进行了正式描述。这样，过程控制系统的程序员就能在早期阶段获得所有必要的信息：从 P&ID 模式衍生出的可视化表示法，以及传输必要数据所需的所有接口。

MTP-Designer 与 PLCnext Engineer 相结合，为过程自动化控制提供软件方案，具体操作

步骤如下:

① MTP-Designer 中进行图形编辑,如图 10-80。其中包括如下功能。
- 通过图形拖放的方法导入储罐、传感器、阀门和管道等;
- 输入传感器和执行器的功能(压力、温度等);
- 根据工作表输入名称;
- 进行传感器和执行器与管道的图形连接;
- 将传感器连接到相应的测量点。

图 10-80　在 MTP-Designer 中进行图形编辑

② 根据 PLCopen 规范创建 XML 文件,如图 10-81,其中包括:
- 主程序;
- 传感器与执行器的功能块;
- 符合 ISA 88 标准的各种服务状态机。

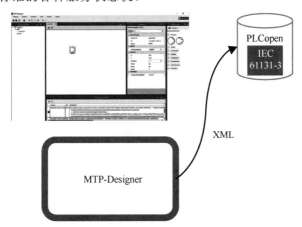

图 10-81　MTP-Designer 导出 PLCopen

③ 将 PLCopen 的 XML 文件导入至 PLCnext Engineer,如图 10-82,其中包括:
- 创建程序架构;

- 创建 OPC UA 标签；
- 生成人机界面 HMI 连接所需的所有变量。

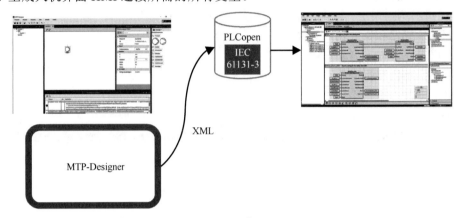

图 10-82　MTP-Designer 与 PLCnext Engineer

④ PLCnext Engineer 生成 HMI 人机界面，如图 10-83，其中包括：
- 创建可视化页面；
- 创建相关画面模板和服务；
- 通过结构化链接快速连接 PLC 程序。

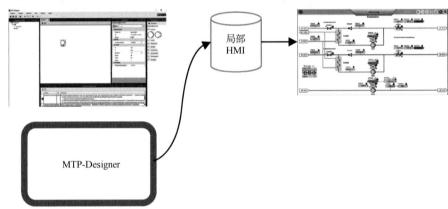

图 10-83　MTP-Designer 与 eHMI 结合

MTP-Designer 的优势：
- 调试和配置速度快，因为项目主体工程是根据 P&ID 模式自动创建的；
- 人机界面自动生成，易于使用；
- 参数设置方便，因为可以轻松创建和管理服务及其参数；
- 自动生成与控制系统连接的 MTP 文件。

在解决方案的实施过程中，不仅包括 PLCnext 硬件设备的应用，MTP-Designer 还提供了丰富的软件和自动化系统控制方案。同时，其利用开放性的特点，集成第三方软件、定制应用程序甚至 IT 服务，通过自动化和数字化的解决方案，帮助用户实现生产过程的优化和效率的提升，同时从企业运营层面降低成本，提高产品质量。

除了上述行业，还有许多其他行业，如医药、纺织、冶金、建筑等，也都有各自的特定需求和解决方案。在每个行业中，工业自动化、物联网、大数据分析和人工智能等新兴技术均得到广泛应用，结合 PLCnext，可以为行业的发展和创新带来新的机遇。

参考文献

［1］杜品圣，顾建党．面向中国制造2025的智造观［M］．北京：机械工业出版社，2017．

［2］Bormann，Hilgenkamp．工业以太网的原理与应用［M］．杜品圣，张龙，马玉敏，编译．北京：国防工业出版社，2011．

［3］尹周平，陶波．工业物联网技术及应用［M］．北京：清华大学出版社，2022．

［4］东方．东方风电10MW海上风机多功能吊具横空出世［J］．电力设备管理，2021（2）：205．

［5］程美圣．风力发电机组叶片监测系统设计［J］．现代工业经济和信息化，2021，11（08）：96-97，100．

［6］王高杰．风力发电机组安全保护技术研究［J］．应用能源技术，2020（11）：54-56．

［7］陈钦．风机叶片应力监测系统的应用［J］．中国新技术新产品，2021(23)：33-35．

［8］王志刚，杨波，陈志刚，等．运行状态下的风力机叶片在线监测技术进展［J］．热能动力工程，2017，32(S1)：1-5，126．

［9］Welcome to the PLCnext Technology - Info Center［EB/OL］．［2024-09-24］．https://www.plcnext.help．

［10］IIoT_Library［EB/OL］．https://github.com/PLCnext/IIoT_Library/tree/v5.0.0．

［11］通过 MLnext 实现基于人工智能的生产优化［EB/OL］．https://www.phoenixcontact.com/zh-cn/industries/applications/mlnext．

［12］基于人工智能的智能生产优化数据评估［EB/OL］．https://www.phoenixcontact.com/zh-cn/industries/applications/anomaly-detection．